掌握无线　掌握未来

air MAX 无线网络原理、技术与应用

罗卫兵　编著

西安电子科技大学出版社

内 容 简 介

本书以深入浅出的形式对最新的airMAX无线网络的基本原理、使用技术和工程应用进行了全面详细的介绍。书中从Ubiquiti Networks公司的技术背景入手，对airMAX的基本原理、airOS操作指南、网络规划、airMAX无线MESH网技术、airControl高级管理技术、设备应用与工程案例等方面作了系统的讲解，使读者可以全面深刻地领会airMAX技术及应用场景，并能举一反三地解决实际工程中的疑难问题。

本书内容取材恰当、结构清晰、通俗透彻、指导性强，理论与实践紧密结合，兼顾学习研究与工程实践，具有较强的实用性和可读性，可作为网络承建商、规划设计单位等WLAN技术领域相关人员的培训教材及参考资料，对airMAX产品施工、售前与售后服务、WLAN网络规划与设计、业务开发等人员有较强的指导意义，同时也可作为高等院校通信、计算机、信息类专业研究生的学习参考资料。

图书在版编目(CIP)数据

air MAX无线网络原理、技术与应用/罗卫兵编著.
—西安：西安电子科技大学出版社，2014.7(2022.7重印)
ISBN 978–7–5606–3437–1

Ⅰ. ① a…　Ⅱ. ① 罗…　Ⅲ. ① 宽带通信系统—无线网　Ⅳ. ① TN92

中国版本图书馆CIP数据核字(2014)第147571号

策　　划　毛红兵
责任编辑　毛红兵　王　涛
出版发行　西安电子科技大学出版社(西安市太白南路2号)
电　　话　(029)88202421　88201467　邮　　编　710071
网　　址　www.xduph.com　电子邮箱　xdupfxb001@163.com
经　　销　新华书店
印刷单位　陕西天意印务有限责任公司
版　　次　2014年7月第1版　2022年7月第2次印刷
开　　本　787毫米×1092毫米　1/16　印张15.5
字　　数　362千字
印　　数　3001～6000册
定　　价　45.00元
ISBN 978 – 7 – 5606 – 3437 – 1 / TN
XDUP 3729001-2

前　言

有人说写作需要压力，有人说写作需要兴趣。因为这两个原因，迫使我在很短的时间内完成了本书的撰写，可能兴趣要多于压力。对于技术，我一贯是很痴迷的。airMAX 确实是好东西，但是在网络搜索了一下，却发现有关 airMAX 的内容全部都是零零散散的，所以我决定写点什么，便于大家进一步研究和使用。好东西就应该与更多的人分享。

因为工作和研究的需要，早在 2005 年我就开始关注基于 802.11 无线局域网(WiFi)的 MESH 应用，当时 MESH 还只是一个非常冷僻的专业概念。2007 年底，曾经与白铁兵教授一起合作，产生了一个大胆的设想，利用 MESH 网络技术在 2008 年北京奥运会前，实现“无线北京”，完成北京五环以内大部分地区的无线网络覆盖。如果这一设想能实现，在当时可能算得上是一个惊天动地的创举。期间，在技术层面已经与北京信通公司达成了合作关系，依托北京信通公司拥有的无线环网做主干，利用 MESH over WiFi 做覆盖，全城实现 3 万个热点覆盖；在商业运作方面甚至想过收购即将退出市场的“小灵通”品牌，借壳上市，以迅雷不及掩耳之势在 3 个月内完成这一巨大的工程。但是由于种种原因没有能够如愿，其中一个主要的原因是合伙人的资金因为信用证问题没有及时到位，存在上亿元的资金缺口。现在看来，如果当时市场上有经济实惠、仅几十美元的 UBNT 系列产品销售，应该就不存在资金缺口的问题了，几乎只需要用几千万人民币就可以启动这一巨大的工程项目。直到 2009 年初，在深圳偶然发现了 UBNT 产品巨大的潜力，并为其产品设计目标和营销理念所折服，为其几年内取得的瞩目业绩所震撼。在讨论其产品性能和应用途径的同时，更多地开始关注其产品的软硬件技术走向。冥冥之中有种感觉，应该将其应用到某个专业领域，更好地为国家和社会服务。

2013 年初，有业内人士咨询我关于一个无线覆盖的技术问题，是关于某油田的一个技术解决方案，其中有一个油气田单井无线数据覆盖的项目，要求将位于毛乌素沙漠几百平方千米内的上千口天然气井进行联网，实现野外单井生产数据回传和单井现场的视频监控。提出的问题是利用传统数传电台组网，还是利用 3G 做 VPDN 进行组网，哪个更好一些？无论从经济性还是网络带宽、覆盖效果和工程难度等各项指标上，我对 3G 和数传电台两种方案都不看好。原因很简单，首先，利用 3G 做 VPDN 固然有施工简单、成本适中的优势，但是电信哪舍得在荒无人烟的沙漠里部署覆盖良好的无线网络，而且将来的宽带应用按流量计费似乎将是一笔很大的长期开销，并且将 VPDN 接入企业内部生产网络，在管理层方面或多或少存在一些顾虑；其次，利用传统数传电台组网实现低速率的生产数据上传应该问题不大，但远远不能满足企业日后对信息化、数字化的生产需求，数传电台类似的技术在无线网络覆盖应用方面已经趋于边沿化，注定走不长远，而且建设成本居高不下，效费比极低，不是优选方案。因此，我几乎没有犹豫就给出了否定的答案。看到咨询者失望的表情，我说有一句话是：“没有最好，但有更好”。对于长期在办公室和实验室徘徊的研究人员，也许问题就到此结束了。但是我决定亲自去毛乌素沙漠看看，于是就有了后面的故事。在毛乌素沙漠的所见所闻以及当年知青改造沙漠的精神鼓舞了我。我始终坚信“办法总比困难多”。利用 UBNT 提供的强有力的 airControl 软件，加上 Google Map 详细的地理信息资源，我在计算机上进行了一次模拟，将其中一个厂区 160 多口单井的地理数据输入到计算机中。得出的仿真实验结果表明，完全可以利用 UBNT 产品配合 MESH 网络技术实现 98%以上地区的覆盖，系统的可用度超过 86%。于是，我推荐了 UBNT 的 airMAX 系列产品，试图说服他们尝试利用 airMAX 产品及其内置的 MESH 功能，在沙漠无人区实现低成本的无线网络覆盖。对方很快就安排了产品测试，期待奇迹的发生。为了证明实际的可用度，试验地点的选择非常苛刻，几乎全部都是沙丘的凹地，高度落差在 20～30 米，平时用 UHF 频段的数传电台都不能很好地进行视距(LoS)通信。也正因为如此，MESH 多跳中继和 UBNT 产品性能的优势正好充分地显示出来，利用地处沙丘高地的单井位置作为中继点，绝大部分低洼地势的单井得以中继成功，而地势处于劣势的低洼井口，利用 PoE 供电延长数十米，并在相对较高点建立了 6 米高的天线立杆，解决了通视和供电问题，很快将十几个井口互联起来，通过集中集气站的光缆实现了与远在市区的生产中心联网。测试网为每个单井提供了数据传输和 720P 以上的高清视频图像服务。经过长时间的考验，用户对这一方案赞不绝口，没想到用如此低廉的代价解决了长期困扰他们的一个大难题。我也为此感到十分高兴。后来，我将这个案例编进了我课堂的教案，越来越多的学员开始向我咨询有关 MESH 的无线解决方案和 UBNT 产品应用的问题，不断有学员就实践中遇到的问题向我咨询。

当今，WiFi 无线网络已经不再是一个陌生的名词。无论是电脑还是手机，无论是在家里还是在室外，这种无线互联技术已经无处不在。如果说 WiFi 是在 2000 年才渐渐走入人们的视线，那么 2005～2008 年则可以被称为是它的发展之年。由于当时受到移动设备硬件的限制，国内公众几乎没有太多人认识这种技术，使用 WiFi 连接网络的人数更是少之又少，即便是当时已经开始使用它们的“潮人”，也仅仅认为这种免费的互联技术最多只能覆盖几米或者几十米。如果再追问他们有没有想过通过 WiFi 实现 50 千米的无线传输，几乎所有人都表示：那简直是痴人说梦！然而，一家名为 Ubiquiti Networks(优博通公司，又名：尤比奎蒂，纳斯达克股票代码简称：UBNT)的美国公司，终于颠覆了这一固有认知。正如 UBNT 公司的名字一样，无处不在(Ubiquiti)的网络开始广为流行。2005 年，UBNT 首次推出了革命性的 NanoStation 系列和 Bullet 系列全功能无线超宽带产品，不仅实现了 50 千米无线覆盖的梦想，更是创造了无线时代的传奇。

硅谷历来是一个不乏奇迹的地方，这家名为 UBNT 的公司也是其中的一个传奇。它由一位来自美国的年轻工程师于 2005 年创立。它的创始人罗伯特·佩拉(Robert J. Pera)将这家公司定位为致力于研发及提供新一代通信技术产品的高科技公司。据资料显示，截至 2011 年底，该公司只有 80 多名员工，却创造出高达 35 亿美元的巨额市值。就是这样一家员工人数很少的“小”公司，只用了短短 5 年多的时间，就在美国纳斯达克成功上市，并在 2011 年 9 月 30 日之前的一个年度中，销售额攀升到 2.43 亿美元，净利润达到 6400 万美元(数据摘自福布斯中国网站)。另据 FactSet 研究系统(FactSet Research Systems)数据显示，在所有上市的计算机硬件公司中，UBNT 以 26%的净利润率排名第一，甚至超过了著名的苹果公司(苹果公司排名第二，净利润率为 24%)。而传奇的创始人，公司 CEO 罗伯特·佩拉曾是苹果公司的一名工程师，在美国加利福尼亚州的硅谷长大，毕业于加州大学圣地亚哥分校，是硅谷土生土长的创业家。毕业后罗伯特·佩拉进入苹果公司担任硬件工程师，负责机场 WiFi 基站的相关工作。出于对梦想的执着追求，罗伯特·佩拉最终选择了离开苹果公司，开始了自己的创业之旅。

基于在苹果公司的工作经历，罗伯特• 佩拉对产品的设计、个性化和用户体验有一种异乎寻常的执着。加之自身敏锐的洞察力，罗伯特 • 佩拉发现一些公司为了扩大无线网络的覆盖范围，会在专业计算机(非个人计算机或笔记本电脑)内的“无线网卡”前放置放大器和天线来增加距离。但是这些装置的费用非常昂贵，罗伯特 • 佩拉认为他完全可以制造出更加高效而价格更为低廉的多功能一体机。于是他决心要制造一种物美价廉的专业无线网络设备。

为此，罗伯特 • 佩拉做出了一个当时令人感觉疯狂的举动。他于 2005 年带着他在美国完成的设计只身一人首先来到了中国台湾。对于满怀理想的罗伯特 • 佩拉而言，他心中唯一的目标就是找到合适的制造商，生产出最高效、最优质的产品。经过多次磨合，罗伯特• 佩拉的无线超宽带梦想终于得以实现。产品投放到市场后反响非常热烈。2007 年开始，为了使自己的产品更有竞争力，罗伯特 • 佩拉来到中国大陆，开始了他的合作伙伴寻找之路。为了让产品能更快地投入市场，他在广东反复试验着产品，从图纸到样品，从样品到量产，罗伯特 • 佩拉再一次如愿以偿，在当地找到了优秀的生产制造商，向世人证明了实现 50 千米的无线传输距离不是异想天开。

罗伯特 • 佩拉的全功能无线超宽带产品面世以后，以其严谨的设计工艺、稳定可靠的质量、超强的性能和难以置信的价格等特点迅速在全球形成轰动效应。除此之外，让业内人士更为推崇的是它的价格，这种产品的实际市场销售价格只有 100 美元左右(目前最低的产品仅 60 美元)，远远低于人们预估的 2000 美元。此后，UBNT 又相继推出了 airMAX、airFiber、uniFi、airVision 等系列产品，同样在市场中创造了无可比拟的漂亮业绩。目前，UBNT 任何一个型号的产品均可作为 WiFi 覆盖 AP、点对点网桥、点对多点网桥、WiFi 客户端(CPE)等多种角色投入使用。其最远传输距离甚至超越 50 千米，最大传输带宽超过 300Mb/s。

不得不说，UBNT 的产品和解决方案因为高度的集成度和灵活性，从而使无线网络的安装、维护和管理成本大大降低。此外，为满足视频、语音和数据应用对 QoS 性能的苛刻要求，从软件上作了大量的优化，在不增加硬件投资的前提下，具有低成本、部署快、可伸缩和可靠性强的产品优势。从 2005 年开始，UBNT 不断创新发展的核心技术使得包括思科公司在内的著名无线厂商纷纷与其合作开发下一代无线产品。全球 80%以上的无线厂商产品中均或多或少地使用了 UBNT 的产品及技术。直到今天，UBNT 所设计的 RF 射频模块、软件系统以及无线产品开发板，仍然是业内厂商的首选，这也被行业人士视为一种行业传奇。

此外，由于创始人罗伯特 • 佩拉和中国的渊源，UBNT 全球所有的产品均在中国生产制造，并于 2008 年进入中国市场。无论对于 UBNT 还是罗伯特 • 佩拉本人，中国都是一个重要的国家，他们期待着在中国能有一番更大的作为！

总之，UBNT 的产品从鲜为人知到逐步崭露头角，其市场份额迅速扩大。无论是作为教学，还是工程实践，我深感有必要将这段时间遇到的很多问题及相关内容，从原理、技术和应用几个方面进行一下总结，作为一种分享奉献给各位读者。

编　者

2014.4

目　　录

第 1 章　关于 UBNT 不得不说的故事

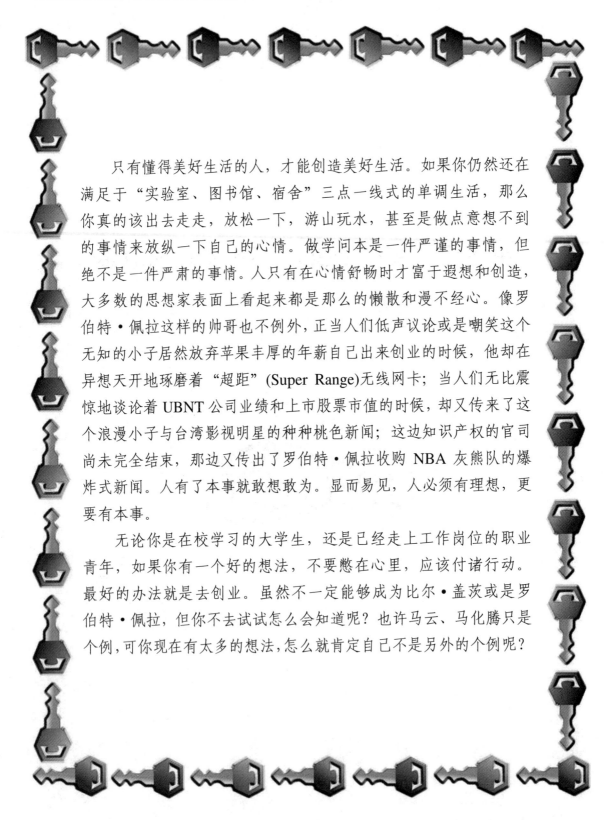

只有懂得美好生活的人，才能创造美好生活。如果你仍然还在满足于“实验室、图书馆、宿舍”三点一线式的单调生活，那么你真的该出去走走，放松一下，游山玩水，甚至是做点意想不到的事情来放纵一下自己的心情。做学问本是一件严谨的事情，但绝不是一件严肃的事情。人只有在心情舒畅时才富于遐想和创造，大多数的思想家表面上看起来都是那么的懒散和漫不经心。像罗伯特·佩拉这样的帅哥也不例外，正当人们低声议论或是嘲笑这个无知的小子居然放弃苹果丰厚的年薪自己出来创业的时候，他却在异想天开地琢磨着“超距”(Super Range)无线网卡；当人们无比震惊地谈论着 UBNT 公司业绩和上市股票市值的时候，却又传来了这个浪漫小子与台湾影视明星的种种桃色新闻；这边知识产权的官司尚未完全结束，那边又传出了罗伯特·佩拉收购 NBA 灰熊队的爆炸式新闻。人有了本事就敢想敢为。显而易见，人必须有理想，更要有本事。

无论你是在校学习的大学生，还是已经走上工作岗位的职业青年，如果你有一个好的想法，不要憋在心里，应该付诸行动。最好的办法就是去创业。虽然不一定能够成为比尔·盖茨或是罗伯特·佩拉，但你不去试试怎么会知道呢？也许马云、马化腾只是个例，可你现在有太多的想法，怎么就肯定自己不是另外的个例呢？

1.1　关于 Ubiquiti Networks 公司

Ubiquiti Networks 公司是一家致力于在全球范围内设计、制造和销售最先进的宽带无线产品并提供相应解决方案的企业。截至 2011 年，UBNT 全球员工人数不到 100 人，其中工程师 80 人，但创造了 1.3 亿美元的销售业绩。即使是现在 UBNT 全球也只有 130 个员工(其中 90 人为工程师)。这个仅有百余人的公司却只用了短短几年时间便跻身于全球 500 强，因为其在纳斯达克的股票代码为 UBNT，因此人们更多地记住了 UBNT(中文译名：优博通)，而似乎对 Ubiquiti Networks 的名字没有太多的印象。UBNT 创始人罗伯特·佩拉(Robert J. Pera)曾经非常自豪地对媒体宣称："UBNT 从零开始，没有需要 PVC 或者投资人投资，任何外来投资都没有需要过。现在公司做到这个规模，有一点很重要，就是要有前瞻性，所有的事情都要在别人看到之前就发现。"可以想象，2005 年，只有 20 多岁的罗伯特·佩拉，从苹果公司跳槽自己创业时，充满期待地选择了"Ubiquiti Networks"——"无处不在的网络"作为公司的命名是多么地有远见，提前看到了无线网络未来不可阻挡的趋势以及平民化的价格优势在市场的竞争力。也许 UBNT 的产品就是基于这两个因素而诞生的。

UBNT 的创始人与 CEO，年仅 36 岁的罗伯特·佩拉本身就是一个值得追逐的传奇。罗伯特·佩拉 1978 年出生在美国加利福尼亚州，在硅谷长大，从小对数字化通信和 RF 电路设计有极大兴趣，毕业于加州大学圣地亚哥分校，获得电子工程理科硕士学位。

罗伯特· 佩拉大学毕业后，2003～2005 年曾任职苹果(Apple)公司的硬件工程师，2005 年离开苹果电脑公司后，创立了无线网络设备公司 UBNT，仅用 6 年的时间便使自己的身价达到 112 亿元人民币以上，2012 年还以 3.5 亿美元收购了 NBA 灰熊队，当上了球队的老板。更曾被美国《福布斯》杂志网站选为全球 12 位钻石王老五之一，堪称世界级天才。

罗伯特·佩拉离开苹果公司时曾感叹："苹果是一家伟大的公司，但我意识到，我必须要取得更多、更快的成功。"

2003 年 1 月，罗伯特·佩拉进入苹果公司担任硬件工程师，负责机场 WiFi 基站的相关工作。2005 年 2 月，出于对梦想的执着追求最终选择离开苹果公司，开始自己的创业之旅。2005 年，罗伯特·佩拉带着他在美国完成的设计，只身一人首先来到了中国台湾，寻找合适的无线超宽带制造商。经过多次磨合，罗伯特·佩拉的梦想终于得以实现，产品投放到市场后反响非常强烈。

为了实现产品平民化的梦想，进一步降低成本，2007 年开始，罗伯特·佩拉再次来到了中国大陆，他在广东反复试验着产品，从图纸到样品，从样品到量产，罗伯特·佩拉再次如愿以偿，在当地找到了优秀的合适的生产制造商，使全功能全系列的无线产品得以面市。凭借 Made in China 超乎想象和无与伦比的低廉价格优势，加上其严谨的设计工艺、稳定可靠的质量、超强的性能等特点，产品投入市场后，迅速在全球形成轰动性效应。数以万计的 UBNT 产品被安置在世界的各个角落：从西伯利亚的林海雪原到撒哈拉的茫茫沙漠，甚至是孤悬海外的岛屿和森林密布的丘陵。

如今的科技日新月异，IT 行业的高速发展意味着企业从产品研发到经营模式都需要不断创新。然而在竞争激烈的市场中，是什么原因促使一个规模并不大的企业却创造出如此骄人的成绩：短短 5 年多的时间，就在美国纳斯达克成功上市；一位 30 出头的年轻工程师带领全球 80 多名员工，却创造出数十亿美元的巨额市值。对于业内人士来说，UBNT 可能并不陌生，甚至可以说充满了传奇色彩，也是很多中小型 IT 企业学习的榜样。但是 UBNT 的企业模式有哪些特殊的地方，这恐怕是读者更感兴趣的地方。一般大家看到的公司都是由管理层、销售、市场团队组成的，而 UBNT 公司的理念却是由工程师来经营管理公司，并决定公司的发展方向，包括产品研发、接洽客户、拓展市场。CEO 罗伯特·佩拉就是一位工程师。但是通过笔者从对 UBNT 公司各方面的研究得知，UBNT 为客户提供的不仅是硬件的解决方案，更重要的是其背后有一个十分强大的软件团队支持。作为无线网络产品，其功能在业内公认是非常强大的。这与 CEO 罗伯特·佩拉本人的经历有十分密切的关系。

以下是记者采访罗伯特·佩拉时的对话：

“苹果是我大学毕业后的第一份工作，离开苹果的时候我 26 岁。那个时候单枪匹马创业，没有任何帮助和支持，完全只身一人开始创业历程，非常的艰难，而且自己内心也是怀着一种对于未来未知的恐惧。因为如果留在苹果会有一个非常好的职业生涯，而且非常安全，选择离开，却是一件非常冒险的事。但是我最终还是毅然地选择了离开。那个时候心情好像一个小孩没有学会游泳，走到跳板的末端，充满了恐惧，但信念告诉自己必须跳下去。那个时候我是一个硬件工程师，对软件产品一无所知，所以第一个想做的产品是硬件产品，产品的研发也非常成功，但是只是短短几个月，其他公司就把我的设计克隆了，而且产品价格非常便宜。真的不知道该怎么办，甚至在想是不是应该放弃。在那个时候看来，跟大公司竞争是非常难的一件事。但也就是那个时候使我开始思考，商业模式不但要盈利，还要保护自己。于是从那个时候开始把商业模式从只专注硬件转移到硬件和软件结合这种方式。”

1.2 关于 UBNT 产品的设计理念与优势

UBNT 产品的设计理念与其销售模式几乎同出一辙。UBNT 的 130 个员工中有 90 个是工程师，公司没有所谓的市场部、销售部，UBNT 的工程师每天通过网络或电话与客户交流，了解客户的需求，然后最大限度地满足客户需求，所以大部分都是工程师来主导销售，虽然有少数销售人员，但是没有专门而庞大的销售团队，这在任何一个世界 500 强企业中都是一个“怪胎”。但是 UBNT 做到了。为此，CEO 罗伯特·佩拉举一个形象的比喻：销售有两种思维模式，一种是猎人扛着一把枪打猎，四处找猎物；另外一种是像钓鱼一样，拿着鱼竿等鱼上钩。可以想象，UBNT 的思维是后者，是“钓鱼”思维而不是“狩猎”思维，很有一点中国传统文化中“酒香不怕巷子深”的意境。罗伯特·佩拉认为只要产品足够好，就有足够的吸引力去吸引客户，这就是 UBNT 的销售理念。

与销售理念相同的设计理念被运用到其产品的设计中，可以归纳为以下四个方面：

第一，平民化的应用成本。按罗伯特·佩拉夸张的说法是“起始投资接近于零”。一般来说，要完成一项网络工程，起始投资是相当大的，但是 UBNT 从一开始就把这个局面彻底改变了。产品设计的初衷就是尽可能降低成本，给运营商提供一个基本为零的起始投资，这也是之前没有一个公司能够做到的。但是现在 UBNT 已经实现了。当把初始投资降到近乎为零时，网络工程的承建方就可以不局限在几家公司，会有更多更新的商家一起进入市场，形成更加良性的竞争，共同为终端客户提供更好、更快、更稳定的网络连接服务。

第二，使用、安装简单。人机交互体验要求非常高，任何一个细节都不轻易放过，用户的体验就是最终设计方案。UBNT 产品对即使没有任何 IT 方面背景知识、专业知识的用户也可以迅速上手。其次是完整配套的解决方案，即插即用的使用方式，对于普通人来说也非常简单易懂，便于使用。这与工程师在设计产品时始终把自己当成客户是有直接关系的。

第三，最优的质量。为了把产品推广到全世界的每一个角落，UBNT 始终致力于所提供的解决方案的特性、应用等方面都要比市场上的任何其他产品更好。事实也证明其产品的性能和可靠性都是市场上最好的。为了满足西伯利亚零下三四十摄氏度的低温和沙漠里长期的暴晒高温，几乎在有限的成本范围内将产品的所有指标都做到了极致，硬是将一个商业级的产品当成了工业级甚至是军品级的产品来设计。因为零返修意味着售后成本为零，实际上是赚了。

第四，用户至上。这点 UBNT 做得非常好。在 UBNT 论坛网站上，我们可以发现全世界不同用户对 UBNT 的产品提出各式各样的问题，而论坛的版主(往往是 UBNT 的工程师担任的)对设计研发的每一件产品都是把用户的意愿放到第一位。对于客户提出的每一个问题，他们都会换角度去设想，如果作为一个用户，会需要怎样的产品，然后从这个角度作为出发点来进行研发。这种现象，恐怕在全世界的公司中也是少有的，尤其是 IT 类的公司中更加少有。

也许，这可能是许多微小企业创新生存的一种新模式。UBNT 的这些理念完全值得中国创业阶段的很多公司学习，对于占有知识创新优势的企业来说，也是一种值得尝试的、积极有效的运营模式。一切皆有可能，也许你的公司会成为下一个 UBNT。尝试了可能不一定能成功，但不去尝试就一定不会成功。

UBNT 的产品和企业理念远远不止上述四点。比如 UBNT 的核心竞争优势在软件上，但是软件反而采取免费的方式。这种商业理念与其产品的主要诞生地在中国有关，越是有竞争力的核心优势越应该采取免费，让更多的人使用，就好像一个饭馆里招牌菜反而便宜，其他菜贵一些。软件和硬件是结合的，只要提供的软件足够好、足够强大，而且又是完全免费的，大家用了软件自然会买硬件，因为软件只能跟硬件一起来用。好像剃须刀与刀片，或者是打印机与硒鼓之间的关系，只要打印机提供足够好、刀架提供足够好，客户就会买硒鼓、刀片，UBNT 也是这样的思维。这也是中国人普遍接受的思维模式。山寨模式在中国不可避免地存在，虽然 UBNT 也曾经通过法律途径追杀山寨产品，但是 UBNT 凭借其硬件产品的价格优势，迅速将产品价格拉到与山寨版本只有百元的差距，山寨产品在正规的工程应用方面几乎没有了市场，仅存在一些狂热的 DIY 一族，这也是 UBNT 产品特有的现象。

1.3 关于 UBNT 的系列产品

无论是业内人士还是业外人士，都非常有必要了解一下 UBNT 的主要产品线。UBNT 目前主要有五大产品线，每个产品线上的系列产品都源于上述四个设计理念。

第一个产品系列是 airMAX。这是一个无线宽带网接入的终端或用户端产品。大家都熟知 WiFi 和 WiMAX，而 airMAX 这个产品正是基于 WiFi 的硬件和 WiMAX 的理念产生的，但能使 WiFi 做到更快、更稳定、更可靠。它的特性像 WiMAX 一样非常强大，除了高速，它可覆盖的范围也比 WiFi 更广，使用特殊天线的产品，其覆盖面可以达到 30 千米以上。在 airMAX 这个产品面世之前，如果客户要部署一个这样功能强大的系统，需要强大的运营商支持，自己建设则需要很大的起始投资才能做到。然而，利用 airMAX 产品的功能，只要一百美元左右的起始投资就可以做到几千米甚至几十千米的无线通信传输。因为启动资金很少，全世界许多中小企业都在用这个产品，基本上世界每个国家都有用户在使用。在过去两年中，全世界已经有七百万左右的人在无线上网时使用了这个产品，未来两年这个产品的市场份额还将继续扩大。这个产品使用起来非常简便，不需要任何 IT 方面的经验就可以使用。

第二个产品系列是 airFiber。这个系列的产品能够以无线方式做到光纤传输的性能。言下之意，也就是不需要光纤，以无线的方式实现光纤传输性能。大家都知道，要铺设光纤网非常昂贵，使用 airFiber 产品不需要任何光纤材料，以非常便宜的解决方案就能够达到光纤，甚至比光纤还要好的传输功能。它的性能每秒钟能够传输 1GB 数据，完全能够跟光纤相比拟。

第三个产品系列是 airVision。这是一个非常强大的视频及视频监控系统。airVision 不仅有硬件解决方案，还有非常强大的软件解决方案支持。这个系统理论上支持无限个视频镜头，无论多少个镜头都可以放到系统里面，而且可以做数据分析，支持数据传输。

第四个产品系列是 UniFi。“uni”在拉丁文里是“唯一”的意思，该产品主要的概念是无限扩大的无线网，可以支持无限多的网络接入点。比如说在一个酒店里安装无线网络，要使每个房间都有接入点，如果是以前，要做到这套系统是非常昂贵的，而现在 UniFi 这个系统可以做到了。因为软件投资上几乎等于零，软件完全免费。

第五个产品系列是 UBNT 的最新产品，叫作 mFi。它实现了机器与机器之间的对话，有点类似于物联网的概念。什么是机器与机器之间的对话？举个例子，某个酒店大楼里面有很多东西需要控制，比如说灯光、电源，还有温度、湿度、门窗的开关，只要使用这个系统的人，无论坐在酒店的任何地方都可以控制整个大楼每个需要控制的部分。比如：把灯打开或关上，温度调到大家喜欢的温度，还有湿度，不光每个房间可以控制，而且可以互相之间实现一个联系。你可以进一步想象，利用 mFi 产品可以轻松地实现诸如“智能家居”、“无线遥控家电”等系统目标，系统中的接入点的个数可以是无限的，既多元化，又非常简单，并且投资非常少。因为软件平台是免费的，硬件价位也很低。以酒店为例，每个房间都布网的话，用传统解决方案保守估计大致需要数十万元，但是使用 mFi 系统，可以控制在几千元以下，价格只是传统解决方案的百分之几。不光是家用电器，未来工厂的生产线，所有可以用无线传输装置控制的东西全部可以用这种价格低廉的方式控制。如果通过一些传感器，结合一些其他的控制部件来实现应用，这个平台所能给大家提供的应用潜力应该会非常强大，无论商用、民用还是公用都没有局限。虽然 mFi 产品不是本书介绍和讨论的重点，但是笔者还是饶有兴趣地推荐大家去了解这一新产品。理论上，mFi 产品除了可以通过计算机进行控制，也可以通过手机进行控制。在终端上不仅可以看到实时的录像、监控，还可以进行数据分析。比如说一个员工在办公室办公时使用电脑，手在移动鼠标，mFi 系统可以把过程录制下来，然后他每天手动了多少次，写了几个字，在这儿都可以分析出来。用任何一台电脑或者一部手机在世界任何角落，都可以通过这个平台来实现想达到的这些功能。这听起来有点神奇，但是可以肯定，在不远的将来这会成为一种流行。

UBNT 最新的产品系列是 2013 年推出的 EdgeMAX 路由产品系列，也是 UBNT 首次推出自己的路由器产品，号称是世界上第一台价格低于 100 美元的每秒万次包转发级的路由器产品，可见其也是遵循了 UBNT 低价高质的设计理念。

1.4　airMAX 产品系列的诞生

2008 年，UBNT 发布了其 IEEE 802.11 b/g 全系列 2.4 GHz 的 ISM 频段 54M 产品系列，包括 Bullet、NanoStation、NanoStation Loco、PicoStation 和 RouterStation 等十几个子产品系列。在 2009 年又发布了一项名为 airMAX 的颠覆性全球室外宽带无线技术，包括 Rocket M、NanoBridge M 和 airGrid M 系列。利用这项技术，在室外可达到 150+ Mb/s 的真实 TCP/IP 速度。该技术包括先进的无线电硬件设计、运营商级基站 MIMO 天线以及功能强大、可确保数千米链路上的速度及网络扩展性的 TDMA 协议。最重要的是，airMAX 解决方案的性价比优势将从经济学层面重新定义全世界户外宽带无线网络的格局。

airMAX TDMA 协议的设计兼顾了速度和扩展性的要求。从以往的经验来看，性价比最高的免执照频段(ISM 频段)户外无线电解决方案一直都以 IEEE 802.11 或 WiFi 标准为基础。虽然这些解决方案在小规模部署时能产生好的效果，但随着更多客户的加入，其性能通常会以指数级下降，造成网络冲突和数据重传。UBNT 的 airMAX 技术采用经硬件加速的 TDMA 协议解决了这些问题。该协议中含有一个智能轮询协调程序，具有智能调度和本地 VoIP 数据包监测功能。因此，网络就能扩大到每个基站(AP)支持成百上千个客户的规模，同时还能保持较低的延迟、高吞吐能力和不受干扰的语音质量。

为配套这个新一代 TDMA 协议的应用，UBNT 公司还推出了 MIMO 天线技术产品组合，该组合具备运营商级性能，以及通常只在最高质量蜂窝基站天线中才有的优异的回波损耗、交叉极化隔离度、增益、电调下倾角度和束宽特性。这些天线产品经过实地测试，能够达到其设计目标，确保网络同时使用 airMAX 协议和 2 × 2 MIMO 射频的 airMAX 硬件时有更优的吞吐量性能。

UBNT 公司还推出了多款基于 airMAX 的无线电产品，可提供一些更强大而且更灵活的部署选项。其中，号称“Rocket”的基站平台由基于 IEEE 802.11n 协议的 2 × 2(双收双发)户外设备组成，该设备坚固耐用、功率高、工作温度范围宽，能够随时与 UBNT 的任何一款 airMAX 天线配合使用。在基站产品方面，UBNT 公司发布了受市场热捧的 NanoStation 的新一代版本。这款称为 NanoStation M 的新产品是一部小巧的 2 × 2 MIMO 室内/室外用户驻地设备(CPE)，具有 150+ Mb/s TCP/IP 吞吐能力，其有效连接距离最高可达 15 千米。此外，UBNT 公司还提供了灵活的 Bullet M 无线网络解决方案，该方案能够随时与任何室外天线配合使用，从而实现覆盖 30 千米以上的链路距离和超过 100 Mb/s TCP/IP 的吞吐量。

UBNT 公司业务开发副总裁 Ben Moore 说：“我们把 airMAX 看作一种能实现 WiMAX 标准各项承诺的技术。虽然 WiMAX 标准包含了 airMAX 技术的诸多性能优势，但它没有达到全球市场所需的低成本，无法让室外网络部署变为有吸引力的投资对象。依靠 airMAX 技术，我们采取了完全不同的开发策略。我们不是从性能要求入手，而是首先着重于实现严格的成本目标，把它当作首要任务来完成。然后，我们又花了几年时间逐步把重点转移到性能要求上来，但仍然要保证不违背我们苛刻的低成本目标。任务异常艰巨，但最终成果却是业界首创。最重要的是，利用 airMAX 技术，能够以远远低于市场现有解决方案的成本来部署能容纳 300 多个用户、吞吐量超过 100 Mb/s 的多扇区基站。”

基于 UBNT airMAX 技术的 5 GHz 免执照频段解决方案也已经完全面市。随着技术的进步和市场的推进，将另有多款基于 airMAX 技术的执照频段(900 MHz、3.5 GHz)和免执照频段(6 GHz、10 GHz)产品面市。airMAX 产品家族如图 1-1 所示。

图 1-1　airMAX 产品家族

作为本章的结束，我们简单回顾一下 UBNT 产品的发展历程：

2005 年 6 月，UBNT 推出“超距(Super Range)”微型 PCI 射频卡系列产品后正式进军无线通信领域市场。SR2 卡和 SR5 卡因其超低价格且兼容 WRAP、Soekris、Mikrotik 及其他公司提供的硬件设备，迅速被全球 OEM 和 WISP 厂商采用。“超距”卡模块工作在 2.4 GHz 和 5.8 GHz 频段，是 UBNT 宽泛产品系列中首款采用 Atheros 芯片组的产品。

2006 年 1 月，UBNT 推出一种全新技术——“自由频率(Freedom Frequency)”，此项技术可在射频模块上实现高达 60 GHz 的频率，因而催生出一款能够运行在 900 MHz、非标准 802.11 频段上的独立板卡，即 SR9 无线网卡。继成功借助 SR4 卡将所支持的频率扩展至 4.9 GHz 后，UBNT 再度推出“极距(Xtreme Range)”新系列，新增两款微型 PCI 卡，XR2 和 XR5。

2007 年 5 月，UBNT 推出了首款采用一体化天线设计的 PowerStation 系列产品。同年，UBNT 发布了多款针对有牌照频段的 XR 卡，用以解决 2.4 GHz 和 5.8 GHz 频段上的拥塞问题。同年，一群意大利无线电爱好者运用 UBNT 的无线设备创下了 5.8 GHz 频率上最长点对点通信距离的全新世界记录，公司因此声名大噪。他们使用两块 XR5 卡和一对 35 dBi 碟形天线在 304 km 的距离上搭建了一条数据传输率 4～5 Mb/s 的通信链路。

2008 年，UBNT 为其 802.11 b/g 系列产品增添多名新成员，其中包括 Bullet、NanoStation、NanoStation Loco、PicoStation 和 RouterStation。这些产品很快成为 UBNT 产品的代名词，而老产品则以降价的形式扩大其销售量。

2009 年，UBNT 的主打产品是专有 MIMO TDMA 轮询技术的 airMAX。新出炉的 802.11b/g 系列协议催生出诸如 Rocket M 的一整套射频/天线系统产品。为培训客户，UBNT 在芝加哥、布拉格、华沙及马德里召开了 airMAX 大会。临近 2009 年年底，UBNT 又推出 NanoBridge 和 airGrid M。

2010 年，UBNT 相继在欧洲、亚洲及南北美洲召开了 airMAX 全球大会(AWC)，其中包括总部所在地圣何塞，届时还发布了包括 airWire、WifiStation 及 PowerAP N 在内的更多款基于客户端的产品。UBNT 也开始支持 900 MHz 和 3 GHz 频段的 airMAX 产品。此外，UBNT 在第四季度又推出了 TOUGH Cable、airSync 技术及 UniFi 室内无线系统。运用 GPS 技术，airSync 可有效地消除 AP 同址干扰。在 2010 年 WISPA PALOOZA 大会上，经无线通信技术同行公司的推举，UBNT 荣膺年度最佳制造商和最佳产品奖。

2011 年，UBNT 分别为其 M 系列设备和 NanoBridge 系列推出新型天线及新型号。同年 8 月，又推出室外和微型 UniFi AP 及 IP 摄像头/NVR 软件 airCam/airVision。UBNT 连续两年荣膺 WISPA 年度最佳制造商殊荣。10 月，UBNT 在拉斯维加斯召开又一届 airMAX 全球大会(AWC)，会上同时宣布推出了几款新技术：Rokect/Bullet Titanium、配备千兆以太网端口的 Rocket M5、POE 交换机 TOUGH Switch、基于 Vyatta 的高级路由平台 EdgeOS、UniFi 和 airCam Pro 系列及 UBNT 设备管理软件 airControl，并计划于 2012 年发布上述这些产品。

2012 年，在芝加哥举办的 airMAX 全球大会上(AWC)，UBNT 宣布推出了一款基于 24GHz 射频平台名为 airFiber 的新型产品。

2013 年 3 月，airMAX 专利技术获得美国联邦商标与专利局的正式授权。airMAX 产品成为 UBNT 公司主要盈利增长点，成为最赚钱的产品。

可以看出，不断地创新对于一个技术型和知识密集型的公司是何等的重要。

第 2 章　airMAX 设备原理

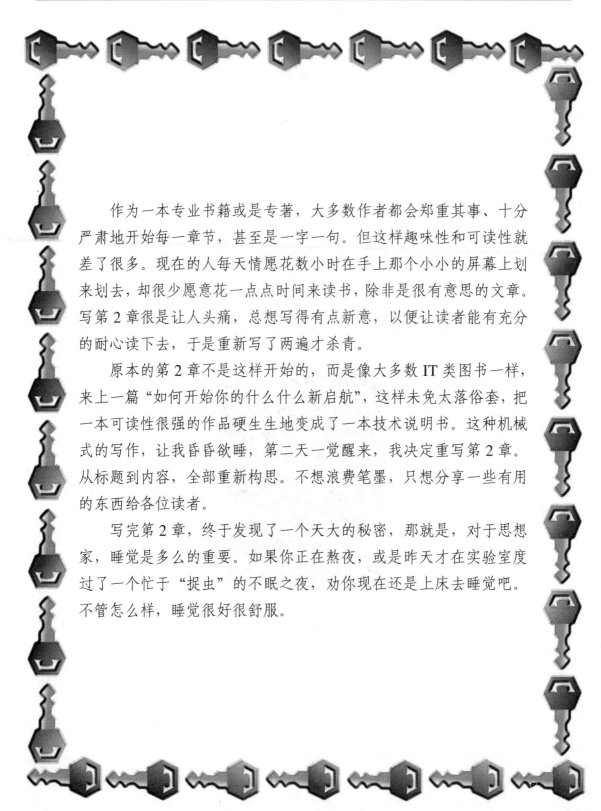

作为一本专业书籍或是专著，大多数作者都会郑重其事、十分严肃地开始每一章节，甚至是一字一句。但这样趣味性和可读性就差了很多。现在的人每天情愿花数小时在手上那个小小的屏幕上划来划去，却很少愿意花一点点时间来读书，除非是很有意思的文章。写第 2 章很是让人头痛，总想写得有点新意，以便让读者能有充分的耐心读下去，于是重新写了两遍才杀青。

原本的第 2 章不是这样开始的，而是像大多数 IT 类图书一样，来上一篇“如何开始你的什么什么新启航”，这样未免太落俗套，把一本可读性很强的作品硬生生地变成了一本技术说明书。这种机械式的写作，让我昏昏欲睡，第二天一觉醒来，我决定重写第 2 章。从标题到内容，全部重新构思。不想浪费笔墨，只想分享一些有用的东西给各位读者。

写完第 2 章，终于发现了一个天大的秘密，那就是，对于思想家，睡觉是多么的重要。如果你正在熬夜，或是昨天才在实验室度过了一个忙于“捉虫”的不眠之夜，劝你现在还是上床去睡觉吧。不管怎么样，睡觉很好很舒服。

也许 UBNT 公司的产品系列已经让你眼花缭乱，但是 airMAX 设备的基本结构和原理只有一种。与大多数嵌入式系统一样，airMAX 设备由基本硬件和固件组成，只是在外围配置上稍有变化，内部的软件大多数脱胎于 Linux 系统，或者是一个经过精心裁剪后的 Linux，以便于缩小尺寸固化到一片 Flash ROM 中变成固件。这样设计的好处是，工程师可以轻松地上手开发系统而不用太多地考虑如何反复修改硬件的问题，甚至在没有目标系统之前，只要有一个最小系统就可以开始工作；但是这样的坏处显而易见，使“山寨”变得易如反掌，导致“刷机”蔚然成风，甚至变成了某种疯狂。如果你在网络或市面上看到形形色色的“山寨”UBNT 产品，千万不要大惊小怪。

2.1　airMAX 设备的硬件结构

2.1.1　典型的嵌入式网络设备

打开 airMAX 设备外壳进行观察，不管外形和里面的电路板(PCB)长成什么样，里面无外乎就是 RF、MCU、内存、网络接口、电源几大部分。这种结构与普通的 SOHO 路由器、机顶盒和交换机没有什么两样，其基本框架结构如图 2-1 所示。

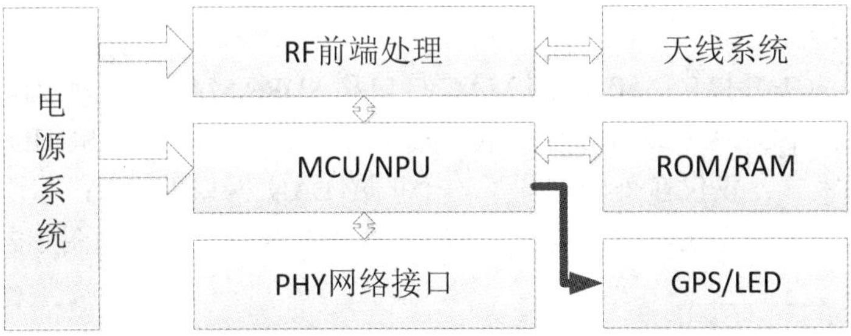

图 2-1　基于嵌入式网络设备的 airMAX 硬件结构图

RF 部分实际上就是无线网卡的核心部分，在整个 airMAX 设备中也是 UBNT 最引以为傲的地方。UBNT 的出名和起家原本就是因为它生产了 SR 和 XR 两款性能优异的 PCI-E 无线网卡。借助 Atheros 芯片组的 eXtended Range 超高灵敏度技术，UBNT 于 2005 年上市了“超距(SuperRange)”微型 PCI-E 射频卡系列，仅在短短的一年内又开发出“极距(XtremeRange)”系列。这两款网卡曾经让众多技术狂人“痴迷”，并不断创造出利用 WiFi 实现超远距离通信的世界纪录。

Atheros 的 eXtended Range 技术使通信的接收灵敏度最高可达 −105 dB，比起 802.11 的门限标准的要求还要好上 20 dB，几乎已经接近移动电话的性能。通常情况下，发射功率为 20 dB(100 mW)的 WLAN 传输距离大约在 300 米，而 Atheros 芯片在使用了 eXtended Range 技术后，传输距离最远可以达到 790 m。通常 AR 系列芯片的输出功率最大可达 500 mW，超过 802.11 规定的标准功率 7～8 dB，如果配合适当的天线系统，增加 20～30 dB 的功率裕度非常轻松。这也是 UBNT 创业之初热衷于 Atheros 主要原因之一。

Atheros(中文名称：钰硕)也是一家比较年轻的公司，1999 年由斯坦福大学的 Teresa Meng 博士和斯坦福大学校长、MIPS 创始人 John Hennessy 博士共同在硅谷创办，公司已在全球拥有超过一千名员工。该公司是基于 OFDM 的无线网络技术厂商，提供基于 IEEE802.11a/b/g 的芯片组，还拓展了蓝牙、GPS、以太网等领域的开发。Atheros 的芯片被各大厂商所广泛采用，如 Netgear、D-Link、Intel 等厂商均为 Atheros 的客户。2011 年初，著名通信处理器厂商高通(Qualcomm)公司宣布并购在 WiFi、蓝牙与 GPU 等芯片市场迅速走红的 Atheros 公司。高通砸下 31 亿美元合并了 Atheros。希望借 Atheros 在 WiFi 技术方面的优势，整合自己在手机应用处理器市场的优势，以便未来提供更全面的通讯芯片解决方案。

早期的 UBNT 产品采用了经济实惠的 AR231X 系列芯片作为主要的 RF 单元。大多数为 AR2315～AR2318 芯片组，是单极化单天线(1 × 1)类型的 802.11b/g 单芯片集成无线基带处理芯片，频率范围从 2.3 GHz 到 2.5 GHz，功率达到 500 mW，专门针对高性能要求的低价无线局域网市场。内置了 Atheros 的 Super G™ 模式技术，利用 20M + 20M 双频带模式，使 AR231X 支持高达 108 Mb/s 的数据传输速率。除此之外，还包括前向纠错 1/2、2/3、3/4 卷积编码，信号检测，自动增益控制，频率偏移估计，码元定时恢复，信道估计，错误恢复，增强的安全性和质量服务(QoS)等优化功能。AR2316 完全采用 0.18 μm 的 CMOS 工艺设计制造，具有 180 MHz 的主频、4KMIPS 的处理能力和相对较低的功耗，对 OFDM、CCK 调制能很好地支持。

由于内置了 PCI-E 接口、802.3 的 MAC 接口和 SDRAM 内存管理接口，AR231X 系列芯片很容易设计成 PCI 网卡或者独立的嵌入式系统。早期大多数的 SOHO 无线 WiFi 路由器都采取了这种模式，仅仅在外围增加了一个扩展 LAN 网口的 PHY 芯片和基本的 RAM 就可以实现一个基本的无线路由器功能。AR2316 处理器内部结构如图 2-2 所示。

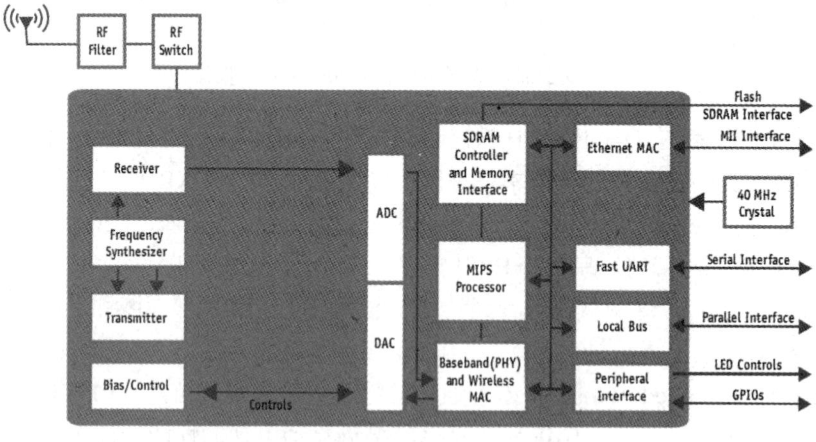

图 2-2　AR2316 处理器内部结构图

图 2-3 所示是一个 UBNT 出品的 airMAX Wisp 系列产品主板图。该主板采用了比较经济的 AR5312 芯片组，1 × 1 结构，支持单极化单天线，并支持 GPS 信号从一个标准的 RS232 口输入，以便实现 airSync 功能来消除多个 AP 在一个发射位置时的同址干扰。

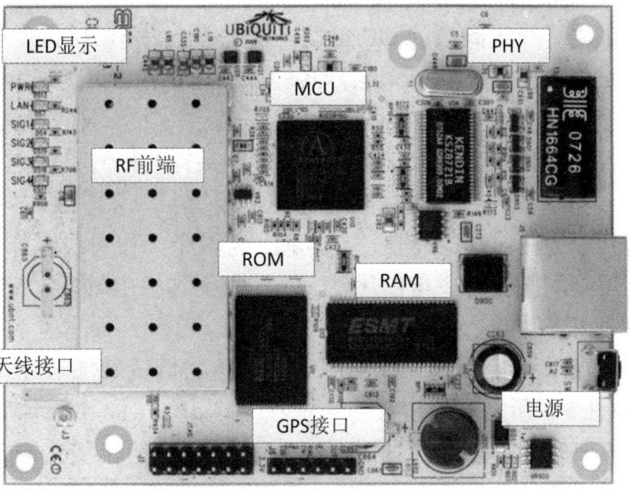

图 2-3　airMAX Wisp5 产品主板 PCB 图

为了进一步降低成本，提高集成度，UBNT 在设计上主板选择了集成度更高的 SoC 类型芯片，比如 AR7240、AR933X 等系列，具有更高的主频和处理性能，甚至还支持 DDR 内存的管理。不必再为尽可能瘦身 Linux 体积而烦恼，为内置更多的服务程序，更好地实现 UBNT 的专有(专利)技术提供了有力保障。

UBNT 在此基础上推出了体积更小和集成度更高的 Bullet 系列，如图 2-4 所示，它几乎可以直接和高增益的全向天线融为一体，甚至可以直接拧到天线底座上，极大地方便了用户安装使用。

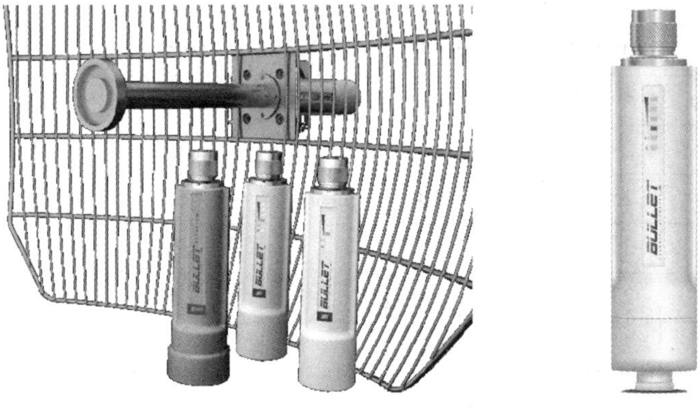

图 2-4　高度集成的 Bullet 系列产品

Bullet 系列有低成本的 100 mW 和大功率 1000 mW 等多种类型可供选择，低成本的 100 mW 产品可以用于小范围的区域覆盖，而大功率 1000 mW 的产品则常常用于大区制远程接入和覆盖。

由于笔者对 UBNT 全系列产品的认识限制，以及 Atheros 芯片家族的复杂性，对此不再作更多的介绍。相关内容可以参考 Atheros 和 UBNT 公司官方的相关资料。

外围辅助与接口电路通常还包含 GPS 信号接入串行接口、电源电路和 LED 信号指示电路等。这是 UBNT 非常人性化设计的一部分。

通常电源部分采用了一组高效的 DC-DC 转换电路，为 MCU 提供标准的 3.3 V、1.8 V 等直流电压。为了安装方便，采用了无源方式的以太网供电(PoE)模式，将 RJ45 接口中未使用的 4、5、7、8 四个引脚作为电源线使用。因为施工过程只需简单地部署一根网线，使工程变得异常简单，因此 UBNT 的产品几乎 100%地支持这种简单的无源 PoE 供电模式(符合 IEEE80 2.3af 推荐的标准之一)。标准的五类网线有四对双绞线，但通常在 10M/100M BASE-T 中只用到其中的两对(1—2，3—6)。除上述两个工作对线缆外，IEEE802.3af 还允许使用另外一种利用空闲脚进行供电的用法。应用空闲脚供电时，4、5 脚并联连接为正极，7、8 脚并联连接为负极。

LED 显示为户外无终端监视调试或者施工时的粗略调试带来了方便，一般 UBNT 带有 2～4 个指示灯，如图 2-5 所示，对应显示范围从 −94 dB、−80 dB、−73 dB 至 −65 dB，以便估计接收电平是否满足预期网络带宽 MCS0～MCS7 对应的要求。表 2-1 所示是 2.4 GHz 频段收发双方对应的电平值与 MSC 信道容量的关系表。

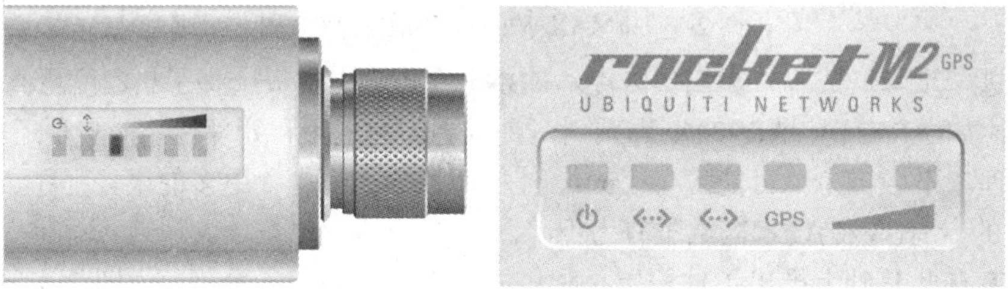

图 2-5 接收信号 LED 指示灯

表 2-1 接收电平门限值与 MSC 关系表

OPERATING FREQUENCY 2412～2462 MHz							
2.4 GHz TX POWER SPECIFICATIONS				2.4 GHz RX SPECIFICATIONS			
	DataRate	Avg. TX	Tolerance		DataRate	Sensitivity	Tolerance
11b/g	6～24 Mb/s	28 dBm	+/−2 dB	11b/g	24 Mb/s	−83 dBm	+/−2 dB
	36 Mb/s	25 dBm	+/−2 dB		36 Mb/s	−80 dBm	+/−2 dB
	48 Mb/s	24 dBm	+/−2 dB		48 Mb/s	−77 dBm	+/−2 dB
	54 Mb/s	23 dBm	+/−2 dB		54 Mb/s	−75 dBm	+/−2 dB
11n	MCS0	28 dBm	+/−2 dB	11n	MCS0	−96 dBm	+/−2 dB
	MCS1	28 dBm	+/−2 dB		MCS1	−95 dBm	+/−2 dB
	MCS2	28 dBm	+/−2 dB		MCS2	−92 dBm	+/−2 dB
	MCS3	28 dBm	+/−2 dB		MCS3	−90 dBm	+/−2 dB
	MCS4	27 dBm	+/−2 dB		MCS4	−86 dBm	+/−2 dB
	MCS5	25 dBm	+/−2 dB		MCS5	−83 dBm	+/−2 dB
	MCS6	23 dBm	+/−2 dB		MCS6	−77 dBm	+/−2 dB
	MCS7	22 dBm	+/−2 dB		MCS7	−74 dBm	+/−2 dB

从表 2-1 中可以得知，当满足 3 个以上 LED 亮灯时，可以保证接收电平在 -75dB 以上，并确保 54 Mb/s 全速运行。2 个灯亮时只能保证 MSC5 水平，接近信道容量的半数。只有一个灯亮时，仅能确保联通达到 MCS0，但是速率小于 6 Mb/s 甚至更低。使用 LED 指示灯的好处在于户外施工时，尤其是登高作业时，通过观察 LED 状态就可以粗略对准天线或调整天线位置与姿态，起到事半功倍的作用。

2.1.2　airMAX 固件系统 airOS

在开发 airMAX 设备之前，UBNT 主要为 Mikrotik 等几家路由器公司的专业无线路由器产品代工生产“超距”无线网卡，主要是 RS2 和 RS5 系列，提供产品的同时免不了要提供底层的驱动服务，为 UBNT 工程师接触 ROS 并理解 ROS 的工作原理提供了绝好的机会。大多数 ROS 都是从开源的 Linux 系统发展起来的，有些甚至本身就是 Liunx 系统。为了更好地支持自己的 airMAX 产品，并在 airMAX 硬件设备上实现 UBNT 自己的多项专利，UBNT 积极地开发了自己的 airOS。经过 V3.0/4.0/5.0 等几次大的版本升级，并不断适应硬件的变化，airOS 的“体重”也在不断增加，固件容量也从早期的 4M 逐步变成 8M、16M 甚至更多，要求 RAM 的容量也由 32M 变成 64M，甚至 256M。

1. Atheros Fusion Linux OS

为了更好地了解 airOS，有必要简单介绍一下 Atheros 开发的 Fusion Linux OS。采用 Atheros 套装芯片的一个好处是，Atheros 在提供 WiFi 集成解决方案芯片的同时，也提供了完整的 Fusion Linux OS(融合 Linux OS)方案，便于技术集成商的二次开发。其核心主要以 Atheros Fusion WiFi Driver 为主，以早期小型化的 Atheros 驱动程序为基础而构建的先进驱动程序集成框架，集成了许多更高级的设计特点。图 2-6 所示是 Fusion Linux OS 构架的基本框图。

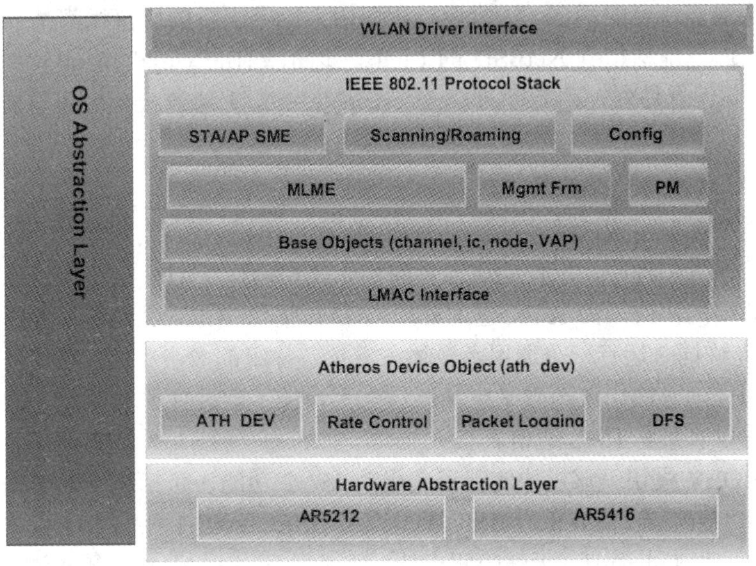

图 2-6　Fusion Linux OS 逻辑构架图

其顶层架构是基于 Atheros 的通用驱动程序架构，也被称为“融合”的架构。这种驱动程序的设计方法导致了必须使用基于层的基础方法，以至于增加了一些限制和各层之间的互相影响。因此，全局变量的办法被淘汰，所有层的功能都被包含在一个呼叫(消息)结构中。

融合结构的主驱动程序被设计成通用的代码库，以便支持多种操作系统。这使得开发过程更加高效，由此带来的协同效应可以使所有主要平台的错误在同一时间得到修复。

融合架构由 4 个主要部分组成。第一个部分是 WLAN 驱动程序接口，这是将操作系统的特殊呼叫传输到融合构架的“通用”呼叫的独特转换。第二部分是顶层 MAC 层，其中包含了 IEEE 802.11 协议中大部分关于站(station)和 AP 的处理应用。第三部分是底层 MAC，其中包含 ATH 和 HAL 层。这一层更多地以硬件为中心，为支持 Atheros 的芯片组架构的需要而设计。第四部分是操作系统抽象层。这是一套为系统专门调用的宏结构，用于重定义“通用”操作系统原语在系统呼叫时的响应函数。这些函数，诸如寄存器读/写功能，翻译 OS 数据包到 WBUF(无线缓冲)抽象层，以及任务控制都包含在此层。所有组件和它们的关系都包含在如图 2-6 所示的框图中。

1) WLAN 驱动程序接口(WLAN Driver Interface)

这一部分的功能是将操作系统的特殊呼叫经过独特转换变成融合构架的“通用”呼叫，并传递给融合构架调用。

2) 顶层 MAC 接口

顶层 MAC 完成大多数 IEEE 802.11 协议中的 MAC 功能，并提供一个操作系统的网络协议栈接口。在融合构架中，顶层 MAC 包含了 IEEE 802.11 层和所谓的“铺垫”(shim)层。

IEEE 802.11 层。当今大多数 WLAN 设备驱动程序都由两个主要部分组成：协议栈和底层驱动程序。通常情况下，协议栈包含 IEEE 802.11 状态机、扫描/漫游以及需要 IEEE 802.11 设备独立支撑的其他设备。虽然在很大程度上协议栈的功能是独立于平台的，但是实际执行往往需要特定的平台。融合驱动程序中大部分支持的协议栈都是 net 802.11 的衍生物，已经被广泛地移植到 NetBSD 的 Linux、达尔文(Darwin)和 Windows 等系统中。在 Linux 内核中，还有另外一种流行的 Devicescape’s 802.11 协议栈。因为篇幅的关系在此不作介绍了。

3) 底层 MAC(LMAC)接口

由两个主要部分组成：硬件抽象层(HAL)和 Atheros 的设备对象层(ATH)。HAL 包含所有芯片特定的设置和程序，以便完成设备的初始化和操作。ATH 层负责管理硬件输入的数据流以及较低层的协议，如 ACK 包的处理。HAL 提供 Atheros 的芯片程序的底层原语，HAL 抽象层允许同时运行一个通用函数体来支持芯片组的多个家族，芯片组与芯片组之间的特定差异和处理办法由该函数来定义。这大大增加了软硬件的灵活性。通常只有底层驱动程序组件可以直接与 HAL 通信。

(1) ATHDEV 模块。该模块实现了底层的 MAC 功能，包括统一发送和接收路，高级 11n 的 MAC 功能(汇聚、RIFS、MIMO 省电等)，IEEE 802.11 网络节能和设备的电源状态管理，信标生成和 TSF 管理，无线唤醒支持，缓存管理，射频遥毙，自定义的 LED 和 GPIO 控制算法等。

(2) 速率控制模块(Rate Control)。速率控制算法试图用最佳的速率来传输单播数据包。

如果信道发生变化，速率控制算法会自动递增或递减速率来保持最快可靠的数据传输速率。速率控制不通过协议栈访问，而只能由 ATHDEV 调用。

(3) 数据包记录(Packet Logging)。数据包记录提供了一个底层控制机制来捕获驱动程序的活动，诸如发射、接收、速率发现与更新、汇聚、ANI 等，不同的操作系统有它自己的工具来确定数据包日志和检索日志缓冲区。

动态频率选择模块(DFS)。该模块实现了动态频率选择算法，从而使无线设备在工作时可以检测频率冲突是否存在。如果检测到无线电冲突，设备必须避免干扰，自动切换到另一个频率。

铺垫层。该层的主要作用是为了切换到 airMAX 协议时，相对于现有其他非融合框架的顶层 MAC 接口作最小的修改，以便有更好的用户体验和编程效率。由于 HAL/ATH 层尽可能封装内部数据并且只允许通过操作接口进行访问，顶层不再直接访问底层内部的变量，因此，在铺垫层体现的各种状态和配置变量使之对顶层的影响最小。铺垫层采用标准协议与 HAL/ATH 层通信，以获取各种状态信息。整个融合操作系统全部都是用 C 语言编写，只需要做适当的代码替换而不用考虑重新修改整个 MAC 构架。

4) 操作系统抽象层

操作系统抽象层是一整套 WLAN 驱动程序所使用的内核服务。每个平台都要求有一个独立的进程，通过平台统一的 API，驱动程序开发人员可将注意力更加集中在 WLAN 的核心逻辑上。

2. airOS 的主要功能

airOS 是 UBNT 公司基于 Linux 平台开发的一种先进无线路由器操作系统，能够将一个普通的无线路由器设备变成一个强大无比的无线网络设备。通过简单直观的图形用户界面(GUI)和平民化的硬件平台，实现专业级甚至是电信级的无线网络传输。目前 airOS 操作系统版本已经升级到 5.5.X 版本，并融入到 UBNT 公司所有 airMAX 系列产品之中。因此，要想实现 UBNT 提供的强大功能，必须对 airOS 操作系统基本功能和组成有一个详细的了解。详细的具体设置，请参考第 3 章的相关章节。

airOS 的 GUI 主界面包含了七个主要功能区和一个工具箱，每个功能区对应一个入口标签，每个标签下提供了一个基于 Web 的管理页面，用于管理和设置 UBNT 网络设备的具体参数。具体内容如下：

(1) UBNT 专有程序区(UBNT 标志，Ubiquiti Logo)。这个部分主要包含了一些 UBNT 专有技术的参数设置，这些专有技术包括 airMAX、airView、airSelect 和 airSync(仅 GPS 系列设备有此功能)。某些早期产品中，可能没有该功能区，无法直接进行 airMax 等系统功能设置，但在系统标签中有关“杂项”栏目有相应的选项可以进行设置。

(2) 系统状态监视区(主菜单标志，Main)。包含了整个 airOS 系统的状态显示栏和监视栏，可以集中显示设备当前的状态、工作模式、网络质量等参数，包括各种流量、信号统计和网络监控等信息的显示。

(3) 无线功能区(无线设置标志，Wireless)。包含设备有关无线部分的基本设置，包括无线模式、802.11 模式、频道号与频率、站点服务标识符(SSID)、输出功率以及无线接入安全相关等参数设置。

(4) 局域网功能区(网络设置标志，Network)。主要完成设备本地 LAN 相关的操作。包括网络模式、互联网协议(IP)、设置 IP 别名、 VLAN、包过滤、桥接方式、静态路由和流量整形等。

(5) 高级功能区(高级设置标志，Advanced)。包含多项高级选项的设置。包括更精细的无线接口控制，如高级无线设置、高级以太网设置和信号指示 LED 阈值设置等。

(6) 服务功能区(服务设置标志，Services)。包含系统管理服务及多种杂项设置。如系统看门狗选项、简单网络管理协议(SNMP)、SSH、TELNET 服务器、网络时间协议(NTP)客户端、动态域名服务(DDNS)客户端、系统登录和设备主动发现等服务设置。

(7) 系统功能区(系统设置标签，System)。包含设备维护、管理员账户管理、设备位置管理(经纬度地理坐标)、设备特定信息、固件更新和配置备份、语言种类、自动重启等杂项。

(8) 工具箱(下拉选项菜单，Tools)。除上述 7 大标签外，系统还提供了包含许多施工、网络管理、监测的工具，包括天线调整“Align Antenna”、站点侦测“Site Survey”、设备发现“Discovery”、联通性测试“Ping”、路由跟踪“Traceroute”、速度测试“Speed Test”、频谱分析“airView Spectral Analysis”等强大的组合工具包。

需要注意的是，作为 AP 端设备，如果 airOS 版本低于 V5.5 时，使用 airMAX 可能存在向下兼容问题，即低版本的 airOS 客户端设备可能无法正常接入，而且较早版本的硬件即便升级 airOS 后也只能作为 airMAX 客户端 CPE 角色使用，无法作为 airMAX 的 AP 端使用，因为较早版本设备的内存空间无法支持最新版本的 airOS 运行，比如较早版本的 NanoStation 只有 4M FLASH ROM 和 16M SDRAM 内存，最高只支持升级到 V4.0.X，无法运行 V5.5 以上的固件。幸运的是，新版的 UBNT 产品价格一直呈降价趋势，如果不考虑成本问题，建议全部升级到最新版本。

3. airOS 固件的升级

UBNT 为用户提供了良好的售后服务和后续的技术支持，官方技术支持网站保留了最新的版本以及最早每一时期各个版本的固件，供有需求的用户下载和升级。升级可以在 WEB 界面自助进行“热升级”，也可以用 TFTP 进行出厂模式的“冷升级”。需要注意的是自助进行“热升级”时，V5.5 以上只支持向上升级而不能随意向下升级。下面简单介绍一下这两种升级方式。

1) 通过 WEB 管理界面升级

以管理员角色登录 airOS，进入系统设置区(System)，找到升级栏(Firmware Update)，在 Upload Firmware 项用浏览按键输入要升级的固件文件，后缀名通常为 **版本**.BIN，然后点击上传，开始自动升级。升级过程需要几分钟，期间不能意外断电。如果“Check for Updates”选择使能的话，则系统会对上传的固件做完整性校验和版本校验，并显示校验结果。如果发生任何意外情况，请按提示进行。

2) 使用出厂模式升级

进入出厂模式升级的方法比较复杂。需要找到系统复位键，按住复位键后上电。

如果在机器正常工作时，按复位键 8 秒后松开，airOS 引导设备进入自动复位模式，所有参数回到默认设置。进入升级(恢复)固件模式需要按住复位按钮后上电 20 秒以上，待指示灯左右交替闪动时松开，表示进入升级模式。此时设备会使用一个缺省的 IP 地址 192.168.1.20。将 TFTP 客户端主机 IP 地址设为本段的任意地址 192.168.1.X/255.255.255.0 。使用 ping 命令，观察是否能联通设备：

```
>ping 192.168.1.20
```

如果正常通信，此时可以编辑一个 bat 批处理执行命令文件，包含以下命令行，或在 cmd 命令提示符下直接输入命令：

```
>tftp -i 192.168.1.20 put XM-v5.5.6.build12345.bin
```

其中 XM-v5.5.6.build12345.bin 为升级固件的二进制文件，根据版本不同而文件名有所差异，但该固件文件必须与 bat 批处理程序位于同一子目录下。

系统固件上传完毕后会显示多少字节已经上传，然后自动重启。加载新固件需要数分钟，此时只需继续运行命令：

```
>ping 192.168.1.20 –t
```

监视设备是否重启动正常。如果重启正常，则表示升级成功。需要注意的是，使用出厂模式升级具有较大的风险。首先，你必须确保升级的固件与被升级的硬件完全对应；其次，硬件必须配置有足够的 FLASH ROM/RAM 资源。

如果读者不满足于 DIY 固件的升级尝试，还可以进行进一步的调试和系统修改。airOS 与大多数 Linux 系统一样，还支持 SSH 和 Telnet 调试。只需要在服务功能区开启 SSH 服务和 Telnet 服务，即可利用相关 SSH 调试终端程序进行 DIY。但是进入系统调试模式，必须使用 root 权限登录。

2.2 airMAX 工作模式原理

airMAX 使用了 UBNT 专有的时分多址(TDMA)轮询技术。airMAX 能有效提高点对点(PTP)与点对多点(PTMP)工作模式和噪声环境下设备的整体性能。因为它可以有效减少延迟，增加吞吐量，提供更好的耐受性，防止干扰。依靠这些优点，airMAX 模式下，同时也增加了单个 AP 设备接入最大可能的用户数。

在讨论到 airMAX 问题时，很多业内人士都在问一个重复的问题“airMAX 有必要吗？”在怀疑 airMAX 的同时，也在怀疑其存在的必要性。大多数同行在讨论这一问题时，基本上是轻描淡写地认为 airMAX 只不过是 UBNT 的一个私有协议而不屑一顾。而且因为在 airMAX 模式下不能支持正常的 WiFi 接入工作，大多数工程师会建议客户一定要关闭 AP 的 airMAX 模式。这十分令人困惑，也许大多数工程师并未完全了解并亲自在实际中运用过 airMAX，这也是笔者非要编一本关于 airMAX 专著的主要原因。在完成油田单井覆盖解决方案并实际测试后，对于 airMAX 原理和技术上的认识促使作者在很短的时间内推出了这一作品。

为了更好地理解 airMAX 在无线网络应用中的卓越性能，有必要将 airMAX 与传统 WiFi 在工作模式等方面做一些对比，把无线网络中比较常见的问题及 airMAX 的解决之道进行讨论。

通常，评价一个无线网络的好坏，直观地会从它的实际带宽容量(吞吐量)、最大用户容量、传输距离、网络延迟以及 QoS 等几个方面来评判。因为篇幅限制，我们只能从以下几个有效的方面，深入浅出地作一些比较简单易懂的分析，尽可能减少过多技术性和专业性的成分，以便于读者理解并结合到实际的工程运用中。

2.2.1 airMAX 工作原理与 WiFi 的区别

airMAX 是 UBNT 的私有 TDMA 协议，而 WiFi 使用的是标准 IEEE 802.11 家族无线以太网(Ethernet)协议。airMAX 面对的是真正的长距离、多用户、高效率、接近电信专业水准的无线网络服务。而 WiFi 恰恰相反，面向的对象很可能是低成本、短距离、小范围、较少用户数、对服务品质不敏感的“家用”或 SOHO 办公室级的无线网络服务。这也是我们在面对 airMAX 与 WiFi 二者时，经常会感叹“既生瑜何生亮”的原因。

1. 以太网(Ethernet)协议下多用户工作模式

WiFi 是无线以太网的通俗叫法，是基本遵循 IEEE 802.11 家族协议规范并发展起来的一种广为流行的无线接入方式。众所周知，以太网络使用载波侦听多址访问及冲突检测(CSMA/CD)技术来共享同一个信道资源。无线以太网与有线以太网的工作模式完全类似，都采用带冲突检测的载波侦听多址访问机制。在展开讨论无线网络中使用 airMAX 的必要性之前，我们必须先了解一下以太网多址工作原理的几个假设和规定。首先，假设以太网中各节点都可以看(听)到在网络中其他节点发送的所有信息。从某种意义讲，以太网是一种工作良好的广播网络。其次，对以太网的工作过程作如下规定，当以太网中的一台主机要传输数据时，它将按以下四个步骤进行：

(1) 监听信道上是否有信号在传输。如果有的话，表明信道处于忙状态，就继续监听，直到信道空闲为止。

(2) 若没有监听到任何信号，就开始传输数据。

(3) 传输的时候继续监听，如发现冲突则执行退避算法，随机等待一段时间后，重新执行步骤(1)，当冲突发生时，涉及冲突的主机终止发送，并返回到监听信道状态。每台主机遵循一次只允许发送一个包，一个拥塞序列，以告知其他所有的节点。

(4) 若未发现冲突，则认为发送成功，所有主机在试图再一次发送数据之前，必须在最近一次发送后等待 9.6 μs(确保信号能有效传输足够距离)。

根据上述规定和假设，以太网在用户数比较少时可能会工作得比较正常。但是，当用户数明显增加时，可能每个主机都会随机发送数据，产生碰撞的概率极大提高，会造成不断重复避让，又不断重发，导致更严重的碰撞。当用户数达到某个数值，并且每次发送的数据包尺寸大于某个值时，会造成延长避让和侦听时间的新问题，导致整个网络有效传输效率进一步降低，每个节点都在忙于作“无用功”，即所谓的网络吞吐量下降产生的网络退化问题。

以太网的这些问题显而易见。为了减小碰撞概率，提高避让的可能性，早在 1968 年美国夏威夷大学提出了一项名为 ALOHA 的研究计划。在 20 世纪 70 年代初，研制成功一种使用无线广播技术的分组交换计算机网络，使用了 ALOHA 方法，也是一种最基本的无线数据通信协议。通过多次改进，实现了一种时隙型 ALOHA。这是一种能把纯 ALOHA 信道利用率提高一倍的信道分配策略，即时隙 ALOHA 协议(S-ALOHA)。其思想是用时钟来统一用户的数据发送。办法是将时间分为离散的时间片，用户每次必须等到下一个时间片才能开始发送数据，从而避免了用户发送数据的随意性，减少了数据产生冲突的可能性，提高了信道的利用率。在时隙 ALOHA 系统中，计算机并不是在用户按下回车键后就立即发送数据，而是要等到下一个时间片开始时才发送。这样，连续的纯 ALOHA 就变成离散的时隙 ALOHA。由于冲突的危险区平均减少为纯 ALOHA 的一半，因此时隙 ALOHA 的信道利用率可以达到 36.8%(1/e)，是纯 ALOHA 协议的两倍。但付出的代价是用户数据的平均传输时间要高于纯 ALOHA 系统，而且需要全网同步，通常可设置一个特殊站点，由该站点发送时钟信号。

2. airMAX 轮询模式

与无线以太网“随机接入、碰撞避让”的工作模式不同，airMAX 采用时隙分配的方法，让每个接入的客户端在统一的时间调度下，按时间间隔依次发送数据，完全抛弃了碰撞避让的访问方式。即由 AP 充当网络的“控制器”，并按照客户端主机的数量，将某个时间周期分成若干片段，即所谓的时隙，按照“控制器”发送的调度命令，依次在信道上发送数据，确保每个时隙都在有效地传输信息而不是忙于避让。

很显然，airMAX 协议采用的方法确保了每个客户端都能在准确的时间点获得同等通信的机会，而不用担心碰撞带来的避让，在网络介质使用的合理性方面，具有 S-ALOHA 的基本特征。在共享控制方面，与令牌网(Token)有类似之处，确保了各用户机会均等。事实上，airMAX 协议还规定了优先级定义，可以保证高优先级用户分配到更多的时隙，实现更高的等效带宽。轮询调度的过程见 2.3 节的描述。

从信道资源共享和多用户接入方式来看，WiFi 无线以太网采用了类似“自由式过十字路口”的方法，而 airMAX 采用了“红绿灯交替过十字路口”的方法。当用户数比较少时，两者的优劣不太明显，就像十字路口车辆较少时无论采用哪种模式都能很好地保障通行，但是，当车流量加大时，有交通灯指挥的条件下比自由式通过更具效率。airMAX 与 WiFi 相比，基本与此类似。

airMAX 作为 UBNT 专有的时分多址(TDMA)轮询技术，能有效提高点对点(PTP)和点对多点(PTMP)工作模式以及噪声环境下设备的整体性能。因为它可以有效减少冲突带来的网络退化和传输延迟，增加吞吐量，提供更好的耐受性，有效防止隐藏终端带来的干扰。正因为这些优点，实际上增加了 airMAX 模式下单 AP 最大可能的用户数。同时，airMAX 通过为每个设备分配时隙进行通信来避免“隐藏节点”带来的系统问题。这样，即使是延长了通信距离，也不会在多个客户端之间产生碰撞问题。

2.2.2　宽带无线网络面临的主要问题

在无线网络中，宽带无线网络所面临的主要问题，远远不止多用户共享信道这一个问题，诸如信道衰落、隐藏终端、传输延迟等一系列问题会一个比一个棘手。

1. 隐藏终端问题

在上一小节中讨论以太网工作模式时，有两个固定的假设，第一个就是以太网是一个良好的广播网络，而且假设网络中各节点都可以侦听其他节点是否在发送信息；第二个假设是节点听不到有任何节点发送时，就可以启动发送，遇到冲突时随机避让后再重听重发。

这两个假设就像定时炸弹一样，在无线网络中成为了致命的缺陷。首先因为无线网络信道传播的不确定性原因，随时可能受到各种干扰，并不能良好地满足第一个假设。言下之意，就是 WiFi 或者 IEEE 802.11 设备使用的 ISM 频段内随时可能受到其他站点的互相干扰，或者因为传播衰落随时会造成通信中断，无法保证无线信道是一个良好的广播信道。特别是当覆盖范围加大时，情况会变得更加恶劣。造成同一 AP 下的两个(或多个)用户在通信时，双方都能听到 AP 发出的信号，而相互之间却因为距离原因无法听到对方是否处在发送状态，于是造成了“抢发”的状态，而 AP 同时收到两个不同的信号，认为是碰撞，只能遗弃这个数据包。这就是所谓的“隐藏终端”问题。

图 2-7 所示描述了一个典型的隐藏终端的形成过程。

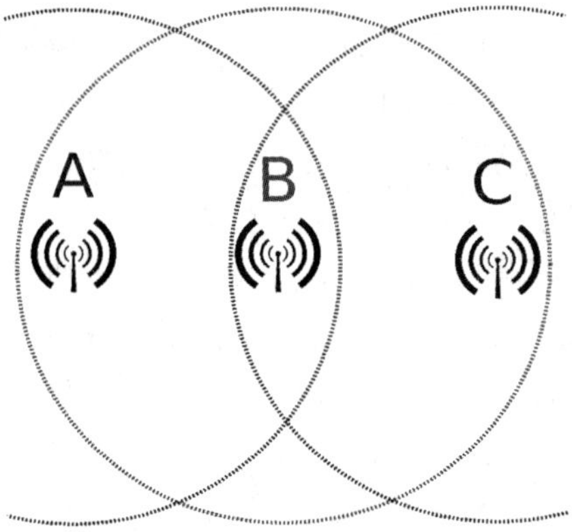

图 2-7　典型无线网络隐藏终端形成示意图

图中有 A、B、C 三个无线节点，各自的圆圈表示各自的覆盖区域，假设中间 B 点为一个 HUB 节点，通常可以表示为 AP 或者无线路由器，而 A 与 C 可以假想为普通终端用户，比如 PC 或者 PAD、智能手机等，由于所处位置和终端自身的发射功率与天线灵敏度等问题，某个时刻 B 能同时看到 A 和 C，但是 A 看不到 C，C 也看不到 A。如果按照标准以太网的通信方式，此时 A 通过载波侦测，发现没有任何节点正在通信，决定下一个时刻向 B 发送一个数据包。而凑巧的是 C 在上一个时刻也已经检测到没有载波，此时正在向 B 节点发送数据，当 A 开始发送数据时，因为听不到 C 也在发送，于是 A 与 C 的数据包同时被 B 收到，造成了实际上的“碰撞”，而 A 与 C 都会持续自己的发送，B 只能将数据包内容废弃，此次通信失败。如果 A 与 C 继续维持这种互相之间的“盲区”状态，那么按照 TCP/IP 协议的约定，A 与 C 都会持续发送或者进入超时等待 ACK 应答。可以想象，这种状态将进入一种坚持状态，后果直接影响到网络的健康和效率。

事实上，除了“隐藏终端”问题，网络中也同时存在“显示终端”问题，造成的原因与“隐藏终端”原因类似，只是造成的后果是会发生无谓的牺牲性和重复性的“避让”，导致网络效率降低或退化。

通常，在具有多个用户的 WLAN 中，用户的通信距离超过 50 米左右，就普遍性地存在“隐藏终端”问题，即便是个别用户想极力通过高增益的定向天线来提高上传效率，也收效甚微。使用 WiFi 时，有时候明明信道信号质量非常好，但是网络速率却明显较慢，对此，经常有学员问编者是什么原因造成了这种状况，编者只好从“隐藏终端”问题开始详细地讲解一遍。由此可以推断，这就是 IEEE 802.11 标准在远距离宽带接入上存在局限性的最主要原因，导致了该标准无法满足“最后一千米”接入的现实，而只能是家用或小范围覆盖的 WLAN 标准。自 3G 标准以后，在 LTE 标准诞生过程中，WiMAX 等新的标准被提出也是必然。按照新的标准，WiMAX 将时隙分配到各个站点，从而防止多个节点同时发送，即使在用户过载的情况下，也能确保各节点通信的公平。airMAX 将 WiMAX 的这种思想完全继承过来，通过修改底层驱动程序，在普通的 WiFi 硬件上进行了实践和尝试，效果是非常明显的。这也导致了 airMAX 发明的产生。

鉴于这种无效碰撞无法避免的现实，IEEE 在 802.11 协议中针对 CSMA/CD 作了一些修改和调整，采取了 CSMA/CA(Collision Avoidance)或者也称 DCF(Distributed Coordination Function)。企图通过 ACK 信号来避免无效碰撞的发生。也就是说，客户端必须收到网络返回的 ACK 信号后才能确认传输可靠，没有冲突发生。即加入了所谓的 802.11 RTS/ CTS 确认和握手报文机制，部分克服了隐藏节点问题。其基本思路是在侦测到无其他载波发射时，先尝试发送一段小的报文请求 RTS(Request to Send)给目标端，尔后等待目标端回应 CTS(Clear to Send)，成功后再开始传送数据。这样确保后续的数据不会发生冲突，如果发生冲突，也仅丢失前一部分小的测试请求报文，缩短了无效碰撞的时间长度，而不是真正避免了无效碰撞的发生。因此，RTS/ CTS 并不是一个完整的解决方案，而且增加了网络系统额外的负担，特别是对一些短数据包类型的应用，可能因为较高的 RTS/CTS 帧开销而进一步降低了吞吐量，所以标准的 DCF 协议定义了一个 RTS 阈值控制什么时候切换到 RTS/CTS 方式。当数据帧长度大于 RTS 阈值时，采用 RTS/CTS 访问模式，反之用基本无线以太网接入模式。但是标准 DCF 协议并没有给出 RTS 阈值的最优解，而是把该参数的设置留给了用户。

理论上，克服“隐藏终端”问题的方法还有其他多种方式，只不过都有自身的局限性和成本代价过高等缺点，比如：

(1) 增加节点自身的发射功率，但是可能涉及无线电管理方面的法律风险和增加硬件成本，并增加设备功耗。

(2) 使用全向天线，但是要牺牲增益，导致等效功率下降。

(3) 移除 LoS 障碍或移动节点位置，代价更高，可能性较低。

(4) 修改协议或使用增强软件，需要对协议或 OS 底层进行修改。

(5) 使用天线分集技术，需要增加技术复杂性和硬件成本。

上述这些方式中，采用修改协议或使用增强软件的方法效费比最高，最具有可行性。这正好符合 UBNT 的设计理念，也是 airMAX 的努力方向之一。

2. 用户密度与网络吞吐量的矛盾

用户密度和网络吞吐量是评价网络优劣的两个重要指标。用户密度分为最大用户容量与并发用户数两个评判指标。而网络吞吐量通常用于判断网络实际的负载能力或是实际的带宽容量。用户密度和网络吞吐量在概念上既有区别又有联系，是一对互相影响的因素。因为，用户密度乘以每个用户的平均带宽等于网络的最大吞吐量。

通常，网络的最大吞吐量存在一个理论峰值，增加用户，意味着每个用户的平均带宽相对减少。增加用户可能造成网络工作状态恶化，例如，假设每个用户都发起“过载”的资源申请，导致总的负载超过网络总的带宽，使部分用户始终保持资源“匮乏”状态或是“饥饿”状态。即带宽需求密集的用户会影响到小数据量、实时性要求较高的用户在时间上的性能。因为以太网是一个没有优先级控制、具备资源争夺特性的网络，所以当大多数用户都参与资源掠夺时，会导致实际的网络吞吐量进一步下降，直至阻塞。

按照相关定义，吞吐量是指在没有帧丢失的情况下，网络或设备能够发挥作用的最大速率。其测试方法是：在测试中，发射端以一定速率发送一定数量的帧，并在接收端计算待测设备传输的帧，如果发送的帧与接收的帧数量相等，那么就将发送速率提高并重新测试；如果接收帧少于发送帧则降低发送速率重新测试，直至得出最终结果。最大值即为实际的吞吐量。

需要注意的是，吞吐量往往是针对某个具体的网络应用环境的，对于无线网络而言，理论分析往往与实际测试相差较大，因为不同的传输环境、用户数量和数据帧的尺寸都会直接影响到测试结果。就算是同一测试环境，反复测试的结果有时也会差异很大。

同样由于资源的有限性和网络的竞争性，当用户数增加导致吞吐量接近饱和时，网络流量控制算法的局限性会造成用户的长时间等待，导致传输时延增大。本来吞吐量和时延是两个完全不同的概念，似乎它们应当是彼此无关的。然而，吞吐量和时延却是密切相关的。其主要原因来自于用户数增加，加剧了流量控制算法自身的开销和系统处理在时间上的消耗。例如，当网络的吞吐量增大时，分组在路由器中等待转换时就会经常处在更长的队列中，因而增加了排队的时间。这样时延就会增大。当吞吐量进一步增加时，还可能产生网络的拥塞，吞吐量变得十分低下。可见吞吐量与时延的关系是非常密切的。

不仅如此，在无线网络中，IEEE 802.11 允许终端根据信号质量采取多种不同速率接入网络，这样对于位于不同距离上的终端，即使是传输相同的数据包，也可能导致消耗的系统时间完全不同，每个终端可能需要不同长度的应答响应时间，原来在有线网络中非常有效的预先发现和预先确认机制，在无线网络中可能完全失效。通信的一方无法判断应答响应超时的真实原因，是因为链路受到干扰中断，还是因为网络拥塞。

3. 网络优先级调度及 QoS 问题

这个问题的描述比较简单。在无线网络中，某些多媒体传输应用，为了确保较高的传输效率，采用了较大的数据帧，以减小系统开销，比如采用 H.264 压缩的网络视频摄像机。而某些应用为了缩短响应时间，采用了较小的数据帧，比如 VoIP 网络电话等应用。而以太网是一个先到先得自由竞争、没有优先级控制的网络。因此，可能存在大数据量媒体应用长时间占领信道的现象，而实时性要求高的语音通话却得不到及时响应。

解决上述问题的办法主要是通过网络优先级调度和定义某些服务的 QoS 要求，理论上，在 ISO 的七层协议上任何一层，都可以通过改进协议或增加软件来实现优先级和 QoS 控制。并且控制程序位于层次越低可能效率越高。基于这一思想，airMAX 采用的 TDMA 轮询调度，实际上是从底层 MAC，甚至是在硬件抽象层(HAL)开始就进行了有效的优先级设计，并在传输层对具体应用(类似 VoIP 等)进行了 QoS 控制。配合流量整形等其他高级网络优化手段，尽可能使无线网络运行在一个良好的状态。

2.3　airMAX TDMA 轮询调度

因为没有公开的、实际的有关 airMAX 工作模式中“轮询”调度的程序代码可以参考，所以为了使本部分内容更充实，并尽可能接近事实，作者参考了罗伯特·佩拉于 2009 年 8 月 1 日提交美国联邦商标与专利局的“Wireless network communication system and method”专利申请原文，专利号 US08400997，授权日期 2013 年 3 月 19 日。

2.3.1　airMAX TDMA 轮询流程

TDMA 是一种多用户共享信道接入网络的方法，允许多个用户的信号分割成不同的时隙共享同一信道，将数据按预定的时隙依次传送。关于 TDMA 的工作原理本节不再进一步阐述，重点讨论 airMAX TDMA 的轮询调度过程。

按照统计特性可以将轮询的间隔或工作时隙设计得较为合理，每个时隙分为接入点(AP)下行和移动站点(Stations)上行两个阶段。下行阶段主要完成从 AP 向下发射轮询信息或者数据信息，上行阶段为 AP 接收移动站点上传的响应数据。

在网络中，airMAX 基站(AP)扮演了网络“控制器”的角色。为了更加有效地处理多个站点，airMAX 基站(AP)将客户端(Stations)分为两种类型，第一个类型(A 类)是活跃站点，通常是一直发送数据或者持续保持通信的站点，通常置于活跃序列来对待；第二类(B 类)是休眠站点或低频率站点，通常是没有轮询响应或者响应次数较低的站点，按照懒惰序列对待。响应次数较低或者休眠的原因可以是多种多样的，比如，设备进入节能方式或者没有数据需要发送，也可能因为移动或者非 LoS 等其他原因无法及时回传数据。

图 2-8 所示的流程图是 A、B 两类客户端调度过程的处理流程。

图 2-8 中，假设网络中有 A、B 两类需要接入的站点，第一类是非常活跃的站点；第二类是已经接入 AP 但是不活动或者通信异常的站点。此时，AP 扮演一个轮询控制器的角色，通常将活跃站点编成一个队列 A，将懒惰站点编成一个队列 B。队列中的编号次序和索引可以是站点设备的任何信息，如站点 ID、MAC 地址或者其他标示等。将其站点按先入先出的次序排列到序列中，通常以一个表格的形式来管理，表格中还可以有其他高级参数，如优先级、QoS 等级、RTS、ACK、EIRP 等参数。

轮询开始时，AP 中的调度算法按照队列的先后次序，先从 A 中挑选第一个 ID 发送一个轮询信号，处理一次轮询算法；紧接着再从 B 中挑选第一个 ID 发送一个轮询信号，而后进入响应等待。根据响应结果作进一步的流程处理。

如果响应来自序列 B 的站点，则立即处理收到的数据并将该站点号移动到序列 A 中，并开始下一周期的轮询；如果数据不是来自序列 B 的站点，判断是否来自序列 A 中的站点，如果是则立即处理数据并进入下一个轮询周期。当轮询序列 A 的站点没有响应或者超时，则将本次轮询的站点从序列 A 移动至序列 B，或者累计达到某个条件后从序列 A 移动至序列 B，等于是从高速活跃站点降级到低速懒惰站点。这种轮询方式，既可以有效照顾到所有注册在 AP 的站点，又能确保活跃站点得到最大限度的响应和带宽分配。如果存在多个优先级，这可以采取“打孔”或者“按比例”来调度 A 与 B 两个序列，比如每轮询活跃序列 10 次再轮询懒惰序列 1 次，这样活跃序列分配到的实际带宽远远大于懒惰序列，而又不至于在懒惰序列唤醒时被“遗忘”。实际的控制比例可以根据实际需求做得更大一些。

如果本次轮询数据传输正常，该站点自动移动到序列的最后，等待下一次轮询。如果在轮询中发生意外或者碰撞，则按正常的碰撞规则处理。

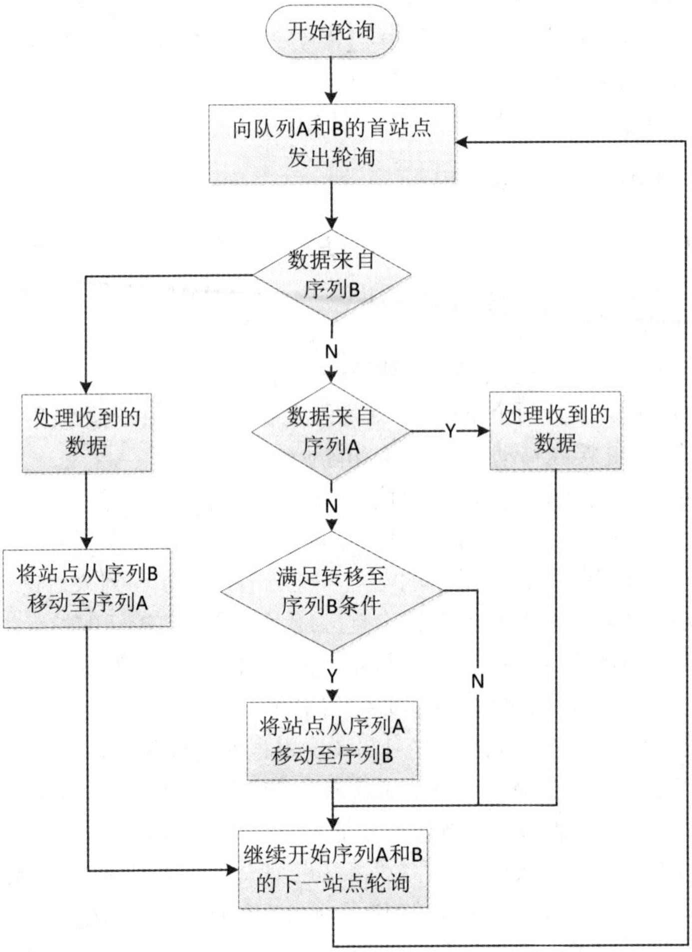

图 2-8　基于活跃序列 A 和懒惰系列 B 的 TDMA 调度过程

2.3.2　airMAX 时隙分配与优先权设计

airMAX 时隙分配采取粗略估计与精确管理两种手段并用。通常假设懒惰站点对时隙的需求是一个次要的需求，根据懒惰站点在整个 AP 站点的比例，使用最低限度的时隙。活跃站点的时隙分配在没有定义优先级时，将按剩余时隙的总数平均分配给每个活跃站点。对于多媒体应用，必要时可以采取“数据聚合”(Data Aggregation)方式将多个时隙合并成一个大的时隙，以便传输一个尺寸较长的数据包，一次性发送。

airMAX 的优先级是针对客户端的，只针对站模式有效。在 airMAX 客户端接入 AP 时，优先权级别信息会通过内部协议，以请求方式告诉 AP 并纪录到 TDMA 调度参数表中。这个参数确定了分配给每个客户端的时隙数，用于 AP 端管理对应站点的时隙数量。默认情况下，AP 分配给所有活跃的客户端(Active Stations)相同的时隙数量。但是，如果客户端配置不同的优先级，AP 将根据优先级给予客户更多或更少的时间。airMAX 优先级一般有四种选择：

(1) 高(High)，每用户 4 时隙(4∶1 相对比例)。

(2) 中(Medium)，每用户 3 时隙(3∶1 相对比例)。

(3) 低(Low)，每用户 2 时隙(2∶1 相对比例)。

(4) 无(None)，每用户 1 时隙(默认设置 1∶1 相对比例)。

通常，具有较高优先级的客户端在与其他活跃客户端分享信道资源时，有机会获得更多的 AP 的通信时间，有利于提供更高的吞吐量和降低延迟。例如，如果有 3 个客户端，其中，1 组为无优先级，1 组为中优先级，1 组为高优先级，结果是无优先级的客户端每次将得到 1 次通信时隙，中等优先级的客户端将得到 3 个时隙，高优先级的客户端将获得 4 个时隙。

2.4　airMAX 相关参数

2.4.1　airMAX Quality (AMQ)

airMAX 质量(AMQ)是一个表示物理链路质量的参数，依赖 airOS 重试次数统计运算得到。如果这个值较低，可能需要改变频率以有效避免干扰。如果 AMQ 在 80%以上，一般不存在任何干扰问题，那么就不需要对频率做任何改变。

如果 AMQ 一直处在一个不稳定的跳变状态，网络表现为莫名其妙的“时好时坏”状态，则可能需要使用 airView 频谱分析软件(详见 3.9 节)来分析周边可能存在的干扰，当更换频率也不能维持较高的 AMQ 时，可尝试使用自动频率模式，或者考虑开启 airSelect 功能。

2.4.2　airMax Capacity (AMC)

airMAX 能力(AMC)是一个表示 airMAX 时隙工作效率的参数。例如，你正在使用一个低速率的客户端设备，或者你使用了一个单通道单极化天线(1 × 1)的设备(如 Bullet or airGrid 系列)与另外一个双通道双极化天线(2 × 2)的设备连接，这样，对于同样大小的数据包，将会消耗更多的时隙，以至于对其他高速客户端而言，变相地增加了时隙消耗，降低了系统的效率。AMC 越低，AP 的效率就越低。如果 AP 只有一个客户端，这可能并不重要，但是当 AP 有很多客户端时，例如，存在 30 个以上的客户端。此时 AMC 将变得非常重要，工程调试时要尽可能保持较高的值。

如果你从客户端读取这一数值，AMC 显示的是客户端的理论容量，根据当前的 TX / RX 速率和通信质量经过统计运算得到。AMC 用一个百分比表示信道完好时的最大性能。时隙利用率差的客户端，通信速率比较低，需要更多的时隙，造成了对其他正常用户的负面影响。例如，某个 2×2 多通道客户端设备的速度理论峰值可以到达 MCS15 级别(130 Mb/s)，而因为接收信号幅度较低，实际只跑到 MCS 12 级别(78 Mb/s)，则 AMC 的实际速率/最大速率(78 Mb/s 除以 130 Mb/s)，仅有 60%。以此类推，一个 1×1 设备的 AMC 最大值永远只能达到 2×2 设备性能的一半。

如果从 AP 端读取 AMC 和 AMQ 的数值，则表示的是这两个参数在所有客户端统计数的平均值。通常这个数对调整网络的健康状态没有实际的意义，仅仅能够发现系统的 AMC 或者 AMQ 较低。但是要找到问题所在，首先必须找到网络中的那几个“弱终端”，然后去提升它们的性能或改变它们的状态。如果站点数不是很多，或者你有足够的耐心，那么你可以尝试挨个去检查每个客户端的 AMC 或 AMQ 参数，直到发现所有的“弱终端”为止。但是作者推荐使用工具 airControl™ 来管理和调试这些站点(详见第 6 章)。找到“弱终端”后，可以通过升高天线位置、替换高增益天线、增加发射功率等手段来提高数据率、信号质量和 MCS 级别。

2.4.3 长距离点对点连接模式

长距离点对点连接模式(Long Range PtP Link Mode)参数只能在 AP 或者 AP 中继器模式下使用。当网络确认应答(ACK)信号受设备硬件的限制发生超时，应该使用此选项。例如，网络中存在一个长距离的单一站点或客户端(一个 PtP 时的情况)，或者实际的链接距离超过硬件 ACK 超时限制，比如超过 27 千米(17 英里)、40 MHz 模式，或者超过 51 千米(32 英里)@20 MHz 模式，这都会造成硬件上 ACK 消息错误。开启此选项后可以有效克服这一缺陷。

不同调制带宽下，最大 ACK 超时对应的最远距离不同，airMAX 设备对以下四种带宽下的最大距离定义如下：

(1) 40 MHz：16.5 英里(26.5 km)。

(2) 20 MHz：35.6 英里(57.3 km)。

(3) 10 MHz：72.3 英里(116 km)。

(4) 5 MHz：144.7 英里(232.9 km)。

可以看出，频率调制带宽越小，最大 ACK 对应的最远距离越远。

需要注意的是如果开启了(使用了)长距离点对点连接模式，则 airOS 菜单第五个标签“高级设置”选项卡上的 ACK 设置调整值将不可用。同样在“高级设置”选项卡中，如果你有多个站点或客户端，然后使用了“自动调节”(Auto Adjust)的值。则在 airMAX 的“长距离的 PTP 链接模式”也将是不可用的。简而言之，这两个选项会成为互斥选项。

2.5 airSelect 动态频率变换技术

airSelect 动态频率变换技术(DCF)是 UBNT 利用动态变换无线信道的方法来避免无线干扰的一种特殊工作模式，是 UBNT 发明的一种能有效避免干扰并增加吞吐量的专利技术。它通过用户自定义的频率表动态地改变无线信道，在指定的间隔内(用户定义，毫秒级)周期性地跳变频道。airSelect 模式下，系统跟踪所使用的每个信道的干扰电平，在干扰电平较小的信道上尽可能地使用较低跳频次数。

开启 airSelect 功能，需要确定频率表、跳频间隔(缺省为 3000 ms)、预告计数器(Announce Count)等参数。

对于预告计数器参数的设置可以这样来规定，当计数器每增加 1 时，AP 将宣布下一跳信息(如频率变换表)给客户端。例如，如果以跳频时间间隔被设置为 10 000 ms，消息计时器设置为 10，则每跳周期内会发出 10 次通告，间隔是 1000 ms。客户端只要在启动下一跳之前收到 AP 发送的公告，则客户端会准确地按照频率变换表在固定的瞬间变换到下一跳的频率。较大的跳频时间间隔会造成定时漂移的风险升高(跳频失步)，所以系统建议保留跳频间隔为 100 ms，或者设置预告计数器为间隔的 1/100，而默认值只有 1/10。

频率表的确定，需要通过 airView 频谱分析软件进行实际检测后，选择联通概率较高的频率，避免选择干扰严重的频率。

只有开启了 airMAX 功能，才能开启 airSelect 功能。另外，如果开启了 airSelect 功能选项，则 airSync 同步发射功能就不能同时使用(airSync 功能仅限于带有 GPS 的 airMAX 版本)。

2.6　airSync 同步发射技术

为了加大网络的容量或是提高覆盖范围，通常会考虑增加更多的基站 AP，或者通过多基站和扇区天线实现相对集中的覆盖。但是，在同一个站址安装多个 AP 可能会造成互相之间的干扰，被称为同址干扰(Co-location Interference)。对于无线通信，同址干扰对通信系统的主要影响有两个方面。首先是“远近效应”会造成 RF 接收信号抑制或者灵敏度降低甚至阻塞，即便是两个频率完全不同的基站，因为工作频率十分接近，近距离基站发出的强信号直接进入相邻基站的接收机，淹没了从远距离传输过来的其他基站和客户端微弱信号，所以造成接收机放大电路工作阻塞或解调失效。其次是两个同址基站以相同频率发射，如果发射过程存在时间上的混叠，或先后次序小于一个数据帧长度，在接收端收到的信号实际上可能造成了事实上的碰撞或者冲突。同址干扰造成的困扰，一般通过系统同步发射技术来解决，即每个发射机使用统一的定时来实现载波或数据帧同时发送，使接收端看起来像是一个基站发出的信号。

2.6.1　同址多站应用

同址多站一般用于提高系统容量和增加覆盖范围。特别是当使用 airMAX 扇区天线进行密集覆盖，或多个基站需要频率复用却受到限制时，采用同址多站是效费比较高的方法之一。

1. 同址多站用于提高系统容量

使用单个频点 AP 时，其 AMC 容量受到信道带宽和链路信号质量双重因素的影响，当用户数增加到一定值时，每个客户端分配到的平均带宽将迅速下降，无法保障很多带宽需求高的用户，如单个高清网络摄像机至少需要的 1～3 Mb/s 信道带宽。此时，继续增加用户的唯一办法就是扩展更多的频道来承载业务，频道扩展意味着需要增加 AP，为了施工和管理上的方便，通常新增的 AP 与原有的 AP 将安装在同一地址，甚至需要在空间非常拥挤的一个通信塔上部署 3～4 个 AP。

如果单个 1×1 类型的 AP 满足 130 Mb/s、40MHz 信道或 65 Mb/s、20 MHz 信道的性能要求，且假设其 MCS 保持在最佳状态。2.4G 的 ISM 频段内，按 WiFi 标准，最小信道带宽为 5 MHz(802.11b、11 Mb/s)，中国分配有 13 个信道，即 2407～2482 MHz，每隔 5 MHz 一个信道，上下两个保护间隔各 5 MHz。因此，在 20M 信道带宽时(802.11b/g)，只有 CH1、CH6、CH11 三个连续不混叠的信道。在 40M 信道带宽时(802.11n)，仅存在两个连续不混叠的信道。使用频率复用作同址多站覆盖是增加用户密度的基本方法，类似于移动通信中缩小覆盖半径、提高复用密度的小区制蜂窝网的实现方法。

为了获得更多的频率(频道)，airMAX 设备支持将 2.4 GHz 频段扩展到 2.3～2.5 GHz，甚至 2.3～2.7 GHz 范围，以便获得更多可以使用的频率资源。但是这些扩展频率的使用已经超出了 ISM 频段规定的范围，使用时必须遵循当地法律的允许，确保不影响他人利益。

理论上每增加一个频道，用户容量将在标准信道参考容量基础上增加一个基数。当可用频率数受限时，增加频率的复用度是提高系统容量的唯一办法。

2. 同址多站用于增加覆盖范围

户外使用 airMAX 设备时，AMQ 会直接影响到 AMC，即信道或链路的信噪比(SNR)水平决定了设备运行时的 MSC 级别，从而限制了实际的通信容量 AMC。信号质量越差，实际的信道容量就越小。造成 SNR 恶化的主要原因有背景噪声或干扰增加、无线电波自身的传播衰落。通常距离越远，衰落越大；频率越高，衰落越快。因为 AMC 与 MSC 之间的制约关系，无论是增加传输距离还是保持系统带宽速率，都必须提高信号的质量。

为了使传输信号传输更远的距离，采取的补偿方式可以是提高发射功率或者接收机灵敏度，也可以通过更换高增益天线来获得等效的功率裕度。通常发射功率或者接收机灵敏度不可能无限制提高，而且代价也比较昂贵。采用高增益天线是比较经济的方式，大多数天线都是无源的，实施也比较方便，因此工程上比较常用。但是大多数高增益天线都是具有方向性的，在获得增益的同时，牺牲了全向覆盖的特性。因此，为了“鱼和熊掌”兼得，采用多个 AP 和多个高增益定向天线组合，完成一个较大范围的区域覆盖。每个 AP 和天线负责 360 度中某个方向的覆盖，组合以后等效为一个全向高增益 AP 站点。

同址多站用于增加覆盖范围时，每个 AP 站点的频率可以是异频，也可以是同频的。当多个 AP 站点需要使用同频或局部使用同频时，airMAX 设备必须采用 airSync 同步发射技术，否则会产生同址干扰。

3. 常见同址多站模式

常见的同址多站模式有双站模式、三站模式和四站模式。这些模式可以应用于不同的场合和要求。

双站模式是最简单的同址多站模式。通常有如图 2-9 所示的组合方式。既可以用于提高系统容量，也可以用于增加覆盖范围、延长传输距离。频率组合可以是 AA 型或者 AB 型。采用 AB 型不需要 airSync 支持，通常用于提高系统容量。AA 型一般用于在不增加频率的前提下拓展传输距离，但是 AA 型需要 airSync 支持。

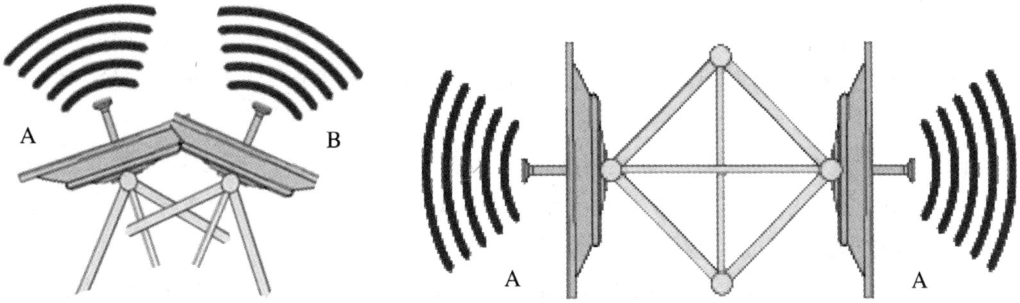

图 2-9　双站同址多站模式示意图

三站模式一般如图 2-10 所示，采取 ABC 的频率组合方式，工程上兼顾有提高系统容量和增加覆盖范围两种考虑，也是最常用的同址多站方式。因为采用异频，可以不需要 airSync 支持，适用于大多数要求不高的场合。

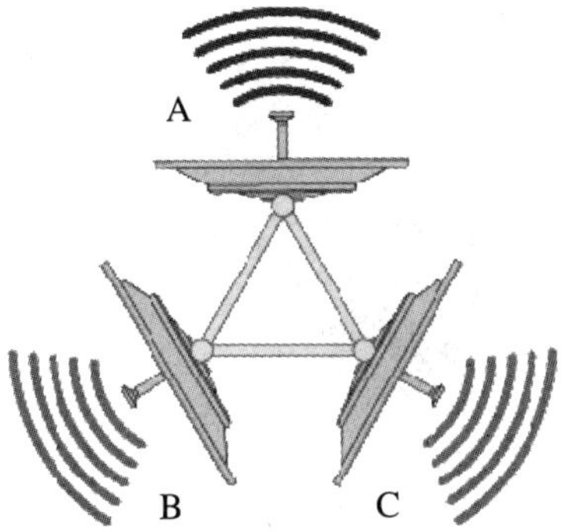

图 2-10　三站同址多站模式示意图

图 2-11 所示是标准的四站模式。可以采取 ABCD、AABB、AAAA 等多种频率组合方式。ABCD 采用异频模式，不需要 airSync 支持。其他模式均需要开启 airSync 功能。AAAA 模式使用较少。AB-AB 比较常用，但需要开启 airSync 支持。

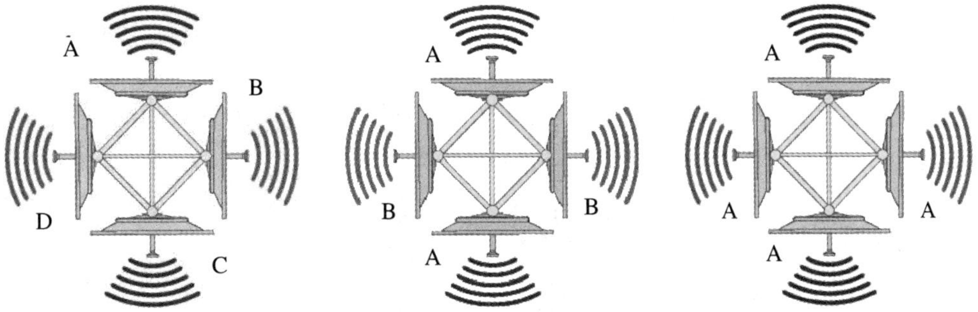

图 2-11　四站同址多站模式示意图

2.6.2　同址干扰原理

为了比较简明地说明同址干扰形成的原理，下面以最简单的双站模式来加以说明。如图 2-12 所示，假设一个通信塔上有两个 AP，分别是 AP1 和 AP2，且频率相同。发生同址干扰可能有以下三种情况。

(1) AP 自干扰：如图 2-12(a)所示，从 AP1 端观察 AP2 端，若 AP1 某时刻正在接收数据报文，此时 AP2 开始发射，因为频率相同。造成 AP1 数据错误，认为是碰撞发射，通信中断。

(2) AP 干扰客户端：如图 2-12(b)所示，从客户端观察 AP1，若某时刻客户端(station)正在接收 AP1 发送的数据，此时 AP2 开始发射，客户端收到与 AP1 频率和幅度一样的 AP2 信号，造成数据接收错误，认为发射碰撞，通信中断。

(3) 客户端异步干扰 AP：如图 2-12(c)所示，从 AP1 端观察客户端 1 时，某时刻客户端 2 与 AP2 开始通信，结果 AP1 收到与客户端 1 频率和幅度一样的客户端 2 信号，造成数据接收错误，认为发射碰撞，通信中断。

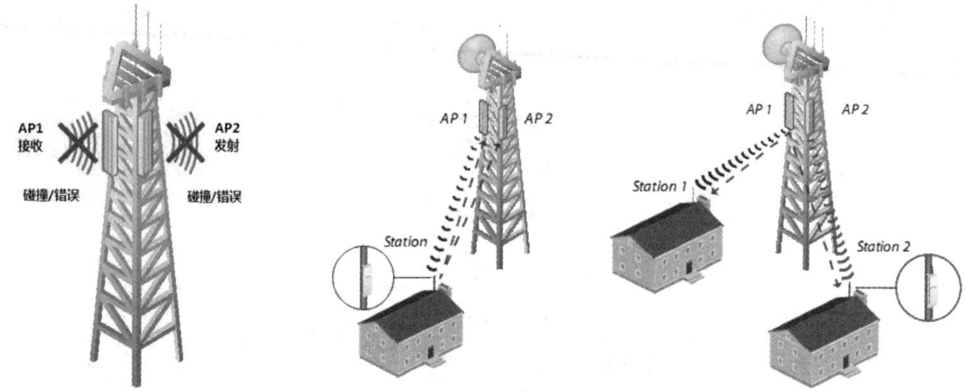

(a) (b) (c)

图 2-12　双站模式同址干扰示意图

除此之外，还可能存在来自其他基站相同或网络的带内干扰，如图 2-13 所示。这种干扰不能为本网络所控制。这种干扰的频率与本网的频率完全相同或发生部分频率重叠，幅度大小根据距离远近而大小不同。也许不能直接对本网络造成致命的干扰，但是会增加本网络的背景噪声，导致 AMC 下降。

图 2-13　带内其他网络背景噪声干扰

2.6.3　同步发射原理

对于图 2-12 中所示的(a)、(b)两种情况，采取同步发射就可以实现干扰抑制。其基本思路是网络内部所有 AP 同时发射和同时接收，就不会产生 AP 自身干扰和客户端自身干扰。对于 AP-Station 交叉干扰，在采取同步发射的基础上，再采取将每个 AP 覆盖区域互相隔离的办法来实现。一般使用方向性天线可以实现，即将 AP 的覆盖范围由 360 度全向覆盖变为某个区域的扇形覆盖或线形覆盖。

同步发射实现的方法有以下几种：

(1) 在同组站点中设立一个主 AP，其他为从 AP。从主 AP 到各从 AP 之间建立可靠的 IP 连接，一般是 UDP 协议。

(2) 所有 AP 都具备一个 GPS 传感器信号输入。

(3) 发射和接收的周期全部由主 AP 来实行控制。

这里需要 GPS 的原因是为了提高系统同步发射的定时精度，GPS 输出的 NEMA 0183 导航报文具有非常高的定时精度，误差通常小于几纳秒。如果采用 IP 网络自身的报文来控制同步，可能存在很大的风险。因为考虑到不同设备的硬件配置和软件处理能力及版本等存在差异，这种微小的差异可能会导致在系统上产生接近毫秒级的误差，这种接近报文长度的误差几乎是不可容忍的。

根据同步发射原理，我们可以进一步预测到采用 airSync 同步发射技术以后带来的一些性能变化。

(1) 采用 GPS 同步，所有 AP 和客户端站点同时收发，有效避免了同址干扰。

(2) 存在一个相对较小的系统延时(8～16 ms 左右，因为处理 GPS 报文信息和消息同步)。

(3) 稳定的吞吐量(时隙和方向都是固定的)，上下行单方向上的吞吐量峰值是理论峰值的一半，但是这一吞吐量不随网络规模的变化而变化。

(4) 收发定时间隔对不同尺寸的 TCP 数据包影响不同。一般较小的时间间隔对小的 TCP 包具有较好的性能，但对大尺寸的复用 TCP 包会受到影响，降低性能。反之，采用较大的时间间隔对大数据流的 TCP 或 UDP 应用极为有利，如视频多媒体等应用。

(5) 具有固定的、最小的网络延迟特性，取决于收发定时间隔的大小。

(6) 网络总的吞吐量与 AP 的个数呈线性的比例关系。

2.6.4　使用 airSync 的注意事项

根据 airSync 的基本原理，在使用多基站同步发射应用时，需要注意以下几个方面：

(1) 天线覆盖区域可能发生重叠的相邻 AP 应该使用不同的频率，否则需要调整天线角度。比如，背靠背(180 度反方向设置)的 AP 可以使用相同的频率。

(2) 未开启 airSync 的同址基站 AP 不能使用相同的频率。

(3) 对开启 airSync 的同址基站 AP，在使用相同频率时，根据不同的场景，应尽可能采取背靠背或正交的安装方式部署你的天线系统。具体情况参考 2APs 和 4APs 的示例。

(4) 如果同址基站使用了两个以上的频率，必须确保你有足够的频率间隔和保护带宽，不能使用中间有混叠的频率。如采用 20 MHz 的调制带宽，则每个信道频率值间隔必须大于 20MHz 频带边缘之间的分离。例如，如果第一个 AP 的频率是 2412 MHz，则第二个 AP

的频率至少应在 2432 MHz，或更高的频率，因此在开始施工之前，应尽可能提前规划好 AP 的频率复用方案。

2.7 airMAX 版本兼容性问题

出于兼容性考虑，早期的 UBNT 产品(类似 IEEE 802.11 a/ b / g 的设备)，因为固件不再升级，应使用原始固件来支持 airMAX(如 airOS 固件 V4.0 版本)，并且旧版的 b/g 系列设备只能作为 airMAX AP 的客户端来使用。为支持早期版本的客户端使用 airMAX 功能，必须使用新的 M 系列 AP 设备，并且运行 airOS V5.5 版本以上的固件。

需要注意的是，通常 airMAX 只能在 AP 模式或者 AP 中继模式才能使用。如果 airMAX 启用，该 AP 设备将运行在 airMAX 模式，只接受 airMAX 协议的终端设备连接。言下之意，如果启用了 airMAX，标准的 WiFi 设备将无法连接到此 AP，如笔记本电脑、平板电脑或智能手机等。如果 UBNT 设备的无线模式是工作在站模式，则设备将自动开启 airMAX 客户端功能与对应的 airMAX 的 AP 连接。

第 3 章　airOS 应用详解

在整理 airOS 功能手册的时候，发现 UBNT 的工程师非常注重用户体验，一些小的 BUG 和用户需求在短短的几次小版本升级就已经完全得到解决，甚至在技术支持论坛的某个留言都会有专门的工程师进行认真的回复，这充分体现了 UBNT 对用户体验的重视程度。用户体验是一种用户在使用产品过程中建立起来的纯主观感受。但对于一个应用范围明确的用户群体来讲，用户体验的共性应该成为口口相传的良好设计或是某种强大的功能。在“万能的淘宝”等网络营销和互联网的冲击下，新的竞争力使技术创新形态正在发生转变，以用户为中心、以人为本越来越得到重视，用户体验也因此被认为是新一代创新模式的精髓。在中国面向知识社会的创新模式探索中，更应该将用户体验作为创新机制之首。年轻人创业不妨从这下手，有句老话叫“瞌睡时递枕头”，说的就是这种情况，不断迎合客户需求也是技术进步的原动力。

用户体验这个词最早被广泛认知是在 20 世纪 90 年代中期，由用户体验设计师唐纳德·诺曼(Donald Norman)所提出和推广的。近些年来，计算机技术在移动计算和图形用户界面等方面取得的进展，已将人机交互技术渗透到人类活动的几乎所有领域。无论是 Google 的穿戴式显示眼镜，还是安卓手机上的“摇一摇”，前者与后者的技术含量虽然相差巨大，但是用户认可的程度却完全相当。因此，用户体验的好坏与技术水平毫不相干。这导致了用户对某个系统评价指标的巨大转变，系统功能从单纯的可用性，扩展到范围更丰富的用户体验细节。这使得用户体验在人机交互技术发展过程中受到了相当的重视，这就要求产品要结合不同利益相关者的利益——市场营销、品牌、视觉设计和可用性等各个方面。市场营销和品牌推广人员必须融入“互动的世界”，参与产品设计的技术人员应该更懂得市场，这为刚刚进入市场的年轻创业者们提供了绝好的机会。大多数刚刚创业的年轻 CEO 既是老板，又是技术主管，还是销售总监，甚至某些时候还要亲自上阵充当 Coder。在这个日新月异的年代，谁能把握住时代的潮流，更懂得用户的需求和迎合用户的体验，谁就能成为下一个乔布斯。

要想玩转 airMAX，必须先玩转 airOS。所有 airMAX 的功能都必须通过 airOS 进行参数设置才能发挥作用。在充分掌握 airMAX 原理的基础上，利用 airOS 提供的强有力的参数显示和工具软件，可以事半功倍地完成你的无线网络工程。对 airOS 的融会贯通将促进 airMAX 的应用水平。“磨刀不误砍柴工”，无论你是 airMAX 的业余爱好者，还是无线网络工程的专业工程师，请详细阅读本章的内容，将对你会有很大的帮助。如果你是 UBNT 产品的销售人员，则可以帮助你理解 airMAX 产品及相关配套软件的大部分特性。

3.1 airOS 快速入门与初始设置

3.1.1 安装前的准备工作

1. 检查设备与电源

在安装 UBNT 的任何一款产品之前，通常有以下几件事情需要确认：

(1) UBNT 产品型号和工作频段。通常产品型号后缀为 M2 的表示该产品为 2.4 GHz 频段的产品，M5 则是 5.8 GHz 频段的产品，非 M 类的产品也依次类推；无论是接入还是被接入，双方都必须使用相同频段的产品。

(2) UBNT 产品接入网络时的工作模式。一般 UBNT 组网方式可以分为点对点和点对多点两种模式。通常点对点(PTP)模式被称为桥接模式；而点对多点模式则被称为结构模式，通常存在一个接入点 AP 和多个客户端 CPE。

(3) 产品安装的物理位置和预期的覆盖范围。这直接关系到天线的安装和选项的设置。

(4) 设备在网络的 IP 地址和管理模式。如果只是调试，可以直接将 PC 与设备通过网线相连。

(5) 供电的位置和方式。这将关系到系统能否正常稳定地连续工作。设备通常在 9～24 V 直流供电范围内可以正常工作，但是供电不能接错或接反，否则可能会烧毁主板。采用 PoE 供电时，重点检查 RJ45 接口的线序。电源检查无误后，设备方可上电，上电过程中发现任何意外情况应迅速断电。

2. airOS 客户端配置的软件环境

进行 airOS 配置，至少应有一台带浏览器的 PC。操作系统可以是 Microsoft Windows、Linux 或 Mac OS X，浏览器建议采用 Mozilla Firefox、Apple Safari、Google Chrome 或 Microsoft Internet Explorer 8。另外，很多内置工具程序需要使用 Java Runtime Environment 1.6 或更高版本运行环境，如 airView、airControl 等工具软件，建议提前下载安装。准备完成以上几点后，便可以开始你的 airMAX 之旅。

3.1.2 登录 airOS 首页

通常，airMAX 设备可以通过登陆 airOS 自带的友好的 WEB 管理界面按以下几个步骤来完成基本设置：

(1) 使用初始密码登录。首次使用的 airMAX 设备的缺省 IP 地址是 192.168.1.20，缺省的登录用户名和密码都是小写的 ubnt，如图 3-1 所示，在浏览器中输入缺省的 IP 地址：http://192.168.1.20 即可显示 WEB 管理界面。需要注意的是，你的计算机也必须将 IP 地址设置为 192.168.1.X，才能正确地访问 WEB 设置界面，不能为 192.168.1.20，否则会地址冲突。

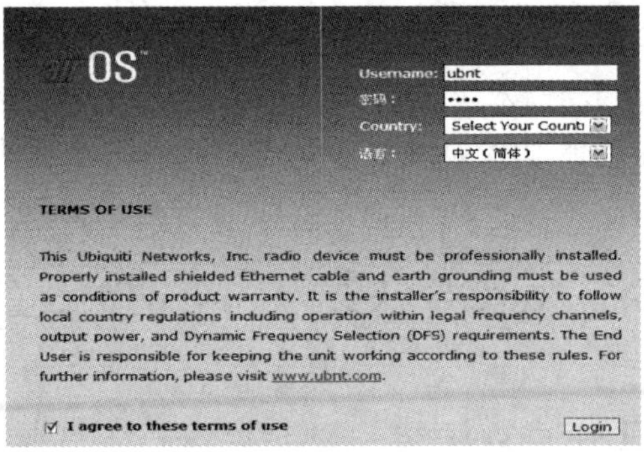

图 3-1　设备登录界面

(2) 选择国家选项(Country)。初始化要求选择设备工作的国家。这个选项可控制工作信道数量，例如美国 11 个信道、中国 13 个信道、日本 14 个信道。为了测试，我们一般选择最后一项，“公司测试 COMPLIANCY TEST”选项，这个选项下信道数量最多，达到 34 个以上，可开启 2.3 GHz～2.7 GHz 频段，而且需要使用超过 100 mW(20 dBm)的发射功率，也必须选择该选项。这样可以用到 UBNT 更多强大的功能以及更为广阔的频率设置范围。

(3) 选择工作界面的语言。当然选择语言为中文简体也是必须的。

(4) 确认警告语提示信息。对于提示信息，只需要在确认框内打勾同意就 OK 了。提示信息主要是提醒你注意本国关于无线电产品在频率、功率方面需要遵守的一些法律约束。

(5) 输入正确的用户名和口令之后，点击登录(Login)就进入系统的主界面，如图 3-2 所示。

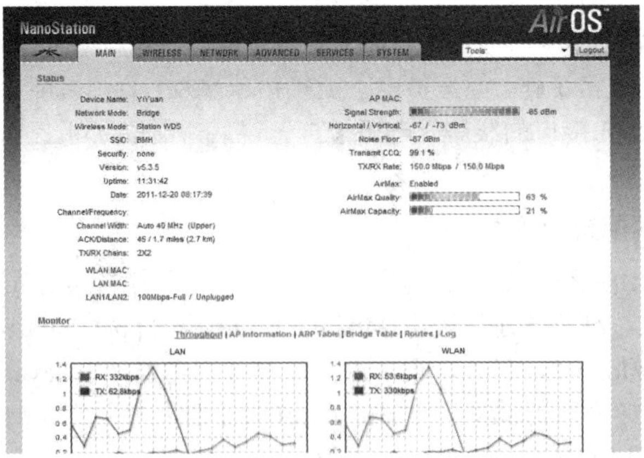

图 3-2　airMAX 设备 WEB 管理界面

3.1.3　初始参数设置

1. 修改操作界面语言属性

第一次登录界面时，如果未作语言选择，界面默认为英文。为了方便设置，我们首先要将其改成中文界面。方法是：找到菜单选项卡的最后一项“SYSTEM”，在“Device”选项中可以看到“Interface Language”这个选项，下拉菜单，在里面最下面一个就是“中文简体”。选定后，界面会直接变为中文界面，如图 3-3 所示。当然用户名和密码也可以在这里修改。

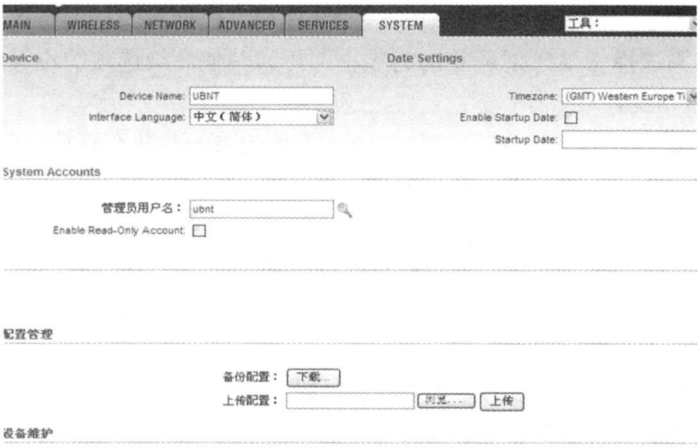

图 3-3　选择设置界面的缺省语言类型

2. 修改系统管理员与密码

在图 3-3 中，利用系统账户(System Accounts)选项，可以修改缺省的系统管理员用户名和口令。管理员分为“超级用户”和“只读用户”两个类型。选择“允许只读账户”选项时，可以进一步设置只读管理员账号和密码。只读管理员只能查阅系统当前状态，而不能修改关键的系统参数。修改管理员密码可以点击输入框后面的密码符号，进一步输入旧口令、新口令和确认新口令后，即可保存，系统重启后生效。密码请妥善保管，否则只能通过系统复位恢复到出厂状态才能重新进入管理界面。

3. 修改设备的 IP 地址

如果仅仅只是为了测试设备，那么仍然可以继续使用缺省的 IP 地址进行其他操作。但如果进一步的工作需要用到两部以上的 airMAX 无线网络设备，则必须将它们设置为不同的 IP 地址，以避免不必要的冲突。

通常在设置设备的 IP 地址前，应规划好 IP 地址的分配方案，并且详细获知子网掩码、网关地址等重要信息。修改设备网络信息的设置在菜单的第 4 项“NETWORK”中进行，具体内容和详细的设置方法见 3.3.5 节的内容。

4. 修改设备的无线基本设置

为了确保设备工作在正确的模式，初次使用的设备还必须对无线工作模式进行以下必要的设置。

(1) 设置站点的工作类型。通常可以是站(Station)、接入点(AP)、WDS 中继(Repeater)三种模式的一种。WDS 中继(Repeater)模式在早期的 airOS 中为 AP + WDS 或者 Station + WDS。工作模式的确定，可能会影响到 airOS 某些参数的设置，因为这些参数对应于不同的工作模式。比如，站(Station)模式一般作为客户端(CPE)设备使用，很多 AP 模式下的工作参数将不允许(也没有必要)设置。因此，初次使用必须根据需要选择其中一种工作模式。

(2) 设置站点的服务标识信号(Service Set Identifier，SSID)。简单的理解就是给网络(或设备)取一个名字，也称为站点服务标识。这个 SSID 在 AP 模式时，AP 将向周围发射广播信息，标识自己的存在。当然，高级设置也允许不广播 SSID。如果作为站模式使用时，这个 SSID 表示 CPE 需要与 SSID 指示的 AP 进行连接。

(3) 设置站点的工作频道(频率)。如果是 AP 模式，根据你的规划要求选定一个即可；如果是客户端，则选择与 AP 对应相同的频率即可。其他高级选项的设置，如自动频率选择等可参阅 3.4.3 节的内容。

(4) 设置站点的调制带宽。这个参数与很多其他的系统参数有直接或间接的关联关系，设置时请根据你的实际要求合理选择。例如，在条件受限的情况下需要增加距离或者减小信道干扰，可以适当减小这一参数。系统默认情况下为最大带宽 40MHz/20MHz。

(5) 设置站点的无线访问口令。缺省是不设置访问口令，任意客户端站点都可以连接 AP。如果只允许授权的用户接入，可以采用 WEP、WPA、WPA2 等多种加密方式。中继模式开启时，只能使用 WEP 加密。

(6) 必要时还要确定你的天线类型和发射功率。

更多无线设置的细节，请参照 3.4 节描述的方法进行相关内容设置。

5. 参数修改后的确认与保存

UBNT 设备内置的软(固)件 airOS 采用了 Linux 内核，每次参数修改后必须确认，并进行保存。当用户完成某项设置后可以点击“修改”键(Change)确定修改。当一个新的参数被确定修改后，用户有三种选择，即应用(Apply)、测试(Test)、放弃(Discard)，如图 3-4 所示。如果选择“应用”，则系统立即保存修改后的参数。点击“测试”则不会保存参数，但会按新的参数运行。此外，如果 180 s 后不按“应用”则会恢复到以前的参数设置。按“放弃”则终止当前的修改。当系统重启、断电后也将恢复以前的设置。如果要修改多个参数，必须每修改一项参数就保存一次。待全部参数修改完毕后，重启系统，并检查参数后生效。大多数情况下采用 Linux 的固件需要重启系统来确认已经修改的参数，期间可能需要数十秒甚至更长的时间来等待系统重启，而不必怀疑是设备出现了故障，待重新启动后一切会恢复正常，除非是你刚刚修改了 IP 地址并使之生效。这样你必须使用新的 IP 地址重新登录系统进一步进行设置。一般经过快速设置以后的 airMAX 设备即可投入测试或使用。

配置中包含未应用的更改。应用这些更改吗?
Test
应用
放弃

图 3-4　保存修改后的参数

3.2　UBNT 专有(专利)技术参数的设置

在系统主界面内找到第 1 项，即带有 UBNT Logo 的标签，展开菜单后可以看到一些主要的 UBNT 专有技术参数设置，如图 3-5 所示。根据不同设备情况可能有如下选项。

(1) AirMAX™：提供优越的无线性能，可让每个接入点(AP)服务更多的客户，使整个系统具有更低的网络延迟。

(2) AirSelect™：动态变换无线信道，避免干扰。

(3) AirView™：UBNT 频谱分析仪。

(4) AirSync™：GPS 系列同步传输机制，有效消除设备同址发射干扰。

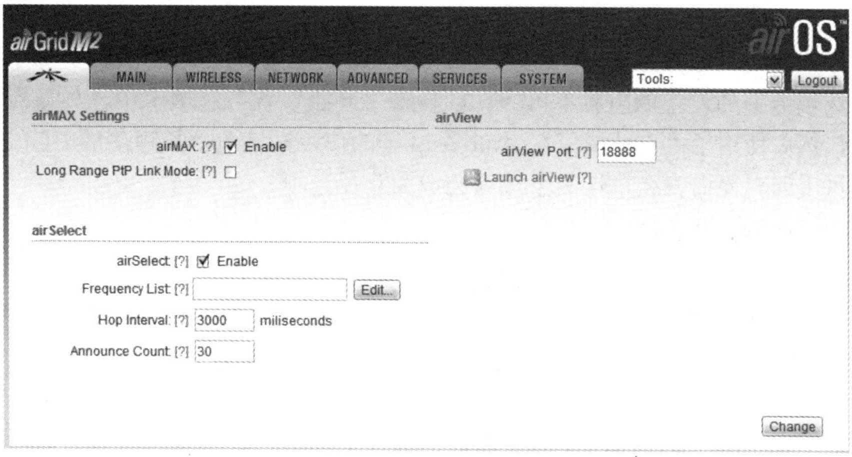

图 3-5　UBNT 专有技术菜单参数设置

3.2.1　airMAX 基本设置

airMAX 是 UBNT 的一项专利技术，在普通 WiFi 硬件基础上用软件实现专有的时分多址(TDMA)轮询，以解决无线网络中普遍存在的“隐藏终端”、多址接入时的“碰撞”等诸多问题。airMAX 能有效提高点对点(PTP)和点对多点(PTMP)工作模式下以及噪声环境中设备的整体性能，可以有效减少网络延时，增加吞吐量，提供更好的耐受性(鲁棒性)，防止干扰。基于这些优点，同时也增加了 airMAX 模式下单 AP 最大可能的用户数。

在 AP 模式下，选择“airMAX enable”选项即可开启 airMAX 功能。客户端模式(CPE)下无此选项。

1. airMAX 的兼容性

airMAX 的兼容性涉及到 AP 和客户端两部分的内容。开启 airMAX 功能的 AP 与标准 WiFi 客户端设备不兼容。具有 airMAX 协议的客户端可以兼容标准 WiFi 的 AP。

出于兼容性考虑，早期的或者 IEEE 802.11 a/b/g 的设备应使用原有固件支持 airMAX(如 AirOS 固件 V4.0 版本)，并且旧版的 b/g 系列设备只能作为 airMAX AP 的客户端来使用。为支持传统的客户使用 airMAX，新的 M 系列 AP 设备必须运行在 V5.5 版本以上。

通常 airMAX 协议只能在 AP 模式或者 AP 中继模式才能使用。如果 airMAX 启用，该设备将运行在 airMAX 模式，只接受 airMAX 协议的设备连接。言下之意，如果 AP 启用了 airMAX 功能，系统将无法连接标准 WiFi 设备，如笔记本电脑、平板电脑或智能手机等到此 AP。如果该设备的无线模式是在站模式，则设备将自动启用 airMAX 与对应的 airMAX 的连接。

2. 开启长距离点对点连接模式

长距离点对点连接模式(Long Range PTP Link Mode)选项，只能在 AP 或者 AP 中继器模式时使用，当网络确认应答信号(ACK)受设备硬件的限制超时时，应该使用此选项。例如网络中存在一个长距离的单一站点或客户端(一个 PtP 时的情况)，或者实际的连接距离超过硬件 ACK 超时限制，比如超过 27 千米(17 英里)、40 MHz 模式，或者超过 51 千米(32 英里)、20 MHz 模式，都会造成硬件上 ACK 消息错误。开启此选项后可以有效克服这一缺陷。

需要注意的是，如果开启了(使用了)长距离点对点连接模式，则菜单第 5 个标签“高级设置”选项卡上的设置调整将不可用。同样在“高级设置”选项卡中，如果有多个站点或客户端，然后使用了“自动调节”(Auto Adjust)的值，则在此“长距离的 PTP 链接模式”也将是不可用的。简而言之，这两个选项会成为互斥选项。

3. 设置 airMAX 优先级

airMAX 的优先级是针对客户端(CPE)模式的，因此只能在站模式下设置。这个参数确定了分配给每个客户端的时隙数量。默认情况下，AP 分配给所有活跃的客户端相同的时隙数量。但是，如果客户端配置不同的优先级，AP 将根据优先级给予客户更多或更少的时间。一般有四种选择：

(1) 高(High)：每用户 4 时隙(4∶1 相对比例)。

(2) 中(Medium)：每用户 3 时隙(3∶1 相对比例)。

(3) 低(Low)：每用户 2 时隙(2∶1 相对比例)。

(4) 无(None)：每用户 1 时隙(默认设置 1∶1 相对比例)。

通常，具有较高优先级的客户端在与其他活跃客户端分享信道资源时，有机会获得更多的 AP 的通信时间，有利于提供更高的吞吐量和降低延迟。例如，网络内有 3 组客户端，其中 1 组为无优先级，1 组为中优先级，1 组为高优先级，结果是没有优先级的客户端每次将得到 1 次通信时隙，中等优先级的客户端将得到 3 通信个时隙，高优先级的客户端将获得 4 个通信时隙。

3.2.2 airSelect 自适应跳频模式设置

airSelect 动态频率选择技术(Dynamic Frequency Selection，DFS)是 UBNT 利用动态变换无线信道的方法来避免无线干扰的一种特殊工作模式，是 UBNT 发明的一种能有效避免干扰并增加吞吐量的专利技术。它通过用户自定义的频率表动态地改变无线信道，在指定的间隔内(用户定义，毫秒级)周期性地跳变频道。airSelect 模式下，系统跟踪所使用的每个信道的干扰电平，在干扰电平较小的信道上尽可能地使用较低跳频次数。

开启 airSelect 功能，需要确定频率表(Frequency List)、跳频间隔(Hop Interval，缺省为 3000 毫秒)、预告计数器(Announce Count)等参数。

对于预告计数器参数的设置可以这样来规定，当计数器每增加 1 时，AP 将宣布下一跳信息(如频率变换表)给客户端。例如，如果跳频时间间隔被设置为 10000 ms，消息计时器设置为 10，则每跳周期内会发出 10 次通告，间隔是 1000 ms。客户端只要在启动下一跳之前收到 AP 发送的公告，则客户端会准确地按照频率变换表在固定的瞬间变换到下一跳的频率。较大的跳频时间间隔会造成定时漂移的风险升高(跳频失步)，所以系统建议的保留跳频间隔为 100 ms，或者设置预告计数器为间隔的百分之一，而默认值只有十分之一。

频率表的确定，需要通过 airView 频谱分析软件进行实际检测后，选择干扰较少的频段确保较高的连通概率，应避免选择干扰严重的频率。选择不同频率的频段数量无特殊要求。点击图 3-5 中 airSelect 的“Frequency List”后面的 Edit 按键，会弹出一个供选择的频率表，如图 3-6 所示。每个频率的间隔为 5 MHz，你可以全部选择或者按需选择其中的某几个频率。

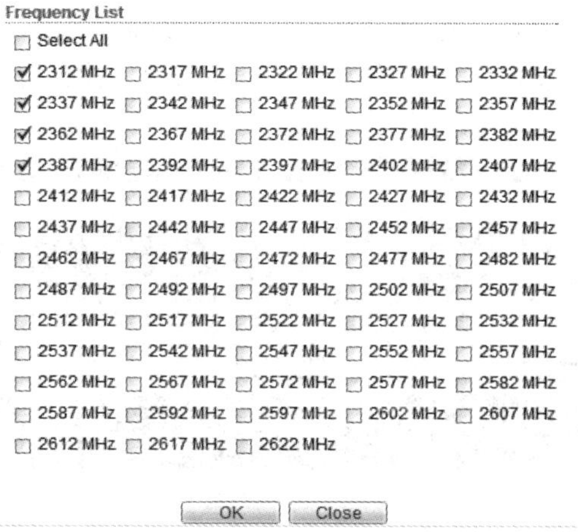

图 3-6　自适应跳频频率选择表

另外，如果开启了 airSelect 功能选项，则 airSync 同步发射功能就不能同时使用(airSync 功能仅限于带有 GPS 的 airMAX 版本)。

3.2.3　使用 airView 频谱分析仪避免干扰

airView 是 UBNT 集成到 airOS 中的另外一个专有技术，是一个非常有力的动态频谱分析仪软件。

1. airView 的运行环境要求

airView 是一个可以动态加载的 CGI 程序，需要 JAVA 环境来加载运行，而且还会用到 airMAX 设备的底层驱动。在启用 airView 时必须满足以下几个前提条件：

(1) 定义 airView 软件的 TCP 服务端口，缺省值为 18888；CGI 程序会将你的 PC 终端变成显示服务端，占用 18888 端口与 AP 进行通信。你必须确保 PC 终端的 18888 端口没有冲突，或自行修改该端口。

(2) 你的电脑必须通过以太网接口与支持 airView 的 airMAX 设备相连接。加载 airView 程序时，因为需要使用到无线 RF 前端有关 HAL 的硬件底层调用，所有的网络连接将会中断，即会发生“断网”。如果你是在通过该 AP 无线方式接入的 PC 或者终端上运行 airOS 设置，则此功能无法正常进行。你必须使用本地有线端口连接才能正常使用。

(3) 电脑上已经安装了 Java Runtime 1.6 以上支持环境。

以上条件具备后，可以点击“Launch airView”加载 airView 频谱分析仪程序。如果未安装 Java Runtime，则可能提示你安装或者升级。

2. airView 的应用

如果你将要在一个未知的环境中安装一个 PTP 类型的 airMAX 无线网络时，而周围的无线电频谱很可能非常“拥挤”，为了准确地对周围频谱有一个正确的估计，并找到比较“安静”的无线电频段，推荐你使用 airOS 自带的 airView 工具软件。使用 airView 的频谱分析仪可以动态分析环境周围的无线电噪声频谱，智能地选择最佳频率。

3. 运行 airView

点击加载 airView(Launch airView)后会弹出一个提示，需要你运行一个 Java 网络加载协议(Java Network Launch Protocol，JNLP)的小程序 airview.jnlp。如果你的浏览器不运行弹出窗口或者提示加载外部程序警告，请按提示确认加载，这时会出现如图 3-7 所示的频谱分析窗口。

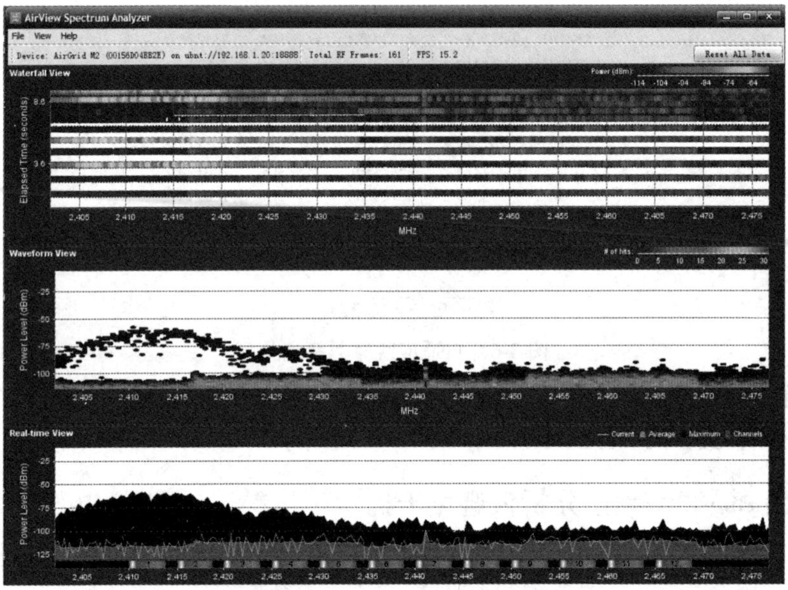

图 3-7 airView 动态频谱分析窗口

图 3-7 中，从上至下包含了菜单栏、状态栏、频谱的瀑布显示、波形显示、实时显示等窗口。其中状态栏显示当前设备的类型、MAC 地址、IP 地址，同时显示分析的射频总帧数(Total RF Frames)和每秒处理的帧速率(FPS)。如果按“复位所有数据”(Reset All Data)键，则重新开始采集射频帧数据进行分析。

通过主菜单中的 View 子菜单可以单独开启或关闭三个独立的显示窗口。其中第一个“瀑布”窗口表示的是整个频段内每个频点处累计的能量总数。第二个“波形”窗口显示了频段内的整体噪声分布情况，通过不同的颜色曲线图显示了射频的噪声情况。通常，颜色的深浅或色调表示了噪声的幅度大小。冷色代表较低的能量水平，用蓝色表示最低，暖色代表较高，如黄色、橙色或红色。第三个是实时波形，显示了与普通频谱分析仪一样的实时功率谱密度情况。其中，黄色曲线表示了当前的瞬时值，绿色曲线(轮廓线)表示了平均值，而蓝色曲线表示了最大值。

因此，在选择工作频率时，应尽可能找到颜色偏冷色调区间的频段作为工作频段。这部分频段意味着较小的背景噪声。

3.2.4 开启 airSync 功能

需要同址架设多站时，如果有两个以上基站采用相同频点，为防止同址干扰必须开启 airSync 功能。只有后缀带 GPS 的系列才具有 airSync 功能。另外需要注意，在开启 airSync

功能后就无法使用 airSelect 功能。反之，使用了 airSelect 功能也不能再开启 airSync 功能。

GPS 天线需要暴露在室外才能搜索到足够多的卫星信号，因此，不能将需要开启 airSync 功能的基站放置在室内，并且每个同址安装的设备都需要 GPS 支持。

3.3　通过系统主菜单监视系统工作状态

系统主菜单显示了当前链路状态信息的汇总，当前的基本配置、网络设置以及网络的流量统计等重要信息。这些信息对判断系统或设备的工作状态、网络的健康状态具有非常重要的参考价值，也是分析网络故障或问题的原始依据。

图 3-8 所示为主菜单的状态显示实例。

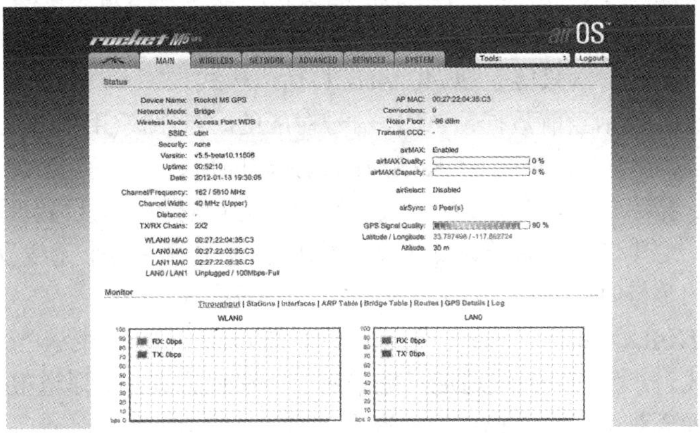

图 3-8　主菜单状态显示实例图

根据设备工作模式不同，这些参数显示的内容和方式可能会稍有变化。对应不同版本，参数显示的位置和方式也可能不同，但其主要的参数分为状态和监视两大部分。

3.3.1　主要状态参数及意义

主要状态参数显示如图 3-9 所示。

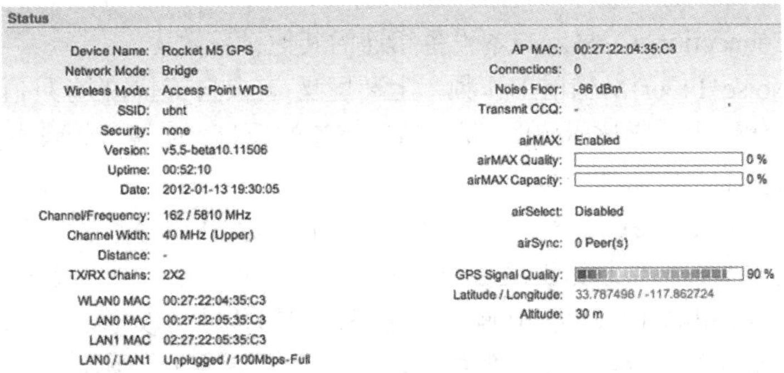

图 3-9　主要的状态参数

设备名称(Device Name)：可以显示自定义的名称或设备的标识符。设备名称也称为主机名，用于屏幕显示或在其他“配置、发现”工具软件中标示和区分不同的设备。

网络模式(Network Mode)：airOS 支持三种模式，即网桥、路由器和 SOHO 路由器。

无线模式(Wireless Mode)：一般有接入点模式(AP)、站(Station)模式、中继模式(Repeater)。中继模式包括 AP + WDS 和 Station + WDS 两种。

无线站名(SSID)：在 AP 模式时表示基站的 ID，在站模式时表示要求接入的 AP。

加密方式(Security)：表示加密的方式。如果没有选择，表示未加密。加密方式有 WEP、WPA\WPA2、RADIUS 认证、MAC 地址授权绑定等方式。

版本号(Version)：显示 airOS 的当前版本号。

累计工作时间(Uptime)：表示上电后的累计工作时间长度。

日期(Date)：显示当前系统的日期和时间。

频道号/频率(Channel/Frequency)：当前的频道号码和所在频率点。不同国籍的频道号对应的频率点可能有所不同。

信道带宽(Channel Width)：每个 AP 的信道支持的最小频谱带宽。airOS 5.5 以上支持 2 MHz、3 MHz、5 MHz、8 MHz、10 MHz、20 MHz、25 MHz、30 MHz、40 MHz 等不同取值，而站模式下，客户端只能是 20/40 MHz 自适应模式。

距离(Distance)：显示当前数据帧 ACK 信号对应的时延距离(用千米或英里表示)。不同的距离对应的 ACK 值不同，对应 ACK 响应的最大时间值就对应了最大的传输距离。对于当前超时的 ACK 帧数，此参数可以在高级设置中设为自动和手动设置。ACK 超时是传输中很重要的参数，尤其是室外的长距离传输。ACK 表示传输中两个无线设备在传送数据前的应答数据内容的等待时间。

收发通道数(TX/RX Chains)：表示当前射频通道的数量。1 × 1 表示单通道单天线，2 × 2 表示双通道双天线。一般一个天线通道只能采用一种极化方式。多通道根据设备类型不同，可以采取收发分置全双工模式，也可以采取多入多出(MIMO)模式。

WLAN/LAN/AP MAC 地址：对应了无线网络、有线网络和作为 AP 的网络 MAC 地址。

信号强度(Signal Strength)：在站模式下显示接收信号的强度。采取图形进度条或数字形式显示。进度条显示强度的百分比。数字显示当前接收的信号功率，通常用一个对数值来表示，单位为分贝(dBm)，默认 1 mW 为 0dB，而 –72 dBm 则表示 0.000 000 6 mW。通常在 –80 dBm 或更高(–50～–70 dBm)才可能保持一个有效的链路。信道带宽越宽，要求信号强度越高。

已连接数(Connections)：显示与本设备相连的其他设备数。

背景噪声(Noise Floor)：当前工作频率上环境噪声(来自干扰)的分贝值(dBm)。通常根据背景噪声可以估计出信噪比(SNR)，评估当前信道的质量。如果背景噪声很强，虽然接收信号也很强，但是不一定意味着信道就稳定。

传输 CCQ(Transmit CCQ)：对于一个客户端设备，CCQ 表示了信道实际的丢包率，用来评估网络质量的参数，表示错误发送和重新发送计数对成功发送计数的比率，通常用一个百分比数来表示。传输 CCQ 为 100%，表示当前网络传输比较稳定。如果 CCQ 非常低，意味着信道质量比较差，应该分析其他参数，找出信号差的真实原因。

airMAX 状态：显示 airMAX 当前是否启用。

airMAX 优先级(airMAX Priority)：仅针对站模式和开启 airMAX 时有效，用于显示 airMAX 客户端优先级。

airMAX 质量(airMAX Quality)：airMAX 开启时，AMQ 值表示信道质量的质量。这个

值越低表示收到的干扰越大，这样需要考虑更换另外的频率来减小干扰。如果大于 80%，一般不考虑干扰问题，可以不做任何修改。

airMAX 容量(airMAX Capacity)：airMAX 开启时，AMC 表示了基站 AP 的处理效率，等效为 TDMA 时隙的实际效率。如果只有一两个客户端设备接入，这个 AMC 值影响不大，如果超过 30 个，那么 AMC 的值会变得至关重要。AP 端和客户端对应的 AMC 表示的意义也有所差异。

airSelect 状态：显示 airSelect 功能是否开启。

airSync 状态：显示 airSync 功能是否开启。

GPS 信号质量(GPS Signal Quality)：显示 GPS 信号的百分比。通常与 GPS 天线位置和当前的卫星分布有关。仅带 GPS 版本的设备有此项显示。

纬度/经度(Latitude/Longitude)：当前设备的经纬度。仅带 GPS 版本的设备有此项显示。

高度(Altitude)：当前设备的高度。仅带 GPS 版本的设备有此项显示。

3.3.2　主要监视信息及意义

主要监视栏有多个工具用于显示各种监控信息。

吞吐量(Throughput)：当打开主菜单首页时，可能会显示如图 3-10 所示的系统吞吐量状态图。

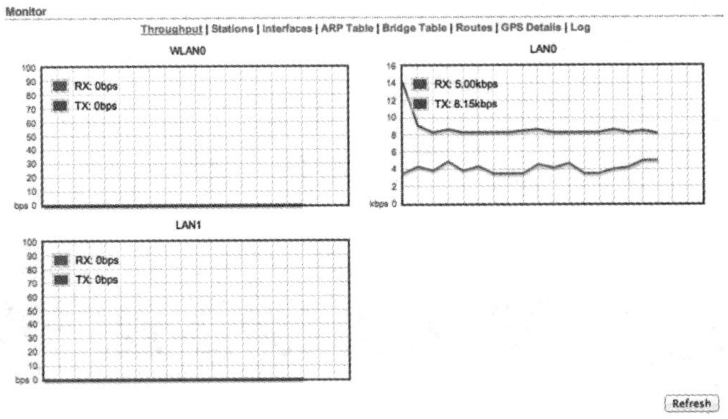

图 3-10　系统吞吐量状态图

吞吐量状态图连续动态显示了无线网络、局域网的实际收发包速率，一般用 b/s 为单位来表示。显示的是收发包率按时间关系的连续移动平均值。按“刷新”键可以重新开始计算并显示新的曲线。

站点监控(Stations)：显示了所有已经连接到该站点的设备列表。如图 3-11 所示，包括它们的 MAC 地址、设备名称、信噪比、距离、收发信速率、CCQ、已连接时间和最后一次连接的 IP 地址等参数。可以按“踢出”(Kick)键将某个不希望连接的站点直接从该 AP 断开。

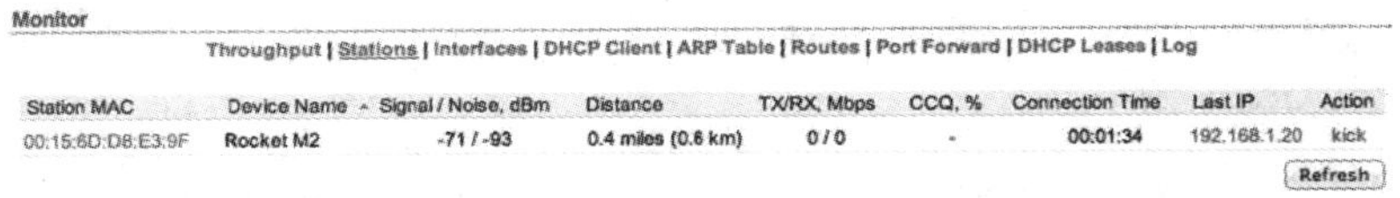

图 3-11　已连接站点信息列表

按“Reflash”键将重新统计已连接的设备列表。

进一步点击列表中某个设备的 MAC 地址的超级链接则会弹出一个窗口，进一步显示该站点的详细数据，如图 3-12 所示。

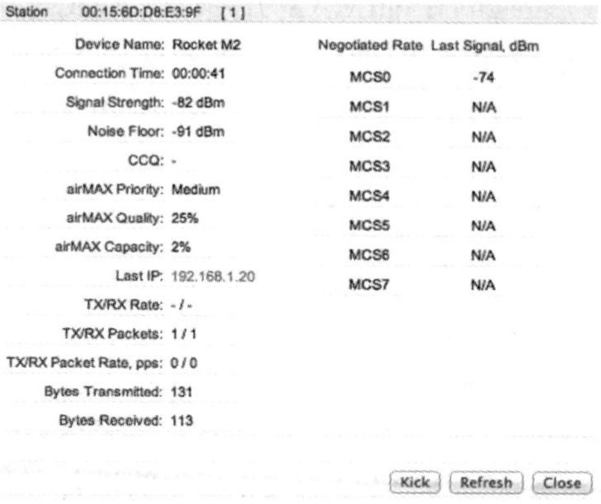

图 3-12　站点详细信息显示

如果当前是 AP 模式，则站点信息显示的是本 AP 的基本信息。

ARP 表(ARP Table)：显示当前 ARP 协议对应的地址列表。ARP 表显示了当前每个硬件设备的 MAC 地址与 IP 地址的对应关系。

桥接列表(Bridge Table)：如果网络为桥接模式，可能还会显示本局域网内与桥接或路径解析相关的全部设备列表。

路由表(Routes)：按照由上至下的关系，显示了所有节点路由的关系。

3.4　无线参数设置

无线参数设置菜单如图 3-13 所示，主要包括基本参数设置和无线网络安全设置两个部分。

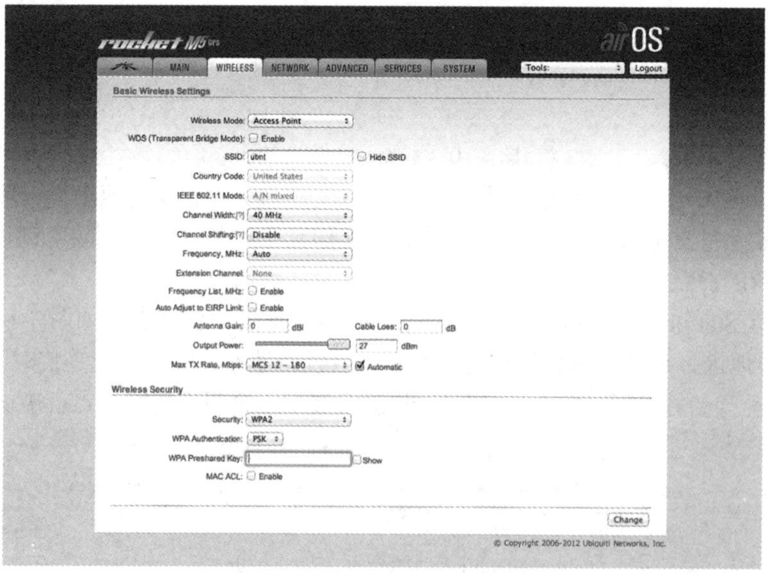

图 3-13　无线参数设置菜单

3.4.1　基本参数设置

无线网络基本参数包括的内容很多，如无线站点的工作模式、SSID、带宽、频率、天线类型、发射功率、传输速率等。

无线模式(Wireless Mode)：主要是站模式、AP 模式和 WDS 中继模式。站模式和 AP 模式在前面已经介绍，在此不重复说明。WDS 中继模式，可以手工设置中继节点(Peer)，也可以自动设置(存在应用条件约束，一般不建议)。中继模式下，需要所有参与中继的站点必须设置相同的频率、带宽、密码(可以采用不同的 SSID)，否则将无法有效中继。

WDS 节点(WDS Peers)：开启 WDS 中继至少需要在本站输入一个以上的被中继站点 MAC 地址，每个站点最多可以输入 6 个中继点 MAC 地址，只有收发双方都互设对方的 MAC 才能建立一种稳定"信任关系"实现站点间的中继。图 3-14 所示是 WDS 节点 MAC 地址输入框，使用 WDS Auto 模式时，可以不输入 MAC。

```
Basic Wireless Settings

Wireless Mode:  [ AP-Repeater    ⬍ ]   ☐ Auto

WDS Peers:     [                  ] [                  ]
               [                  ] [                  ]
               [                  ] [                  ]
```

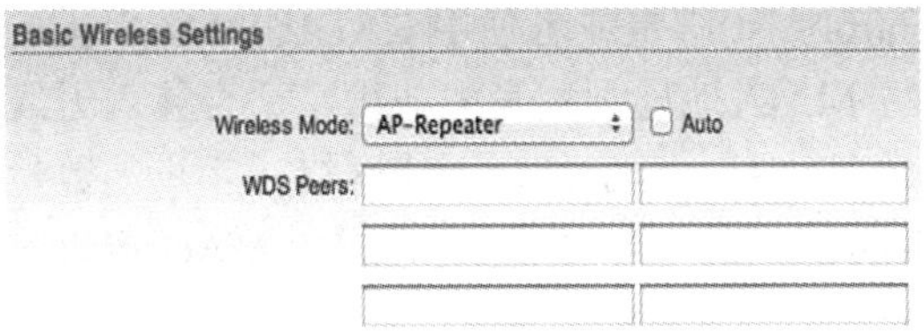

图 3-14　WDS 节点 MAC 地址管理

选择并锁定指定 AP(Select & Lock to AP)：在一个区域存在很多 AP 时，客户端具体接入哪个 AP 首先决定于其 SSID 设置，当多个 AP 具有相同 SSID 时，则可以指明 CPE 首选接入哪个 AP，否则 CPE 将随机接入 SSID 相同的 AP。锁定 AP 的方法是先选择 AP 列表中的某个 AP，然后 AP MAC 输入框内会出现目标 AP 的 MAC 地址。确认后，客户端 CPE 在接入时将与指定的 AP 绑定，对其他 AP 将不再理会。该参数只在客户端模式下有效，可保证不被同名的 AP 干扰。

SSID 隐藏(Hide SSID)：该选项开启后，AP 将不再以广播形式发射 SSID 信号，但是 AP 的 SSID 代号依然有效，不影响无线网络的正常运行。在某些不希望被他人得知 SSID 的情况下，可以将 SSID 隐藏起来，进而提高系统的安全性和保密性。

国家代码(Country Code)：每个国家对无线网络的频道(频率)和发射功率都有自己的规定。如果需要使用设备代号全部频率段和最大发射功率，可以直接选择"Compliance Test"。

信道带宽(Channel Width)：单个信道的调制带宽，改变信道带宽将影响信道的发射功率、接收灵敏度、信噪比。选择较小的带宽，虽然会降低网络的速率，但是可以提高信号传输的距离。

信道频率表(Channel Frequency List)：可以选择频率表对应的频率。

频率偏移(Channel Shifting)：让选择的频率比标准 802.11 规定的频率偏移 2 MHz 或 5 MHz 频率。此项一般选择禁用。

扫描频率表(Frequency Scan List)：如果开启了 airSelect 功能，此选项将列出可供选择的扫描频率列表。被选中的频率将在 airSelect 轮流跳变使用，以对抗干扰。

天线和天线增益(Antenna & Antenna Gain)：选择天线类型和天线的增益，以便基站的发射功率符合本国家 802.11 规定的发生功率或等效功率(EIRP)。

发射功率(Output Power)：airOS 允许客户在规定的范围内调整设备的发射功率。在很多场合可能需要调整发射功率，比如，某些时候要加大功率延长距离，功率越大，信号强度越强，但整个网络中给其他设备带来的干扰也随之增大。因此，从系统健康的角度出发，在确保通信链路增益的前提下，可能需要减小功率来抑制本站对其他站点的干扰。

3.4.2 无线网络安全设置

可以选择相应的安全协议，增加网络的安全性。缺省状态是未设置安全协议。通常可以利用无线加密算法或者身份认证等来提高网络的安全性。采用加密方式方法的不同，可能付出的代价和得到的安全系数也不尽相同。

表 3-1 列出了 AP、中继和站模式三种模式下可以使用的无线网络加密方式。

可以看出，在中继模式时(采用 WDS)，因为 airOS 自身的某些限制，仅支持 WEP 加密方式。如果觉得未加密 none 或采用 WEP 加密强度不够而担心安全问题，最好的选择是采用 MAC ACL(Access Control List)绑定或者使用 RADIUS MAC 认证。MAC ACL 相对简单，只需输入允许接入站点的 MAC 地址到列表中即可，适合接入无线主机数量较少，而且是固定在某个 AP 接入的情况使用。对于复杂无线网络，客户端数量较多或较复杂的情况，建议在网络内部架设 RADIUS 服务器，采用密码或者 MAC 授权方式来管理接入的主机，提高管理效率的同时增强网络的安全性。

表 3-1　不同工作模式下 airMAX 支持的无线加密方式

Security Method	Access Point	AP-Repeater	Station
none	X[1]	X[1]	X
WEP	X[2]	X[2]	X
WPA	X		X
WPA-TKIP	X		X
WPA-AES	X		X
WPA2	X		X
WPA2-TKIP	X		X
WPA2-AES	X		X

其他无线加密方式都是目前广泛采用的方式，较 WEP 算法也更加安全。一般情况下，WEP 被逆向破解的概率很高，利用工具软件和足够的数据包，可以实现暴力破解。相对 WPA、WPA2 等算法，包括 TKIP、AES 衍生类型，后者的安全性更高，并且难以破解，具体原因在此不作更多的介绍。根据需要自行选定无线加密算法。

如果一定需要使用无线中继模式，比如采用 WDS 实现一个局部的无线 MESH 网络时，为了简单起见，可以选择 WEP 加 MAC ACL 复合模式来提高安全系数，而不必增加额外的硬件费用和系统的软件资源。需要注意的是，WEP 参数分为 64bit 和 128bit 两种，64bit 方式的密码允许 10 个 HEX 数字或 5 个 ASCII 字符，128bit 方式的密码允许 26 个 HEX 数字或 13 个 ASCII 字符。

MAC ACL 需要用户编辑一个 MAC 列表，如图 3-15 所示。列表中的用户分为“黑名单”和“白名单”两种，其中“白名单”中的 MAC 地址是允许(Allow)通过的主机，而“黑名单”中的 MAC 地址是禁止(Deny)通过的主机。MAC 地址输入的格式要求为 XX:XX:XX:XX:XX:XX，XX 为 BIN 字符，如 00:15:6D:8F:15:0A。Comment 中可以填写简要的说明。一般 airOS 支持的最大 MAC ACL 地址数为 32 个。

图 3-15　设置 ACL 访问控制列表

3.5　网络参数设置

这个部分的选项主要是针对局域网内部的一些参数进行设置，分为网络角色(模式)、配置模式、网络管理等三部分，主要完成设备本地网络相关的操作，包括网络模式、互联网协议(IP)地址、设置 IP 别名、VLAN、包过滤、桥接方式、静态路由和流量整形等。

网络设置菜单如图 3-16 所示。

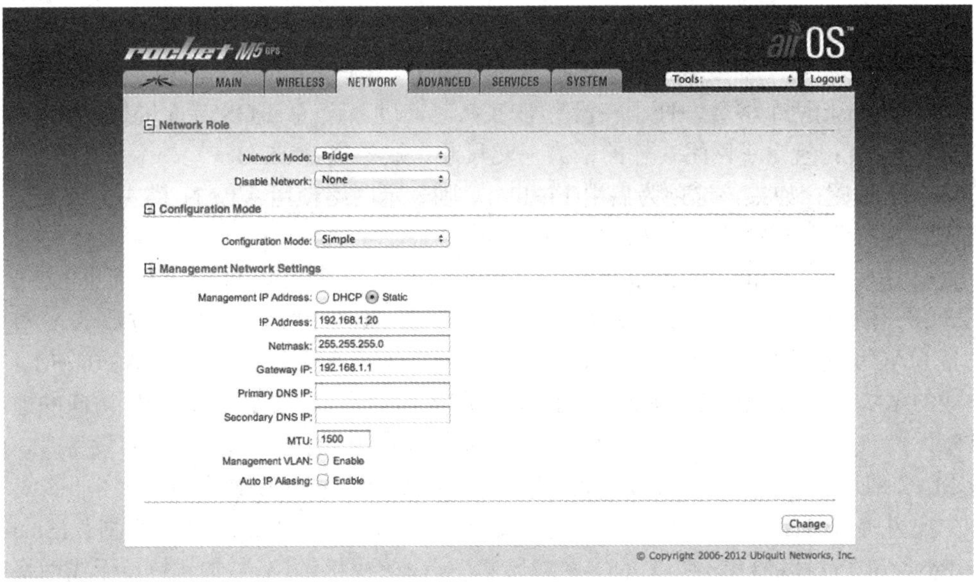

图 3-16　网络参数设置

3.5.1　网络角色

网络模式(Network Mode)：airOS 支持网桥(Bridge)、路由器(Router)和 SOHO 路由器三种模式。默认是网桥模式，这是最常用的模式。除非必须，其他两种路由模式一般不选用。

只有网桥是透明的，所有节点工作在同一个子网上，并且所有可能中继的数据包都将通过无线桥接被转发。路由器模式下可以将 AP 或客户端无线设备划分成不同的子网，除非是广播类型的数据包，否则只有跨子网的数据包被转发到相应的静态路由。SOHO 路由器使用了 NAT 模式，可以支持 PPoE 等方式。

大多数使用 airMAX 设备的网络都会将网络角色定义为网桥模式，除非想将其设置为一个普通的 SOHO 路由器。

禁用网络(Disable Network)：禁用网络可以在需要时临时或永久关闭 WLAN、WAN、LAN 接口，确保被禁用的端口不能建立任何 2 层或 3 层连接，避免通过该禁用端口访问无线或有线网络。该功能需要谨慎使用，当 WLAN 或 LAN 被禁用后，可能需要通过硬件复位到出厂设置才可能重新进入 airOS 设置界面，否则无法通过任何网络接口进入设置。

3.5.2 网络设置

网络配置模式(Configuration Mode)：分为简单(Simple)配置和高级(Advance)配置两种方式。

网络简单配置(Simple)包括如下选项。

网络设置(Management Network Settings)：包括设置设备的 IP 地址、子网掩码、网关、主 DNS 和备用 DNS 地址、VLAN 参数设置、自动别名(Auto IP Aliasing)等功能。

静态地址(Static)：需要按常规网络一样设置对应的 IP 地址、子网掩码、网关、主 DNS 和备用 DNS 地址等参数。

使用动态地址(DHCP)：使用 DHCP 时将自动从网络的 DHCP 服务器获得一个动态的 IP 地址和对应的子网掩码、网关、NDS 等参数。如果网络中不存在 DHCP 服务器，则 DHCP 网络地址获取失效。需要用到 DHCP 失效地址(DHCP Fallback IP)和子网掩码(DHCP Fallback Netmask)两个参数，便于在没有 DHCP 时，进入设备 airOS 界面进行设置等操作。

MTU 设置：规定了网络传输的最大报文尺寸。缺省值是 1500。

VLAN 设置：如果该选项为启用(Enable)，则表示网络使用 VLAN 模式，需要定义对应的 VLAN 标签，标签值为 2～4094 中的某个数。

自动 IP 别名(Auto IP Aliasing)：如果该功能开启则可以自动为设备生成一个以 169.254.X.Y(掩码 255.255.0.0)开头的第二个 IP 地址。其中 IP 地址最后两位数 X.Y 对应了该设备 MAC 地址的最后两个数的十进制数。例如，MAC 地址为 00:15:6D:A3:04:FB，则自动生成的第二个 IP 为 169.254.4.251。IP 别名是一个可以像真实 IP 地址一样访问的地址，非常实用。当开启该选项时，如果你忘记了设备原有的 IP 地址，而无法进入设备时，可以通过 MAC 地址后两位数字，以 169.254.X.Y 的形式进入 airOS 设置界面。

生成树协议(STP)：在存在多个交叉连接的网络里，利用 802.1d 生成树协议(Spanning Tree Protocol)，可以避免不必要的“网络风暴”造成的网络阻塞。尤其是当无线网络中存在多个 WDS 中继，有可能形成多回路或交叉连接时，STP 必须开启，否则，很可能形成“网络风暴”造成网络阻塞。

网络高级配置(Advance)：包括网卡界面、IP 别名、VLAN、桥接、防火墙、静态路由、流量整形等多个高级选项设置，不同版本的 airOS 的内容稍有不同，可以根据网络理论知识进行对应的设置。

网卡界面(Interface)：在存在多个网络端口的 airMAX 设备中，可以设置这些 WLAN、LAN0、LAN1 端口的 MTU 等参数或关闭对应的端口等操作。

IP 别名(IP Aliases)：为设备设置的第二个 IP 地址，主要用于管理目的。如用 PPoE 拨号连接后失去本地 IP 地址时，可用这个 IP 别名地址进行一些本地的网管理络操作。

VLAN：允许用户在不同的网卡上设置多个不同的 VLAN，以满足多种网络管理的需要。

桥接网络(Bridge Network)：如果需要使用第二块网卡来完成多个网络的桥接，airOS 提供了非常灵活的桥接功能。

防火墙(Firewall)：该参数设置项可以在内、外网之间设置防火墙规则，可针对不同端口、不同应用和不同网络层来进行逐条设置，可以采取白名单和黑名单两种组合方式。

静态路由(Static Routes)：可以将一组特定的 IP 地址指向一个特定的网关。

流量整形(Traffic Shaping)：流量整形可以根据对应端口连接的用户类型来控制带宽。比如在高流量用户并发时，允许小流量的用户下载一些小的文件(例如，浏览简单的网站)，而防止高流量用户使用过多的带宽下载一些大的文件(例如，流媒体视频等)。

作为 3 层 QoS 的一种管理手段，可以按照定义的速率来进行端口级的流量控制。每个端口有“入口流量”(Ingress)与“出口流量”(Egress)两种类型的交通。推荐使用出口流量控制方式，因为一般无法控制进入的流量如何迅速的分发到目的地址，而出口流量控制则可以有效调度。

3.6　高级参数设置

高级设置菜单包含了高级无线参数设置、高级以太网参数设置和信号灯 LED 阈值设置等内容，如图 3-17 所示。

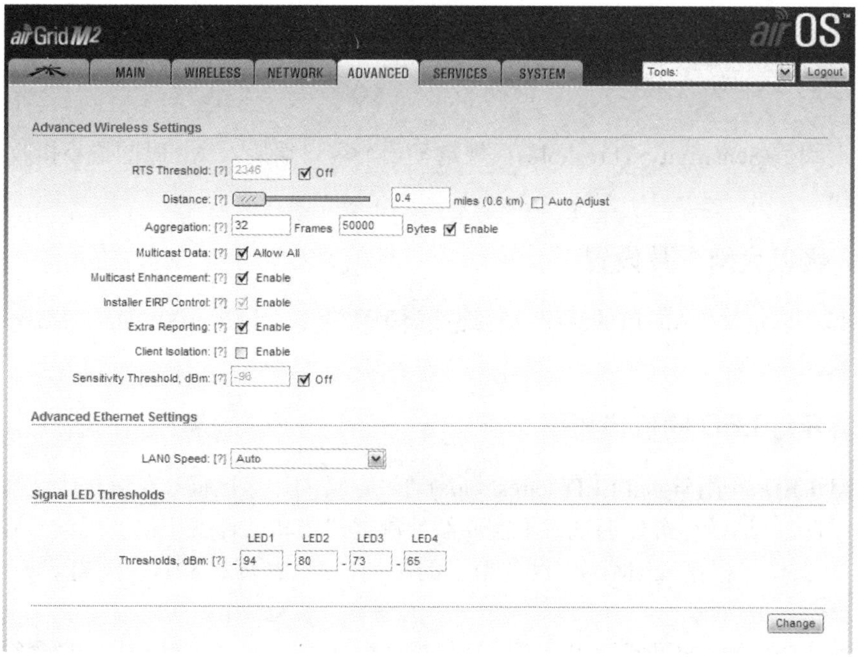

图 3-17　高级参数设置

3.6.1 高级无线参数设置

RTS 阈值(RTS Threshold)：RTS 阈值确定的数据包大小，用来控制冲突的流量，范围是 0～2347 字节，默认为 2346，RTS 方式关闭。在上一章已经分析过，RTS/CTS 只是因为无线隐藏终端问题针对标准 IEEE 802.11 无线以太网基本接入方式的一个改进策略，不能完全解决隐藏终端问题，只能通过 airMAX 的 TDMA 模式来解决。如果 airMAX 功能开启，则无需设置 RTS。分段阈值用于定义最大的分段数据包的大小，范围是 256～2346 字节，太低的值会导致网络性能低下。设置分段阈值可以提高传输的稳定性，因为发送小数据包的冲突会很少。默认 2346 的分段长度是优化过的参数，适用于绝大部分的网络应用。

该选项仅在使用 IEEE 802.11 无线网络协议时(WiFi 模式)有效。IEEE 802.11 无线网络的请求发送(RTS)/清除发送(CTS)机制用来减少隐藏终端产生的帧碰撞问题。优化的 RTS / CTS 分组大小阈值为 0～2346 字节。如果设备要发送数据包的大小大于阈值，则由 RTS / CTS 握手后触发；如果数据包大小等于或小于阈值，则立即发送数据帧。

传输距离(Distance)：主要是针对长距离无线传输时 ACK 应答参数的自动设置。采用自动调整(Auto Adjust)或手动输入千米(或英里)数两种方式。在室外长距离应用中，ACK 的时间会比较长，因此在正确设置传输距离的情况下可以调整 ACK 的值，ACK 值太小太大都会造成网络性能下降，默认为自动调整方式。

汇聚(Aggregation)：作为 IEEE 802.11n 标准的一部分，允许将多个源和目的地址相同的数据帧合成一个更大的帧进行传输。

组播数据(Multicast Data)：允许组播数据通过，默认为关闭。

附加信息(Extra Reporting)：允许在 IEEE 802.11 管理信息帧中加入附加信息(如主机名等)，用来使其他查找工具或路由器等设备获取认证信息和状态信息，默认为开启。

客户端隔离(Client Isolation)：允许数据包只能从外部网络发送到 CPE，反之亦然。如果启用了客户端隔离，连接到同一个无线 AP 的客户端设备将无法在 2 层(MAC)和 3 层(IP)的上联通。

灵敏度阈值(Sensitivity Threshold)：规定了一个客户端接入 AP 时的最小接收电平值，单位为 dBm。

3.6.2 高级以太网参数设置

此选择可以定义 LAN 口的网络物理连接类型和速率，包括 100MHz/10MHz 全双工和自动识别模式。

3.6.3 信号灯 LED 阈值设置

信号灯 LED 阈值(Signal LED Thresholds)通过定义的数字区间，在信号达到阈值时，对应的 LED 灯亮。这样在野外调试时不需要额外测试仪器和软件就可以实现信号强度估计、天线对准等工作。根据 airMAX 设备型号的不同，有 2 灯、3 灯、4 灯、6 灯等多种类型。

信号灯 LED 阈值的灵活运用，可以带来很多方便。比如一个 4LED 灯的设备，如果预期的接收信号电平估计在 –63 dBm 左右，则可以将 LED 阈值按以下次序设置：–70 dBm、

−65 dBm、−62 dBm 和 −60 dBm。这样做的好处是，可以用 −70 dBm 进行信号捕获，而 −65 dBm、−62 dBm 和 −60 dBm 三个间距很小的值可以用于微调。

3.7 服务参数设置

服务参数设置主要包括了看门狗、SNMP、NTP、DDNS、系统日志、WEB、TELNET、SSH 等服务项的设置，如图 3-18 所示。

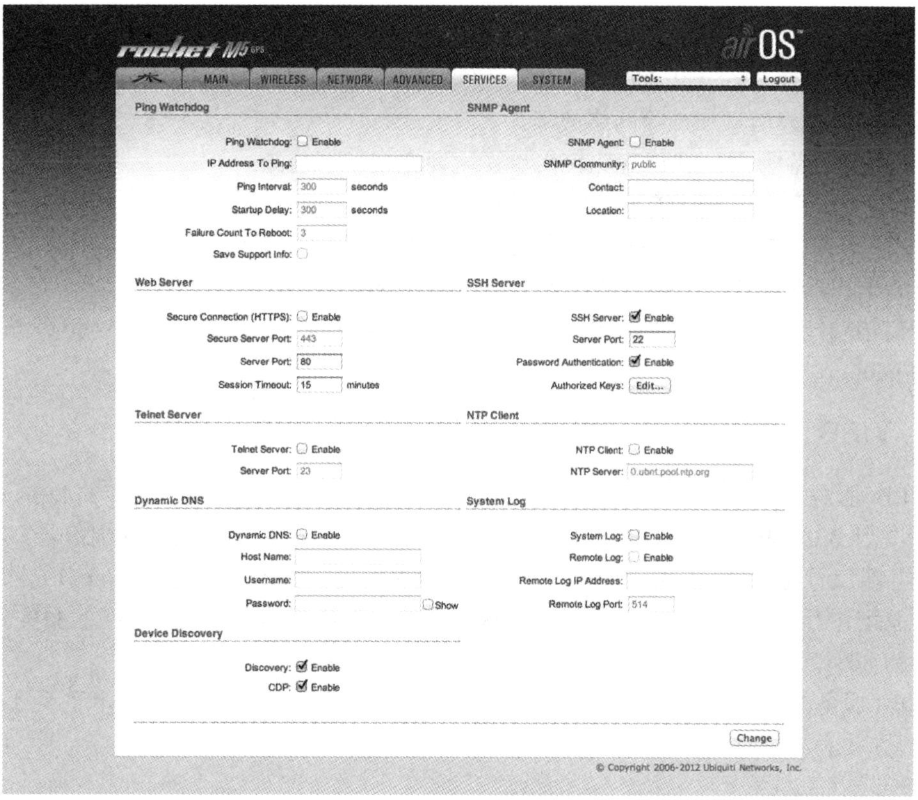

图 3-18 服务参数设置菜单

3.7.1 看门狗服务

看门狗(Ping Watchdog)服务是一个系统自我诊断服务功能，当该参数启用时，选择 Enable，并填入对应的被 ping 节点的 IP 地址，轮询周期、重启延时和失败尝试次数等参数。

看门狗的功能是在 ping 看门狗开启时，可以按参数设置的时间周期性地 ping 某个网络节点的 IP，每隔一段时间，网桥就会向远端 IP 发出 ping 命令，当无法 ping 通时，尝试若干次后，airMAX 设备认为自身异常，网桥就自我判断为断网，需要自动重启。该选项默认为关闭。这里可以设置被 ping 的 IP 地址，ping 的间隔(多长时间启动一次 ping 功能)，启动延迟(设备重新启动后，第一次启动 ping 功能的时间间隔)，重启失败次数(多少次 ping 失败后系统重新启动)。

看门狗服务最大的作用就是省去了人工对网桥的维护，在出现断网故障时能自动重新启动。简单的使用方法为，将发射端网桥和接收端网桥互填 IP。需要注意的是，在使用了中继或者有连接关系的多个设备都启用了看门狗功能时，其周期、间隔、延时、重试次数等参数必须互不相同，否则，在某些情况下，会出现意想不到的“死循环”。因此，切记千万不能将两个网桥的 ping 间隔(Ping Interval)时间设置为一样，应尽量将其中一个网桥的时间设置为数倍或者更大。如果发射端网桥和接收端设置为一样的时间，结果显而易见，这样有可能会导致重启死循环。

3.7.2 SNMP 代理服务

SNMP(Simple Network Monitor Protocol)是一个应用层的网络协议，用于网络设备间交换管理信息。网管人员可以通过 SNMP 代理监视和管理已经连接的网络设备，分析网络性能，及时处理报警信息和排除网络故障。

airMAX 设备的 SNMP 代理比较简单，主要完成以下功能：

(1) 提供一个用于 SNMP 监视管理的接口。

(2) 完成设备与网络管理服务应用间的通信。

(3) 为网管人员提供网络性能监视信息，协助排除网络故障。

开启该功能需要填写 SNMP 的鉴权信息、注释信息等参数。缺省的 SNMP Community 参数为 public。

3.7.3 WEB 服务

WEB 服务为 airOS 提供了一个基于浏览器的管理界面。如果开启其中的 https 加密连接选项，则 WEB 服务采用加密 https 方式，服务端口为 443，或者指定的端口号。正常的 http 服务端口号为 80。当然，也可以修改为其他端口号。如果需要避免对 airOS 非常熟悉的人对系统进行尝试性的攻击，最好将默认的端口修改成其他端口号。默认的服务为 http，端口号为 80。

WEB 服务的最后一个参数是会话超时时间，即连接到 airOS 的用户多长时间不活动，会话自动中断，需要重新登录。

3.7.4 SSH 服务

airOS 允许用户通过 SSH 服务连接系统。通过 SSH 可以远程网络调试 airOS 并做更深层次的参数修改工作。需要 DIY 的用户可以使用该服务，并将调试或修改的结果作为固件导出后，用出厂模式升级为缺省固件，或对其他相同硬件进行固件升级。非专业人员和 airOS 开发人员一般不要随意通过 SSH 对 airOS 内部进行修改，否则可能出现意想不到的故障。

连接 SSH 服务可以使用大多数调试 Linux 的 SSH 工具软件，缺省的 SSH 端口号为 22。登录 SSH 服务一般使用 airOS 的管理员密码，或者使用授权密钥(Authorized Keys)文档来替代管理员密码。

3.7.5 其他服务

Telnet 服务：开启后可以通过缺省的 23 端口，以控制台终端形式接入 airOS。利用该服务可以使用工具软件或者利用 telnet 命令进行登录。

NTP 服务(Network Time Protocol)：NTP 网络时间服务，为系统提供同一的定时。该功能需要网络中有 NTP 服务器支持，airOS 端只能作为 NTP 客户端接入。该功能启用时，需要填入需要连接的 NTP 服务器地址或域名。

DDNS 服务：如果设备已经接入了互联网，动态域名服务(Dynamic Domain Name System，DDNS)允许设备以随时变化的 IP 地址接入互联网，并使用 DDNS 服务商提供的固定域名。

系统日志服务(System Log)：允许自动向日志服务器发送设备日常的行为信息。

设备发现服务(Device Discovery)。允许其他 UBNT 设备通过设备寻找工具软件找到网络中的存在的设备地址、名称、型号等参数，便于管理。一个额外的 CDP(Cisco Discovery Protocol)参数可以选择启用，设备可以在 Cisco 网络管理系统中用 CDP 协议与其他网管程序通信。

3.8　系统参数设置

系统参数设置菜单主要包含了针对系统管理员的日常维护操作等功能，包括设备固件升级、设备名称、日期时间、管理员账号、地理坐标、设备维护、配置文件管理、杂项等多种维护项，如图 3-19 所示。

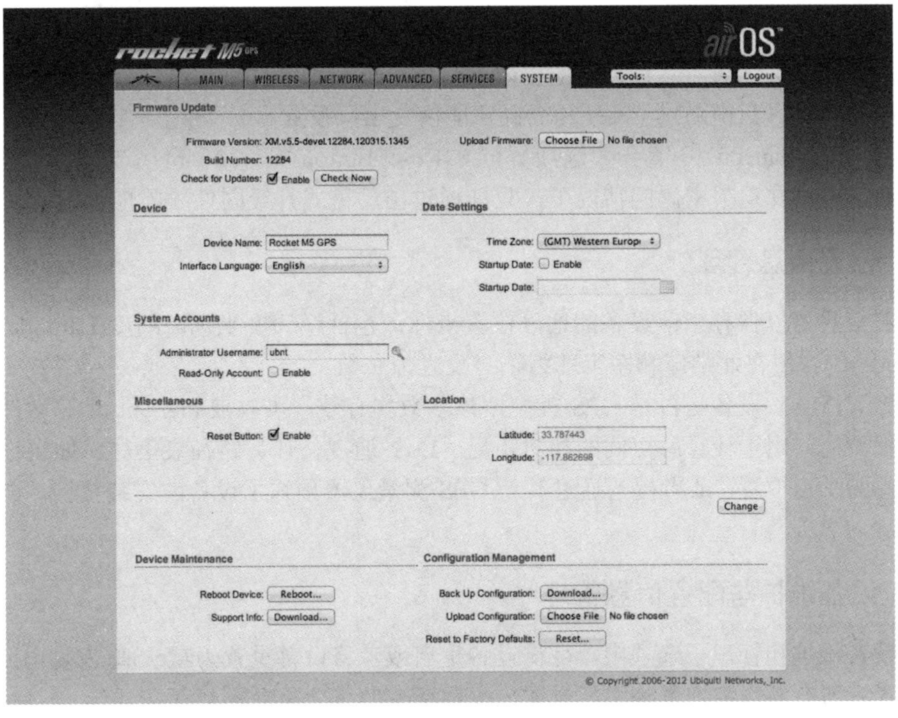

图 3-19　系统参数设置菜单

3.8.1　固件升级

固件升级(Firmware Update)提供了一个基于 WEB 界面的升级途径，可以显示当前固件的版本号(Firmware Version)、编译序列号(Build Number)等参数，提供固件上传(Upload Firmware)、固件版本检查校验(Check for Updates)等功能。

需要注意的是，通过 WEB 升级时，不是同一产品系列的固件不能通用，可能不能通过校验检查，而且超过 V5.5 版本后的 airOS 固件只允许向上升级而不能向下升级。

升级固件有一定的危险性，升级失败可能导致设备完全失效。在升级过程中，不能出现任何断电的情况，否则会造成升级失败。升级过程需要数分钟来进行 FLASH ROM 加载与更新。升级的详细描述请参考第 2 章的相关内容。

3.8.2 设备名称与界面语言

设备名称(Device Name)为网络提供一个全局名称或识别代号，相当于网络主机名，便于类似 SNMP 等应用软件使用。这个名称可以由用户根据需要，自定义一些有意义的字符来表示设备。比如设备的型号类型、地理位置代号、所属单位、序列号等的组合。

设备界面语言(Interface Language)可以设置 airOS 人机交互的语言类型，一共有 10 种语言供选择。

3.8.3 管理账户

airOS 的系统管理员账号和密码的修改在该选项中进行，包括系统超级管理员(Administrator)和只读管理员(Read-Only Account)两种类型。

请牢记更改后的用户名和密码，以免在使用过程中造成不必要的麻烦。第一次使用后尽可能的更换密码或账号名称。一般密码的长度不能超过 8 位，超过部分会自动截短。

如密码遗失，只能通过 Reset 复位键才能恢复出厂设置。

杂项(Miscellaneous)中有一个选项复位键(Reset Button)允许(Enable)，请保持默认状态，允许开启。否则在遗失密码的情况下，只能通过出厂模式升级固件才能恢复系统。

3.8.4 位置信息管理

位置信息可以保存当前设备的地理位置坐标，包括经纬度坐标。纬度(Latitude)和经度(Longitude)的数值在北半球和东半球为正，反之为负数。

无论 airMAX 设备是否是 GPS 类型，该参数均有效，可以被 airControl 等软件规划管理时远程调用，用于计算站点间的相对距离、LoS 通视估计、路径衰落等。如果你能准确地确定你的站点位置，或者提前通过其他 GPS 测量仪器预知了设备的安装位置，请保留此参数。

3.8.5 设备维护与配置信息管理

在设备维护和管理子选项中，可将设备重启或者将设备重置为默认值(恢复出厂设置)，设备重置后所有参数将恢复为出厂设置，先前所有的设置将会不复存在。

airOS 允许将当前配置导出为一个外部文件，以便进行备份或修改，同时支持备份文件上传至 airOS，以恢复原有的配置。

如果工程中有太多重复的参数需要设置，可以采取直接上传配置好的文件方式进行批量设置，尔后进行少量的修改。这样可以提高施工效率，减少配置错误。

3.9　使用 airTools 提高工作效率

airMAX 产品充分考虑到用户的应用体验，在 airOS 内置了大量的无线网络测试与施工工具，为用户在户外或条件受限的情况下，能凭借 airOS 自身的强大功能和内置的工具软件，迅速开展工作，提高工作效率。

airOS 内置了天线瞄准、站点侦测、设备发现、ping 联通、路由追踪、网速测试、频谱分析等七种常用工具。

3.9.1　天线瞄准

天线瞄准工具为天线对准基站以便获得最大增益提供了一个有力的保障。天线瞄准信号显示窗口每秒刷新一次，如图 3-20 所示。

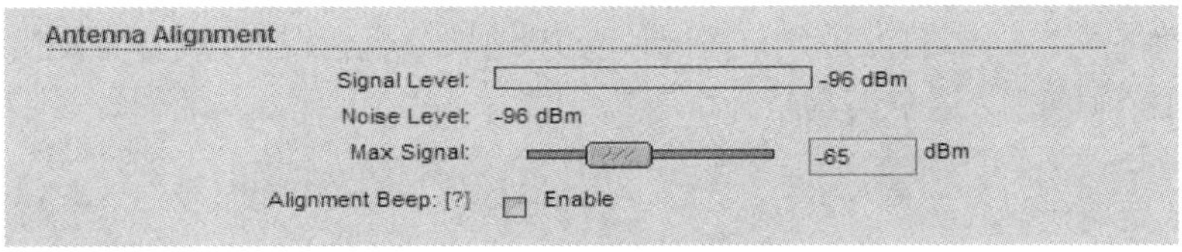

图 3-20　天线瞄准信号显示窗口

显示窗口包含信号电平(Signal Level)、噪声电平(Noise Level)、最大信号(Max Signal)、Beep 指示等参数。

信号电平采用彩色滚动条显示信号的强弱，并同时显示电平的数字，单位为 dBm。最大电平显示本次测量过程中收到信号电平的最大值。Beep 指示选择 Enable 可以通过 PC 的扬声器听到 BB 的长音和短音，用来表示信号是增大还是减小，可以在不看屏幕的条件下大概估计正确的天线瞄准方向。

3.9.2　站点侦测

站点侦测(Site Survey)工具用来发现所有可用频道内的所有无线 AP 站点。打开该工具时，软件会通过对整个频段的扫描发现能侦测到的所有 AP 并以列表的形式显示，如图 3-21 所示。

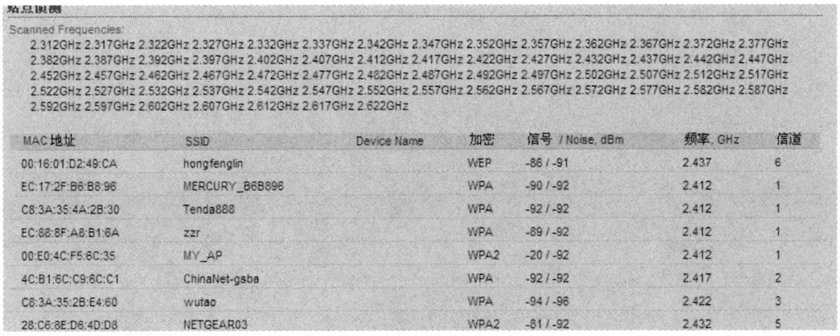

Scanned Frequencies:
2.312GHz 2.317GHz 2.322GHz 2.327GHz 2.332GHz 2.337GHz 2.342GHz 2.347GHz 2.352GHz 2.357GHz 2.362GHz 2.367GHz 2.372GHz 2.377GHz
2.382GHz 2.387GHz 2.392GHz 2.397GHz 2.402GHz 2.407GHz 2.412GHz 2.417GHz 2.422GHz 2.427GHz 2.432GHz 2.437GHz 2.442GHz 2.447GHz
2.452GHz 2.457GHz 2.462GHz 2.467GHz 2.472GHz 2.477GHz 2.482GHz 2.487GHz 2.492GHz 2.497GHz 2.502GHz 2.507GHz 2.512GHz 2.517GHz
2.522GHz 2.527GHz 2.532GHz 2.537GHz 2.542GHz 2.547GHz 2.552GHz 2.557GHz 2.562GHz 2.567GHz 2.572GHz 2.577GHz 2.582GHz 2.587GHz
2.592GHz 2.597GHz 2.602GHz 2.607GHz 2.612GHz 2.617GHz 2.622GHz

MAC 地址	SSID	Device Name	加密	信号 / Noise, dBm	频率, GHz	信道
00:16:01:D2:49:CA	hongfenglin		WEP	-86 / -91	2.437	6
EC:17:2F:B6:B8:96	MERCURY_B6B896		WPA	-90 / -92	2.412	1
C8:3A:35:4A:2B:30	Tenda888		WPA	-92 / -92	2.412	1
EC:88:8F:A8:B1:6A	zzr		WPA	-89 / -92	2.412	1
00:E0:4C:F5:6C:35	MY_AP		WPA2	-20 / -92	2.412	1
4C:B1:6C:C9:6C:C1	ChinaNet-gsba		WPA	-92 / -92	2.417	2
C8:3A:35:2B:E4:60	wutao		WPA	-94 / -96	2.422	3
28:C6:8E:D6:4D:D8	NETGEAR03		WPA2	-81 / -92	2.432	5

图 3-21　站点侦测扫描显示

列表中显示了被扫描到的设备 MAC 地址、SSID、设备名称、加密方式、信号/噪声电平、工作频率和信道等信息。

扫描过程可能需要几十秒钟。需要重新扫描时，可以按“扫描(Scan)”键重新开始刷新。扫描后显示的列表和结果可以作为站点规划和排除频率干扰的基本依据。在使用 WDS 中继时，通过显示的信噪比来估计哪个是最佳的中继节点。

3.9.3 设备发现

设备发现(Device Discovery)工具为快速扫描内网 UBNT 设备提供了一个简单的手段。在施工时再也不用为网内有哪些 UBNT 设备，或者设备都使用了哪些 IP 地址而发愁。设备发现工具可以搜索出当前网内所有的 UBNT 设备，并以列表形式显示，如图 3-22 所示。在冗长的列表中，甚至可以通过一个很小的搜索字段窗口，迅速找到用户指定的设备名称或 IP 对应的设备信息。完整的设备信息列表包含了 MAC 地址、设备名称、模式、SSID、产品型号、固件版本和每个 UBNT 设备的 IP 地址。通过单击设备的 IP 地址超级链接，可以直接跳转到该设备的网页管理界面，并通过 airOS 来访问设备进行配置。

当不能确定网络内部的设备分布情况以及 IP 地址分配情况时，或者需要找出特定 MAC 地址设备的 IP 地址时，这个工具是一个不错的选择。

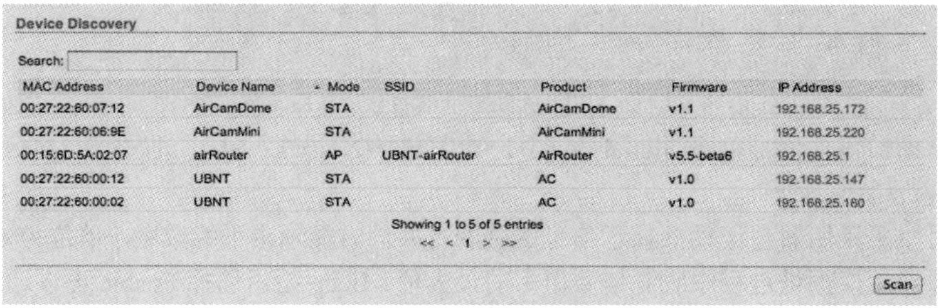

MAC Address	Device Name	Mode	SSID	Product	Firmware	IP Address
00:27:22:60:07:12	AirCamDome	STA		AirCamDome	v1.1	192.168.25.172
00:27:22:60:06:9E	AirCamMini	STA		AirCamMini	v1.1	192.168.25.220
00:15:6D:5A:02:07	airRouter	AP	UBNT-airRouter	AirRouter	v5.5-beta6	192.168.25.1
00:27:22:60:00:12	UBNT	STA		AC	v1.0	192.168.25.147
00:27:22:60:00:02	UBNT	STA		AC	v1.0	192.168.25.160

图 3-22　设备发现扫描列表

3.9.4 Ping 工具

Ping 是一个最常用的 IP 联通性测试命令。可能大多数情况下 ping 工具看似没有多大价值，但是在存在 VLAN 或者使用了 IP 别名的网络时，或者一些特殊的情况下，通过一个远程的 AP 节点去 ping 另外一些站点，可能会对故障诊断带来好处。图 3-23 所示是 ping 命令返回的测试结果。

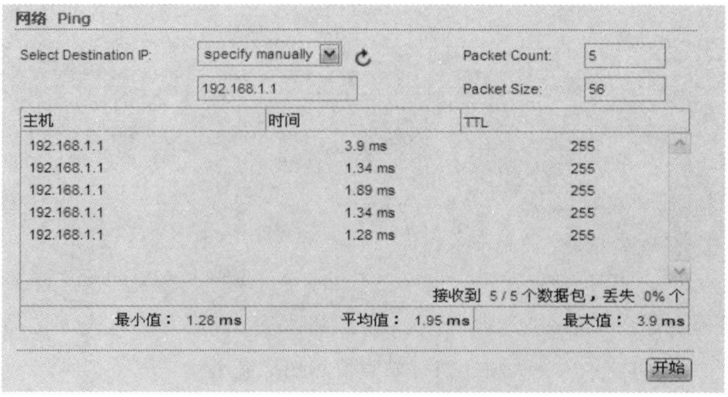

主机	时间	TTL
192.168.1.1	3.9 ms	255
192.168.1.1	1.34 ms	255
192.168.1.1	1.89 ms	255
192.168.1.1	1.34 ms	255
192.168.1.1	1.28 ms	255

图 3-23　ping 命令返回测试结果

这个工具窗口存在的意义在于，可以通过 airOS 来判断从该设备点到其他设备之间网络的联通情况和数据包的收发丢包率等参考数据。

用户可以指定目标 IP 地址、数据包大小、重试次数等内容。

3.9.5　路由跟踪

路由跟踪(Traceroute)工具用于测试和跟踪从设备到一个指定的外部 IP 地址间的跳数。用此工具来找到 ICMP 数据包通过网络到达目标主机的路由。

互联网中，信息的传送是通过网中多个网段的传输介质和设备(路由器、交换机、服务器、网关等)从一端到达另一端。每一个连接在 Internet 上的设备，如主机、路由器、接入服务器等一般情况下都会有一个独立的 IP 地址。通过路由跟踪，可以知道信息从用户的 AP 到网络另一端的主机走的什么路径。当然，每次数据包由某一同样的出发点(Source)到达某一同样的目的地(Destination)走的路径可能会不一样，但基本上来说大部分时候所走的路由是相同的。Traceroute 通过发送一段小的数据包到目的设备直到其返回，来测量其需要多长时间。一条路径上的每个设备 Traceroute 要测 3 次。输出结果中包括每次测试的响应时间(ms)和设备的名称(如有的话)及其 IP 地址。图 3-24 所示是一次路由跟踪测试的结果。

网络跟踪路由

Destination Host: 61.134.1.5　　　　　　　　　　　☑ Resolve IP Addresses

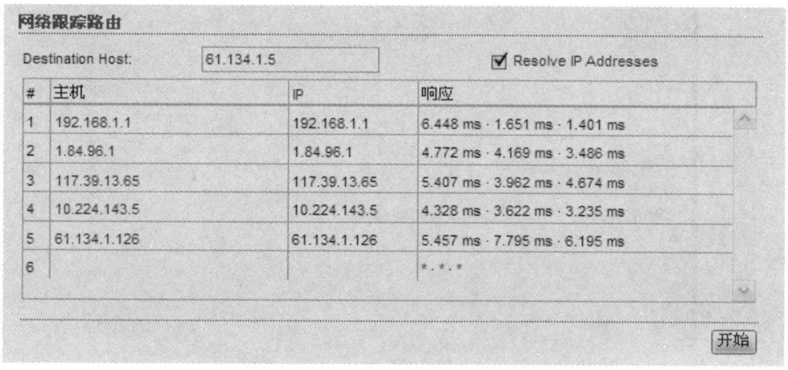

#	主机	IP	响应
1	192.168.1.1	192.168.1.1	6.448 ms · 1.651 ms · 1.401 ms
2	1.84.96.1	1.84.96.1	4.772 ms · 4.169 ms · 3.486 ms
3	117.39.13.65	117.39.13.65	5.407 ms · 3.962 ms · 4.674 ms
4	10.224.143.5	10.224.143.5	4.328 ms · 3.622 ms · 3.235 ms
5	61.134.1.126	61.134.1.126	5.457 ms · 7.795 ms · 6.195 ms
6			* . * . *

开始

图 3-24　路由跟踪测试结果

3.9.6　网速测试

网速测试(Speed Test)提供了一个简单的网络速度估计工具。这个工具允许通过两个单独的 UBNT 设备间的 airOS 进行通信来进行速度测试，并估计两个网络设备之间大概的吞吐量。要求 V5.2 以上的 airOS 版本，较低的版本 airOS 仅能使用 ping 中的 ICMP 数据包作非常粗糙的估计，而 V5.2 以上的 airOS 版本则可以专门的算法获得一个比较真实的网速估计。

如果两个 airOS 设备中的任意一方使用了网络流量整形等 QoS 限制，很可能测试得到的结果就是那个限制的数字，而不是实际可能的最大值。airOS 需要输入对方的管理员名称和密码，以便建立 TCP/IP 连接进行测试。默认的 airOS WEB 端口为 80，对方如果使用了 https，则端口号为 443。

3.9.7　airView 频谱分析仪

通过工具栏的下拉菜单可以调用 airView 频谱分析工具。具体的应用方法在 3.2.3 节中已经有详细介绍。如果想改变观察窗口的频谱范围，可以在菜单的“View”中选择“Preferences”，在弹出窗口中选择“Realtime Traces”，然后可以选择所需的频率范围，如图 3-25 所示。

使用 Alt + 1、Alt + 2、Alt + 3 快捷键可以迅速关闭或开启总功率谱密度(瀑布)、背景噪声、实时功率谱密度三个窗口。

注意，使用频谱仪工具必须使用有线连接 LAN 口。正常测试频谱时，无线网络功能会关闭。所以显示终端不能通过无线与 airMAX 设备连接，而必须使用有线连接。

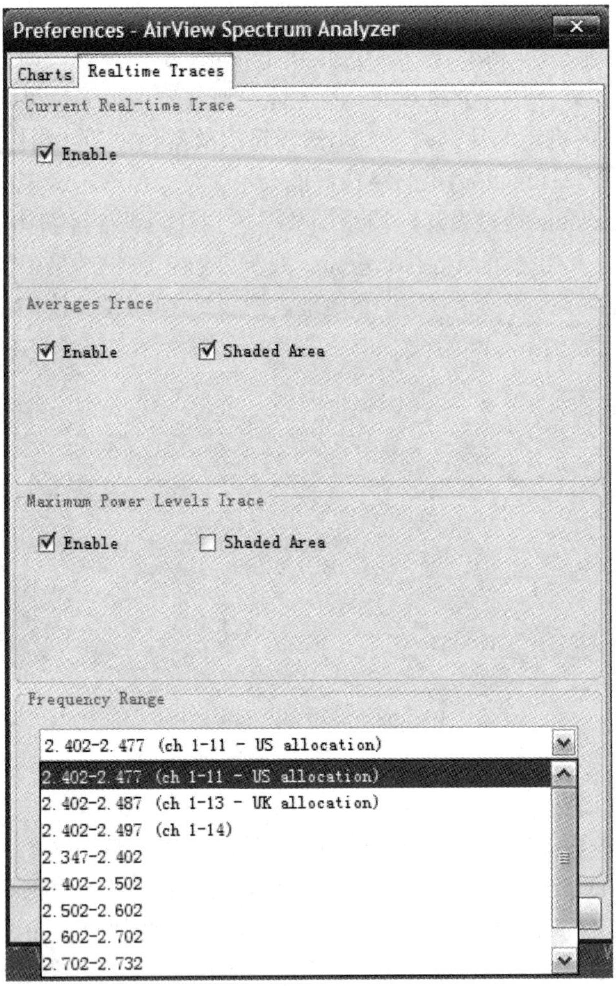

图 3-25　修改频谱仪的频率窗口范围

第 4 章　airMAX 网络规划

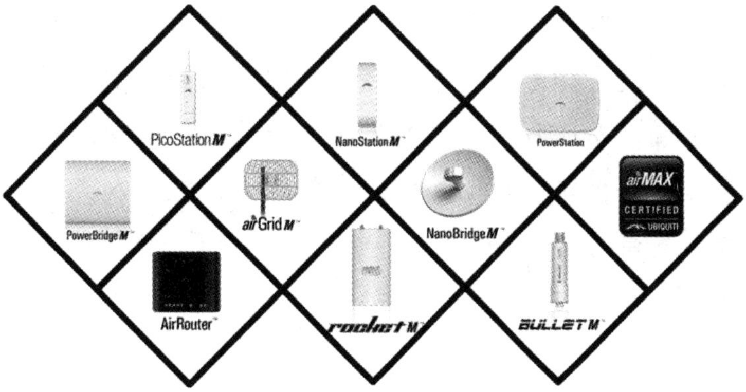

有一种运动叫“胡思乱想”，人称“脑运动”。这种运动可归为显意识和潜意识两类。前者是我们能够感知的一切，即所谓的七情六欲；后者是我们人类自身无法控制的体内运动，大部分来自于遗传，包括智力、记忆、习惯、本能等。所有感知都可以变成潜意识，只需要不断地重复和练习就变成了智力、记忆和习惯。这种运动最深远的影响是把有价值的感知变成潜意识的行为，所以人类才能在不断地思考中发展和进化。事实上，我们可以借鉴的东西很多，将前人的思考成果变成我们自己的思考内容是最直接的方法，这就是所谓的学习，它仅仅只是脑运动的一种方式。如果人类不再学习，这个世界会变得怎样?

千里之行始于足下，一个设计合理的 airMAX 网络，首先得从网络规划开始。好的网络规划可以最大限度地避免工程中遇到的意外情况。通过网络规划，可以将工程中大部分的技术细节和可能存在的问题提前进行有效的预测，为增强工程目标管理效率，降低施工的人力成本、时间成本，有效防范各种风险提供了有力的保障。网络工程施工与盖高楼大厦有相似之处，勘测选址、设计图纸、精确预算、打地基、建主体、内外装修、竣工、测试验收，一环套一环。而网络工程无外乎也是规划、预算、合同、设备选型、设备老化筛选、安装施工、竣工、测试验收。形成良好的管理机制和工作流程，将规划与实施精确地对应起来，对保障工程质量、确保工程进度、便于后期维护有着重要的意义。任何一个有经验的无线网络工程师都不会忽略网络的整体设计和规划。所谓“运筹帷幄之中，决胜千里之外。”

4.1　站点选址与设备选型

airMAX 网络的应用环境与电信的移动通信网络有所不同，绝大多数情况下，airMAX 网络是一个静态的无线网络，主要实现网桥中继或局部的无线网络覆盖，节点与节点之间的位置关系通常是相对固定的。因为考虑到设备的供电、固定和保护等问题，站址选择从大环境和整个工程覆盖面来讲，基本没有选择的余地。从局部范围来看，站址选择的余地却非常大，如天线架设的位置、高度、方向直接影响到工程的实际效果。

设备的选型与站点类型和应用要求有紧密的联系，不同的覆盖会使用不同的站点类型和天线。更远的桥接应该选择点对点(PTP)的网桥模式，并使用大功率的设备和高增益的定向天线；而采用 MESH 网络实现空中无线中继、拓展覆盖范围、减小盲区则可能需要点对多点(PTMP)的 WDS 模式，并使用高增益的全向天线；而末端仅仅只是接入几个 IP 摄像机，并不需要对其他区域进行覆盖的场合，则可以选择适当功率的 CPE 设备并工作在站模式。

4.1.1　站址勘测

站址选择的问题是整个工程的开始，实际上也是最难的问题，通常需要实地勘测来决定，也是整个工程预算的基础。通常，在整体覆盖区域和接入设备的整数确定以后，可以自行绘制一张略图，或从业主方获得更详细的分布图。利用 GPS 测绘每一个可能成为站址的地方，将测量的编号标注到图上，详细参数按编号形成一张地理信息表，包括经纬度坐标和海拔高度等。如果可能，还可以进一步将每个点周围的环境用数码照相机记录下来，为下一步分析提供基础依据。

利用这些数据可以进一步在 airControl 等管理工具中完成诸如链路估计与预算、LoS 通视测量等复杂分析，为后续的站点选型提供强有力的保障。利用 airControl 做选址估计的内容请参考第 6 章的内容。

站址选择在充分考虑避雷等因素后，应尽量选择地势较高的位置。其次是选择视线相对比较开阔的位置。如果是冬季进行勘测，还需要考虑周围植被对信号传输的影响，避免在春夏季可能因为植被生长和茂密的树叶对信号参数遮挡。对于无法回避、地势较低的位置应该给予充分的关注，将其站立点所能观察到的制高点记录下来，一般将成为一个关键的中继点。极端的情况下，可能需要人为架设一个半高或全高的通信塔。这些在选址过程中都需要提前预计。

4.1.2 站点类型

airMAX 用于位置相对固定的户外无线网络有两种主要的常规连接模式，即点对点(PTP)和点对多点(PTMP)模式。

PTP 模式通常包含两个节点，可以是一主一从，也可以是对等的两点，距离相隔数公里至数十公里不等。一般用于将两个独立的局域网互联起来。连接关系比较简单，也即通常所谓的“网桥”。当然，这不一定是专业意义上的网桥，而是一种形式上的“网桥”。

PTMP 模式相对比较复杂一些，从网络内部的节点数来看，至少是三点以上，并且其中必须至少有一个中心节点，或者称为接入点(AP)的设备，在某些专业领域也称为基站(BS)。同时包含多个客户端(CPE)，某些时候也简称为站(Stations)，在本书中，很多场合如果不作特别解释，CPE 模式通常就是指这种站(Stations)模式。站必须与接入点连接才能正常工作，即构成一种有中心的网络拓扑构架。

如图 4-1 所示，链路 A-A 就是一种典型的 PTP 模式，而 B-C 则构成了一个点对面的 PTMP 拓扑结构。

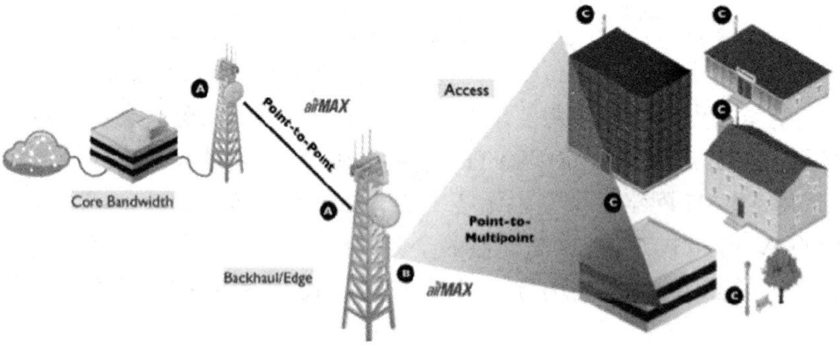

图 4-1　点对点、点对多点拓扑结构示意图

因为 airMAX 产品的灵活性，任何一种 UBNT 产品都可以设置为站、站 + WDS、接入点、接入点 + WDS 模式，以满足不同的应用需求。通过这四模式的组合应用，可以灵活构建出不同的网络拓扑结构。值得注意的是，UBNT 产品无论 AP 模式还是站模式，都提供了一种非常有用的“无线分布式系统”(Wireless Distribution System，WDS)的扩展模式，即所谓的“无线中继”，airOS 后续高级版本已经统一为 Repeater 模式。WDS 模式是一种常见的无线基站中继方式，可以用于将户外固定无线电设备组成简单的 MESH 网络，也是 MESH 网络应用中最简单的一种模式，通常用于位置相对固定的静态 MESH 网。

1. 站模式

站(Stations)模式下，设备在网络中一般扮演“从端”的角色，即大多数情况下的客户端，也即 CPE 模式。一般与上位端的 AP 或者基站连接。根据局域网网络模式不同还可以分为网桥(Bridge)、路由器(Router)和个人路由器(SOHO Router)三种形式。在网桥模式下，被连接的从端，其局域网用户被透明的接入到基站或 AP 所属的子网中，而路由器模式则将从端的局域网以另一个独立的子网接入到 AP 所属的上一层网络。通常情况下，SOHO 路由器模式因为使用了 NAT(Network Address Transfer)，往往从 AP 端不能再直接透明访问到从端所属的子网，因此很少使用。这点需要引起注意，在很多应用中必须避免这种情况发生。除非从端子网中有大量的主机或设备需要接入，而系统提供的 IP 地址明显不足，否则最好不要使用 SOHO 路由器模式，至少你不能开启 NAT 功能，而是要详细制定好一个完全无误的路由规则。SOHO 类型的路由器模式可能允许你运行类似 PPoE 的拨号程序从服务端获得一个动态的 IP 地址。

2. 接入点模式

接入点(Access Point，AP)模式下，设备一般承担基站或者中心节点的角色。整个网络中至少应该有一个 AP 与上位服务器、路由器或者其他 AP 互联，确保本站点有一个通往外部网络(WAN)的出口。除非你建立的这个网络只是当作一个局域网(LAN)，或者纯粹作为一个独立的信息孤岛使用。

airMAX 功能的开启与否，必须在 AP 端进行设置。否则 airMAX 设备只能充当一个普通的 WiFi AP 使用。

3. WDS 模式

WDS 是 UBNT 产品内置的一项非常强大的功能，常常用于空中无线中继，以避免基站使用大量的有线电缆，进一步拓展基站的应用范围。如图 4-2 所示的应用中，有两个独立覆盖的社区使用了 PTMP 网络 A 和 C，现在需要将 A 和 C 网互联，是不是需要在 A 和 C 之间再添加一对“桥接”设备将二者连接起来呢？显然，这样做成本将急剧上升。幸运的是，UBNT 早就考虑到了这点，你只需要将两边设备的 WDS 功能打开，将 A 与 C 相互设置为友好中继站点即可。当然，前提是确保 A 与 C 点间的天线和功率能有效地保持两点间的正常通信。

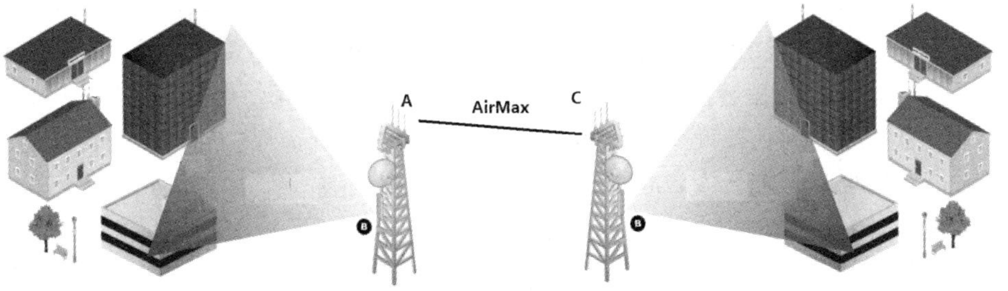

图 4-2　用 WDS 作无线中继

一个更复杂的 WDS 拓扑如图 4-3 所示。这是一个典型的利用 WDS 实现的自由分布式 MESH 网，虽然这个 MESH 网拥有过多的分支(或称为簇)，使得每个节点的速率或者带宽无法做到最佳，但是至少从联通性上没有任何问题。这里仅仅作为一个实例来说明 WDS 的用处。如果不考虑带宽和 QoS，这个网是可以实际运用的。事实上，在这个网络拓扑中，每个 AP 都承担了无线中继的角色，将相邻的 AP 的信号转发到其他 AP 去。考虑 AP 的处理能力和实际的带宽，UBNT 设备允许每个设备拥有 6 个以内的 WDS 中继点，也即每个站点可以和其他 6 个相邻站点建立 WDS 中继的信任关系。

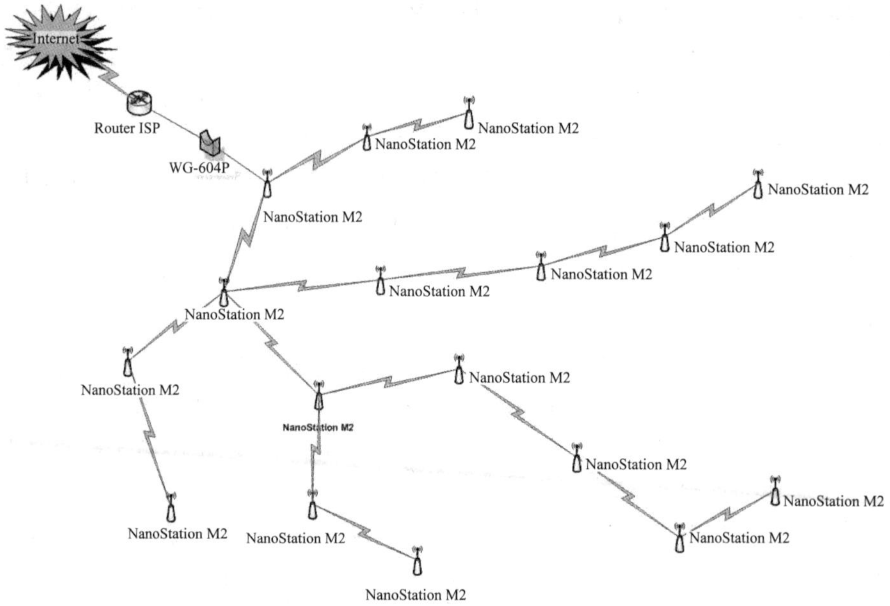

图 4-3　用 WDS 构造简易的 MESH 网络

为了便于测试，UBNT 对于 WDS 有一个自动选项(Auto)，只要将此选择√上，则频率和 SSID 相同的 AP 会自主建立 WDS 关系。这样的应用虽然十分方便，但是也隐藏着巨大的危险。如果网络不支持生成树协议(802.1d)，请小心避免在 AP 之间形成“网络环路”。因为这种自由建立的 WDS 关系，很可能造成网内的“IP 风暴”，在几个 AP 之间发生重复的包转发中继。具体原因在此就不作深入的分析和讨论，解决这一问题的关键，需要开启并设置有效的生成树协议(STP)。因此，在超过 2 点以上的 WDS 最好不要使用这个自动 WDS 功能，以免意外造成网络的阻塞。

最后，使用 WDS 功能需要引起注意的另一个问题是系统损耗问题，既然是一种中继模式，顾名思义，中继过程应该是一个转发过程，对于 1 kb/s 的系统负载，在中继转发过程中，经过一收一发，必然使系统负载变成了 2 kb/s。相对于系统承载能力，其等效带宽会相应地降低一半。这还没有考虑因为转发本身带来的系统损耗。同理，在传输延时上，因为转发队列需要做存储转发，自然延时会增加到正常传输的一倍以上。因此，为保障系统的有效性能，转发次数不能超过 6 次。6 次以上的转发在效率上会降低到原始速率的 1/64，不到系统满载的 2% 效率，这是非常低效和得不偿失的。而且，系统无法保障在这 6 次转发过程中信道连接的质量(CCQ)都是完好的。正确的方法是尽可能利用天线或增加发射功率等手段将中继距离加大，从而减少 WDS 中继的跳数。将短距离的多跳尽可能变成长距离的单跳，然后形成以某个 AP 为主的“簇”。通常在户外选择制高点处的 AP 作为主要的 WDS 节点，而不承担中继任务的节点尽可能采用 CPE 方式接入。

WDS 实际上是一种典型的混合模式无线网络，可以同时支持点对点、点对多点工作模式，支持在中继应用模式下的 AP。形象一点来描述，就是系统设备同时工作在两种状态，即桥接模式 + AP 模式。WDS 系统这种网络创新应用，改变了原有单一、简单的无线应用模式。在大型热点区域和企业用户选用无线 WDS 技术解决方案时，可以通过多种方式组合来连接各个 AP，极大地提高了整个网络结构的灵活型和便捷性。特别值得一提的是，用户可以购买最少的无线设备来实现更多用途的功能。

4.1.3　设备选型

设备选型考虑的因素很多，从工程角度看，包括功率、成本、施工难度等综合因素。

表 4-1 列出了 UBNT 的 airMAX 系列产品不同的特点和用途。根据 airMAX 产品的特点和定位不同，在设备选择时可以根据距离、成本、性能等要求作出合理的选择。作为通信中继和覆盖，首先考虑的可能是距离。成本和性能则更多地取决于商业合同和应用类型。详细的技术性能及参数请参阅附录中的 airMAX 产品型录。

因此，本节主要从通信距离和网络拓扑结构两个方面对设备选型做简单的介绍。

表 4-1　airMAX 系列产品的特点及用途

产品型号/系列	特　　点	常 见 用 途
Rocket M	最高性能，2 × 2 MIMO	airMAX 基站
NanoStation M	灵活、功能强大、低成本 2 × 2 MIMO	CPE、桥接
NanoStation Loco M	低成本、高性能，2 × 2 MIMO	本地接入 CPE
Bullet M	灵活的单天线 airMAX 解决方案	多用途
PowerBridge M	远距离 MIMO	远距离桥接
NanoBridge M	低成本、高性能 MIMO 网桥	低成本桥接
airGrid M	下一代宽带 CPE 技术	CPE、多用途

下面给出基于“距离”参考的设备选型，并不一定完全满足或符合实际工程应用的需求。实际工程还应该考虑其他更多的因素，如环境影响、LoS、EIRP 等效辐射值等因素，而且这些因素往往会交织在一起，对系统共同产生影响。比如，EIRP 值不但与传播距离和工作频率有关，而且与当地的地理环境也有关系。同样的距离，在沙漠和湖区可能得到的 EIRP 也许相差甚远；LoS 与当地的地形和天线的高度也有紧密的联系。因此，设备选型推荐仅仅只是技术和理论层面的一些估计。读者需要在实践过程中不断总结，找到具体的、适合自己应用的产品。

1. PTP 设备选型

1) 短距离设备(0 ~ 5 km)

Nano Station Local M：适于距离非常短的链接，是成本最低的点对点解决方案之一。经常作为 CPE 使用，在 5 GHz 频段有较宽泛的频率资源，可以作为高密度的接入或者短距离覆盖用。

Nano Station M：十分常用的短距离链接设备，经常用于视频监控，由于其具备两个以太网端口，因此在连接多个外部设备时非常受欢迎，大多数端口具备 PoE 供电功能。

2) 中等距离设备(5 ~ 15 km)

airGrid M：非常适于低吞吐量连接，适用于对距离、抗风性能比传输带宽等性能要求高，或价格十分敏感的应用。属于单天线的，非 MIMO 无线站点设备。经常用于远距离 CPE 设备。

NanoBridge M：适合中等距离的链接，具有令人难以置信的性价比，是中距离连接成本最低的设备。

PowerBridge M：属于中长距离中较先进的设备，具有比 UBNT 其他产品大两倍的 RAM 内存和其他额外的性能。主要用于桥接。

3) 长距离设备(15 km)

Rocket M w/Dish：是 UBNT 公司推出的长距离、高性能桥接行业标准。高达 150 Mb/s 的 TCP/IP 吞吐量。依托其碟形抛物面天线可以实现超过 100 km 的距离。一般用于高山/高塔中继接力，替代需要光纤应用的场合。

4) 高性能双工回程设备

airFiber 24：凭借超级的性能和极端的表现，airFiber 24 系列产品采用收发分置，通过两组碟形天线，实现全双工通信。利用 24 GHz 频段，在距离 5 km 时依然可以提供高达 1.4 Gb/s 的实际吞吐量。而且，在某些极端情况下，还可以将通信距离延伸到 13 km。正如其设计初衷，希望把无线设备当光纤一样使用。一般用于高山/高塔中继接力，替代需要光纤应用的场合。

2. PTMP 设备选型

点对多点的性能依赖于收发双方两侧设备的性能。如果想要达到更长的距离，必须为具体应用选择合适的基站 AP 和客户端 CPE 设备。CPE 设备的选择请参照 PTP 类型。本节重点介绍基站设备的选型。

通常基站设备架设于通信塔、建筑物或桅杆的顶部。为了减少不必要的传输损耗，UBNT 设备一般不采用传统基站的分置方式，而是采用高集成度的户外一体化防水设备方式进行安装，这样可以大大减少传输电缆带来的信号损耗。基站架设的高度将决定其最大的覆盖范围。在基站规划时，我们通常会选用满足覆盖区域所需的最小天线。天线尺寸一般与增益有关，增益的大小又与覆盖的波束形状有关(通常称为方向图)。增益低的天线通常波束宽度更宽一些，尺寸大的天线通常增益也高一些。具有方向性的天线在安装时还与安装位置与角度有十分密切的关系。通常覆盖范围大的天线在满足更广泛的区域覆盖时，能接收到更多的站点，但同时也可能会更容易受到干扰，导致性能下降。因此，在基站天线覆盖和功率方面只有合适的选择才是最正确的选择，并不是越大越好。

1) 低容量和短距离基站

PicoStation M2-HP、Nano Station M2 系列，这类基站适合低干扰地区，对于成本敏感且要求性能较高的应用是理想选择；作为学习和体验 airMAX 功能也是不错的选择。

2) 中密度远程覆盖基站

可以使用带全向(OMNI)天线的 Rocket M 系列。当开启 airMAX 时，如果所有 CPE 设备都具备 airMAX 功能，则可以实现高达 60 个以上并发站点的能力。因为使用全向天线，很容易受到干扰，适合大区制类型(中远距离)的中密度或高密度等农村远程覆盖。性能远远优于正常 WiFi 的 10 多个用户能力。

3) 高容量和高性能基站

可以采用带标准扇区天线 Rocket M 系列。该站型是 UBNT 推荐的基站行业标准。采用四个 90° 或三个 120° 的天线进行 360° 的覆盖范围。单站(塔)可以实现超 300 以上并发站点接入。

需要更强能力的覆盖和更高的性能，可以采用钛合金扇区天线 Rocket M 系列。相对于传统基站方案，这是一类全新的产品，采用全新的钛合金扇区天线设计，是高性能的解决方案，适合高密度区域覆盖。天线具备可变波束宽度(60° ～120°)和可变增益，单站(塔)可以实现超过 500 个以上并发站点的接入。采用高级的 airSync 隔离技术，只需要一个频率就能实现 4 个同频并发的基站同时发射，且能有效避免同址干扰。

4.2　链路估计

施工前对每个站点之间的路径做一个概略的链路估计是非常有必要的。因为通过链路估计可以预知传输信道留有多少功率裕度，从而估计接收信号的电平值对应的 MCS 级别，以及可能的最大传输速率。同时还可以进一步判断是否需要更换增益更高的天线。链路预算可以采用多种微波传输模型。

简单地说，链路预算是对一条通信链路中的各种损耗和增益的核算。一般根据无线电传播模型，为满足解调要求所需的接收功率，计算从发射端到接收端之间允许的最大路径损耗，以确定通信的覆盖半径。因此，网络规划和设计都需要进行链路预算。但需要说明的是，链路预算是大量的经验数据，对不同的地区而言，每个地区的无线环境情况都会存在差别，包括建筑物的密集程度、建筑物的材质、甚至是环境的背景噪声等都不相同，所以链路预算的结果只能提供粗略的路径损耗值，在实际的工程设计中，仅能作为参考值，而不能用来指导工程建设。要得到比较准确的反映无线环境对电信号的影响结果，必须在本地进行模型修正。但是，有一点可以肯定，如果需要的通信距离在链路预算时都不够，那么在实际工程中也一定不够。

airMAX 的链路与通常移动通信中“基站-移动用户”的非对称模式不同，其上行下行的链路几乎是对称的，不需要对上下行链路分别进行预算。这使得链路预算变得相对简单。通常可以采用的链路预算模型可以是理想模型、视距模型和非视距模型几种。

4.2.1　理想预算模型

通常，在 airMAX 设备选定后，其最大发射功率就确定了，功率计算单位可以用 dB、dBm、dBW 等表示。dB 是用来表示被测量功率与某一基准功率的比值，如式(4-1)。注意，这个数字仅仅表示的是一个相对的倍数，没有具体计量单位。它的数值等于被测量功率 P_s 与基准功率 P 的比值取以 10 为底的对数，再乘以 10。当基准功率取为 1 mW 时，此 dB 值以 dBm 表示。当基准功率取为 1 W 时，此 dB 值以 dBW 表示。

$$P_s(\mathrm{dB}) = 10\lg\left(\frac{P_s}{P}\right) \tag{4-1}$$

作为最基本的估计是一个微波信号的自由空间传播衰落模型。可以求得已知通信频率、收发天线增益、发射机功率、接收机灵敏度四个固定参数时，信号理论上的最大传输距离。

也可以称为基本门限预算，如果计算出的最大传输距离小于工程期望的距离，则必须加大功率或提高发射、接收机的天线增益。

通常接收机收到的功率电平可以用式(4-2)表示：

$$P_r = P_t + G_t + G_r - L_t - L_r - L_f \tag{4-2}$$

其中，P_r为接收天线电平，P_t为发射功率，G_t为发射天线增益，G_r为接收天线增益，L_t为发射天线线损，L_r为接收天线线损，L_f为自由空间损耗。如果采用一体化天线的 airMAX 设备，发射和接收天线线损可以忽略不计，则式(4-2)可以化简为

$$P_r = P_t + G_t + G_r - L_f \tag{4-3}$$

已知自由空间损耗L_f满足以下公式：

$$L_f = 32.44 + 20\lg d + 20\lg f \tag{4-4}$$

其中，d为传播距离，单位为 km；f为微波频率，单位为 MHz

当频率为 2.4 GHz 时，式(4-4)可进一步化简为

$$L_f = 100 + 20\lg d \tag{4-5}$$

式(4-3)中的主要参数，除路径损耗L_f外，其他四项为发射机最大功率、接收机最低灵敏度和收发端天线增益。将 2.4 GHz 频段下不同 MCS 级别和不同带宽下的发射机最大功率和接收机的最低电平值(灵敏度)代入到式(4-3)中，可以估计L_f的值。再将L_f值代入式(4-4)中，当f取 2400 MHz 时，可以求得d的最大值。

例如，要求采用 802.11b/g 的设备满足最小 24 Mb/s 的理论速率，根据对 MCS5 的数据要求，则接收电平最小为 −83 dBm，设$f = 2.4$ GHz，假设发射功率$P_t = 100$ mW = 20 dBm，发射机天线增益$G_t = 10$ dB，接收机天线增益$G_r = 15$ dB，计算此时的传输距离。计算过程如下：

由式(4-3)，接收机的最小电平值：

$$-83 = 20 + 10 + 15 - L_f$$

则自由空间传输损耗：

$$L_f = 128\ \text{dB}$$

将L_f代入式(4-4)得：

$$128 = 32.44 + 20\lg d + 20\lg 2400$$

经过求解，则$d = 23$ km。如果想进一步增加距离，或者提高网络容量，则必须加大发射功率或者提高天线增益。

4.2.2 利用 airControl 自动估计链路预算

按照上一小节的理想预算模型得到的最大传输距离，在实际工程中意义并不是很大。更多时候，我们关心的是在已知两点间的位置(距离)，如何迅速地了解采用不同的天线覆盖时，接收机能获得的最大电平值，从而估计网络容量或网络速度的理论上限。

为了快速估计链路裕度，并迅速选择满足要求的设备和天线，UBNT 为用户开发了强有力的网络管理工具软件 airControl。

如图 4-4 所示。用户只需要在 airControl 地图视窗中，将收发两端的设备放置到指定的坐标位置，软件会立即估算出两点间的 LoS 距离、接收端信号强度、AMQ、AMC 等多个参数，并用不同的颜色来表示路径损耗。

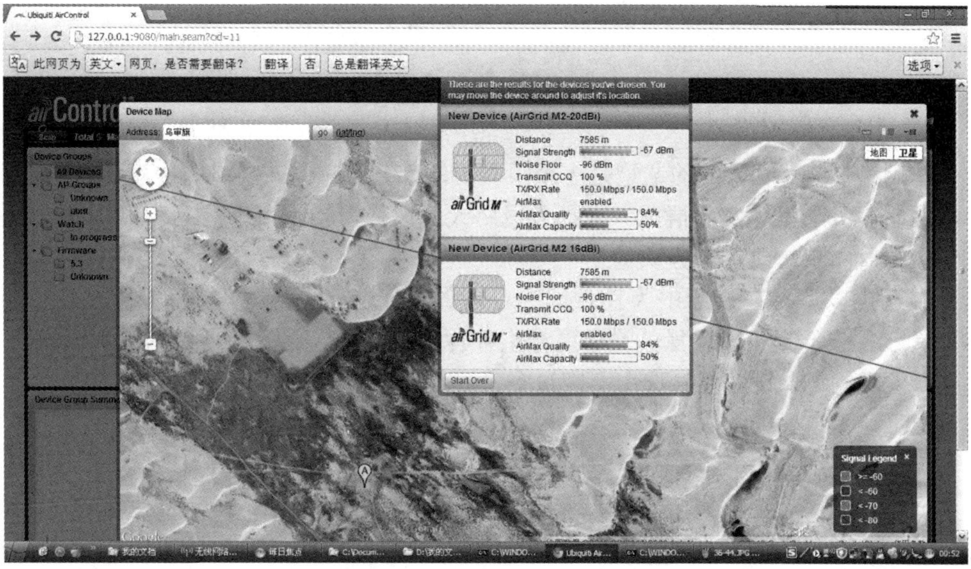

图 4-4　利用 airControl 管理软件自动估计链路裕度和信号强度

有关 airControl 的详细介绍，请参阅第 6 章相关内容。

4.2.3 各种障碍物对无线信号的衰减估计

不同材质的障碍物对无线电波的衰减完全不同，见表 4-2。

表 4-2　不同障碍物对信号的衰减对照表

障碍物材质	应用场景	对信号的衰减程度	衰落估计/dB
木头	门、隔间	弱	6～8
塑料	隔层	弱	2～15
玻璃	窗户	弱	10～15
砖	建筑墙	一般	20～40
陶瓷	天花板、墙面装修	强	30～40
钢筋混凝土	支撑墙、地板	强	30～60
金属	天花板、墙面装修、电梯	很强	40～100

根据经验，目前已知 2.4 GHz 电磁波对于各种建筑材质的穿透损耗经验值如下：

(1) 一般隔墙的阻挡(砖墙厚度 100～300 mm)20～40 dB；

(2) 楼层的阻挡 30 dB 以上；

(3) 标准房门阻挡 6～8 dB；

(4) 木制家具、门和其他木板隔墙阻挡 2～15 dB；

(5) 厚玻璃(12 mm)阻挡 10 dB 以上；

(6) 树木阻挡 20～60 dB(夏季)，10～30 dB(冬季)。

另外，在衡量墙壁等对于 AP 信号的穿透损耗时，需考虑 AP 信号入射角度，尽量使 AP 信号能够垂直地穿过墙壁或天花板。在穿越树林等高衰落障碍物时，尽可能从其缝隙中透过。

4.3 天线选型

无线网络规划中，天线的选型是一个很重要的部分，应根据网络的覆盖要求、业务量、干扰和网络服务质量等实际情况来选择天线。天线选择得当，可以提高功率裕度，减少干扰，增大覆盖面积，改善服务质量。

站址选定以后，在规划中为设备选择合理的天线类型是至关重要的环节之一。虽然 UBNT 为工程设计提供了大量的设备型号供各种应用场合选用，但考虑到工程成本、库存和后期的管理问题，设备型号选用不应过多，一般 2～3 种为宜。这样，设备在选择余地不大的情况下，设备间的最大功率差异可能在 3～6 dB 之间。调整链路功率裕度的任务自然就落到天线选型上了。

不同的天线类型增益完全不同，天线覆盖的方向图也完全不同。天线增益的差异可能在 10～20 dB 之间，具有较大的选择空间。另外，全向天线和定向天线因为覆盖的方向图不同，可能适合不同的场合要求。按照应用场合不同，可将天线选择分为中心基站、高密度覆盖、远程桥接、中继站等几种模式。

4.3.1 中心基站的天线选型

中心基站通常要求水平 360° 连续覆盖，天线既可以采用全向天线，也可以采用多个扇区天线进行分集覆盖。

1. 全向天线

普通高增益全向天线的最大增益在 10～12 dB 之间，如健博通公司的 TQJ-2400AT 系列天线。由于其垂直面的波束宽度较小，约 7° 左右。这类天线的安装位置不是越高越好，除非所有客户端全部都是远距离，在平原地区，一般天线架高不超过 50 m，以免出现严重的“塔下黑”现象。这种天线用于沙漠、山区、丘陵覆盖比较理想，在客户端数量不多的情况下，配合客户端的定向天线可以有效地解决远距离覆盖和传播损耗之间的矛盾。

普通中等增益的赋形天线和全向天线，如健博通公司的 TQJ-2400T8 系列天线。一般增益为 7～8 dB 之间，更适合用于周边环山(山比基站天线高出较多，天线对山梁的仰角大于 4°)的不太发达的乡镇，由于其垂直面的波束较宽，因此指向山上和山下的信号均较强，而且对近距离目标不会出现“塔下黑”现象。

2. 分集覆盖

在基站接入密度较高且要求用较高的增益获得更大的覆盖范围时，可以利用多个扇区天线分集覆盖。如第 2 章中 2.6 节采用同址多站形式，每个基站覆盖一个区域，实现水平 360° 的连续覆盖。这种分集覆盖模式适合城市小区、建筑工地、人口密集的乡村、公园等场合应用。

采用 2 扇区、3 扇区、4 扇区模式时，每个扇形定向天线的增益和水平方向角可根据情况选择中、高增益的定向天线。根据覆盖区域的远近，还可在安装时设置一定的下倾角。常见的中、高增益定向天线以面天线为主，增益一般在 10～18 dB 之间。

在城区更适合使用中等增益(15～16 dB)、水平面半功率波束宽度 65° 、具有 6° ～9°

固定电下倾角的定向天线，安装时可适当增加 12°～15° 机械下倾角。如健博通公司的 TDJ-2400G 系列天线。一方面，这种增益天线的体积和尺寸适中，比较适合城区使用；另一方面，在较短的覆盖半径内由于垂直面波束宽度较大，使信号更加均匀。中等增益天线在相邻扇区方向比高增益天线覆盖的信号强度更加合理。在建设初期，覆盖半径较大时，可以采用高增益(17～18 dB)定向天线，如健博通公司的 TDJ-2400J 系列天线。

在郊区，业务量较大、覆盖半径在 3～5 km 时，应采用 3 扇区或 4 扇区高增益(16～17 dB)、水平半功率波束宽度 90° 的定向天线，如健博通公司的 TDJ-2400JHW 系列天线。由于基站天线高度通常不高于 50 m，因此可采用全机械下倾方式安装天线，比使用电下倾的天线更经济。

天线的选用具有一定技术性，不能完全一概而论，是否需要固定电下倾角、增益选择多大，取决于基站高度和覆盖半径，规划时应仔细考虑，并注意查看不同型号天线的方向图数据。因为很多高增益天线的第一副瓣有可能造成对相邻天线的越区干扰。在优化时，方向图数据对优化工作有着重要意义。

4.3.2 高密度覆盖的天线选型

1. 楼宇覆盖

在城区，楼宇覆盖是一种典型的高密度覆盖类型，通常采用中等增益 10～12 dB、水平半功率波束宽度 90° 的定向天线，安装于 10 m 以下的电线杆或桅杆上，面对楼宇的窗户面，稍带向上 3°～4° 的机械上倾角。如健博通的 TDJ-2400BKC-Y 型平板天线，这种天线的水平方向角为 110°，垂直方向角为 30°。从低处向高处覆盖是楼宇覆盖的一种非常有效的方法。

2. 道路覆盖

对于狭长的通道，如街道、隧道、井口、河道等特殊的区域，可以采用高增益的平板天线或八木天线。这种类型的天线具有较高的增益，适中的水平方向角，有利于穿透，信号在较长的通道内在水平方向分布均匀，如健博通公司的 TDJ-2400ACY 系列八木天线和 TDJ-2400BKR/BKT 系列平板天线。

3. 广场覆盖

在公园、广场、工地、库房等需要一个较低角度的面覆盖时，中等增益(10～15 dB)水平半功率波束宽度 90°～120° 的定向天线是较好的选择，如健博通的 TDJ-2400G 系列和 TDJ-2400J 系列平板天线。这类天线具有较宽的水平面波瓣宽度和较低的垂直面波瓣高度。对局部的非金属物体遮挡有一定的穿透能力，可提供较好的功率裕度余量，即使客户端在该区域内移动，也能够稳定地接入基站。

4.3.3 远程桥接的天线选型

对于远程桥接这种点对点应用类型，通信具有距离远、信号弱、易受干扰等特点，天线选型可以适当弥补上述不足。一般采用超高增益抛物面天线或极窄波瓣的背射天线。

1. 抛物面天线

抛物面天线的特殊构造使得其具有超高的增益，通常增益超过 20 dB 以上。抛物面天线有一个像“锅”一样的栅格反射面和一个焦点振子，具有增益高、风阻小等特点，一般体积和质量都很大，不便于安装，只在远距离点对点桥接时使用，是点对点应用的首选天线类型。如健博通的 TDJ-2400A 系列栅格抛物面天线，具有 24 dB 增益，水平 10°、垂直 14° 的波瓣。这类天线的方向图中，一般包含有一个次高增益的副瓣。这些副瓣也可以实现特定方向的中远距离覆盖。当然，在这个方向如果存在干扰源的话，也会很容易引入干扰。

2. 背射天线

某些场合受安装位置和体积限制，既需要实现点对点桥接，又不希望混入太多的干扰时，可选择背射天线。背射天线可以是水平或垂直极化的，特殊场合还可以采用螺旋极化的。背射天线也具有一个反射面。与抛物面不同，它采用的反射面通常是一个平面，四周带有圆筒状的围边。围边的高度越高，方向角就越小，指向性越强，混入干扰的可能性越小，如健博通的 TDJ-2400B 系列背射天线。这类天线的体积和质量整体都较小，方便安装。

4.3.4 中继站的天线选型

在使用 airMAX 的 WDS 无线中继模式时，因为中继站既要充当 AP 接入一定数量的客户端设备，又要充当网桥实现远距离的中继。因此使用的天线的选型不能像前面小节介绍的几种方式一样对号入座，而应该根据实际的场地和接入要求，区分情况，合理选择不同类型的天线。

1. 伞状中继时的天线选择

中继站位于一个制高点时，可以采取伞状中继，天线可以使用中、高增益全向天线，选用类型与中心基站的类似。实现方法是：中继站利用制高点优势实现中短距离的区域覆盖，同时连接下一中继点。这种情况只能在当前中继点与下一中继点间能良好通视并有足够的功率裕度才能使用。如图 4-5 所示。

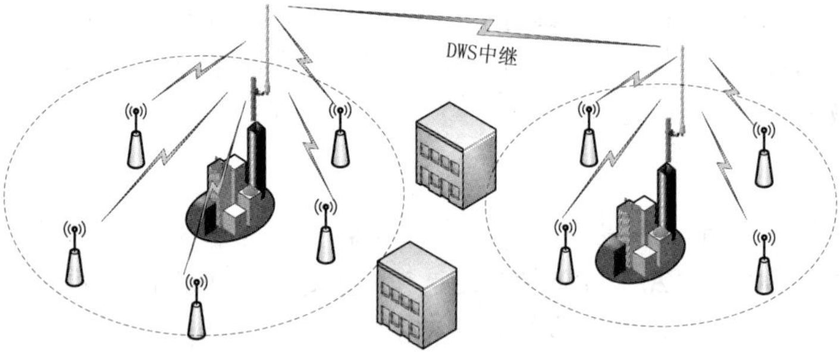

图 4-5 伞状中继

这种中继方式采用了中、高增益全向天线，不适合特别高的位置向近距离的 CPE 覆盖，因为天线在垂直面的波瓣方向角十分有限，“塔下黑”现象可能会很严重。简单一点理解，“伞”形必须是一个“撑开的伞”才有较好的覆盖，而一个“收起来的伞”效果会很差。被中继的两把“伞”之间，“伞尖”必须能良好连接。特殊情况下，如果覆盖面不要求是全向时，局部也可以用水平方向角较宽的平板天线替代。

2. 空中走廊式中继时的天线选择

存在可以利用的连续制高点时，如丘陵地带、沙丘高地、乡村较高的楼顶，也可以人为架设通信铁塔来实现连续的中继，形成一个类似“空中走廊”形式的链式中继。在这个链式中继通道上，AP 采用中等增益或高增益全向天线，CPE 采用定向天线，通过这种互补方式完成通信中继。空中走廊式中继如图 4-6 所示。

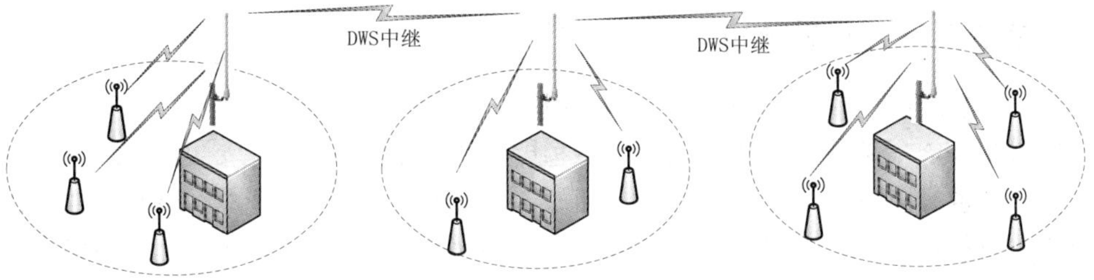

图 4-6　空中走廊式中继

空中走廊式中继只适用于吞吐量不是太大的网络应用，当链条上的 AP 节点超过一定数量时，其网络吞吐量会明显下降，对于无线网络视频监控等应用，连续的中继节点一般不要超过 3 个点。如果用于简单的数据传输、测控信息采集等应用，连续中继点的数量应控制在 6 个点以内。

3. 反射式中继时的天线选择

反射式中继是一种利用天线方向图特性，实现远距离连续中继的方式，适合于每个中继节点利用有线接入网络设备，或者短距离无线接入网络设备的应用。如图 4-7 所示。

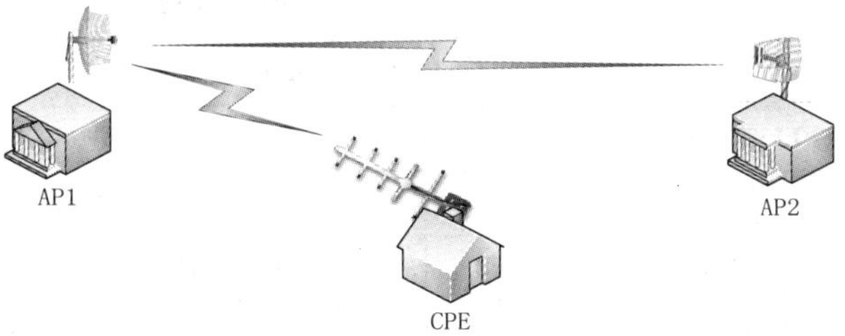

图 4-7　利用定向高增益天线实现远程反射式中继

虽然图 4-7 中 AP1 抛物面天线的水平波瓣方向角只有 10°、垂直波瓣方向角只有 15°左右，但是在发射方向前方依然可以形成一个较大的三角形覆盖区域，如果距离较远时，落在这个三角形范围内的节点(如图中的 CPE)都可以通过高增益天线接入中继 AP，通过 AP1“反射”后与 AP2 通信。其次，抛物面天线的方向图并不是一个规则的线型波瓣，通常存在多个副瓣，在这些副瓣方向上利用高增益天线进行功率补偿，依然可以实现稳定的接入。不要误以为抛物面天线是一个绝对的定向天线。实际测试表明，即便是利用副瓣进行通信，可能某些时候的性能也优于使用普通的中增益全向天线。有时副瓣与主瓣的夹角甚至超过 50°，即使是在 AP1 比较侧面的位置，2～3 km 范围内都能获得非常稳定的中继通信。而此时 AP1 与 AP2 之间的距离可能超过 10 km。

4.4　节点带宽与用户容量估计

无论是 AP 还是 CPE，在安装之前都应该对网络理论上能够承载的最大容量作一个简单的预测，对实际业务需求的带宽作一次估算，使这二者达到一个供求双方的平衡。如果供大于求，则在未来还可以进一步扩展其他业务和功能；如果供小于求，则网络设计还需要优化或改进。

4.4.1 节点理论吞吐量预测

网络理论上能够承载的最大容量并不能简单地认为就是 IEEE 802.11b/g/n 标称的 22M/54M/150Mb/s 等数值，这些理想的标称数值即使在信噪比最好时也不可能达到。在 airMAX 模式下，设备也只能最大可能接近这一理论值。同时信号还要受传输链路的影响，在存在干扰时，还要大打折扣。airMAX 有 AMC、AMQ 两个重要的技术参数与此有关。节点的最大理论带宽为峰值带宽与 AMC 和 AMQ 的乘积，实际的网络带宽为在此基础上再乘以 CCQ。

为了扩展带宽，在设置 airMAX 时，需要尽可能将信道的调制带宽设置为最大值，最大调制带宽一般为 20 MHz，工作在 IEEE 802.11n 的 HT40 模式时是 40 MHz。信号质量达到 MCS15 时，单通道可能的最大速率为 130 Mb/s，而 MCS 12 时，只有 78 Mb/s。为了尽可能地提高 AMC，提高发射功率和接收信号强度是必要的手段，远距离传输可以通过天线增益来弥补。

表 4-3 至 4-6 列出了 airMAX“火箭”(Rocket)系列不同频率产品 MCS0～MCS15 对照表，在最大发射功率时，不同 MCS 值下对应的发射电平和接收电平值。

表 4-3 airMAX Rocket M900 MCS 对照表

Rocket M900 - Operating Frequency 902～928 MHz							
OUTPUT POWER：28 dBm							
900 MHz TX POWER SPECIFICATIONS				2.4 GHz RX POWER SPECIFICATIONS			
	MCS0	28 dBm	+/−2 dB		MCS0	−96 dBm	+/−2 dB
	MCS1	28 dBm	+/−2 dB		MCS1	−95 dBm	+/−2 dB
	MCS2	28 dBm	+/−2 dB		MCS2	−92 dBm	+/−2 dB
	MCS3	28 dBm	+/−2 dB		MCS3	−90 dBm	+/−2 dB
	MCS4	28 dBm	+/−2 dB		MCS4	−86 dBm	+/−2 dB
	MCS5	24 dBm	+/−2 dB		MCS5	−83 dBm	+/−2 dB
	MCS6	22 dBm	+/−2 dB		MCS6	−77 dBm	+/−2 dB
AirMax	MCS7	21 dBm	+/−2 dB	AirMax	MCS7	−74 dBm	+/−2 dB
	MCS8	28 dBm	+/−2 dB		MCS8	−95 dBm	+/−2 dB
	MCS9	28 dBm	+/−2 dB		MCS9	−93 dBm	+/−2 dB
	MCS10	28 dBm	+/−2 dB		MCS10	−90 dBm	+/−2 dB
	MCS11	28 dBm	+/−2 dB		MCS11	−87 dBm	+/−2 dB
	MCS12	28 dBm	+/−2 dB		MCS12	−84 dBm	+/−2 dB
	MCS13	24 dBm	+/−2 dB		MCS13	−79 dBm	+/−2 dB
	MCS14	22 dBm	+/−2 dB		MCS14	−78 dBm	+/−2 dB
	MCS15	21 dBm	+/−2 dB		MCS15	−75 dBm	+/−2 dB

表 4-4　airMAX Rocket M2 MCS 对照表

Rocket M2 / M2 GPS Operating Frequency 2412～2462 MHz							
OUTPUT POWER：28 dBm							
2.4 GHz TX POWER SPECIFICATIONS				2.4 GHz RX POWER SPECIFICATIONS			
11g	DataRate	Avg. TX	Tolerance	11g	DataRate	Sensitivity	Tolerance
	1～24 Mb/s	28 dBm	+/-2 dB		1～24 Mb/s	-97 dBm	+/-2 dB
	36 Mb/s	26 dBm	+/-2 dB		36 Mb/s	-80 dBm	+/-2 dB
	48 Mb/s	25 dBm	+/-2 dB		48 Mb/s	-77 dBm	+/-2 dB
	54 Mb/s	24 dBm	+/-2 dB		54 Mb/s	-75 dBm	+/-2 dB
11n/AirMax	MCS0	28 dBm	+/-2 dB	11n/AirMax	MCS0	-96 dBm	+/-2 dB
	MCS1	28 dBm	+/-2 dB		MCS1	-95 dBm	+/-2 dB
	MCS2	28 dBm	+/-2 dB		MCS2	-92 dBm	+/-2 dB
	MCS3	28 dBm	+/-2 dB		MCS3	-90 dBm	+/-2 dB
	MCS4	27 dBm	+/-2 dB		MCS4	-86 dBm	+/-2 dB
	MCS5	25 dBm	+/-2 dB		MCS5	-83 dBm	+/-2 dB
	MCS6	23 dBm	+/-2 dB		MCS6	-77 dBm	+/-2 dB
	MCS7	22 dBm	+/-2 dB		MCS7	-74 dBm	+/-2 dB
	MCS8	28 dBm	+/-2 dB		MCS8	-95 dBm	+/-2 dB
	MCS9	28 dBm	+/-2 dB		MCS9	-93 dBm	+/-2 dB
	MCS10	28 dBm	+/-2 dB		MCS10	-90 dBm	+/-2 dB
	MCS11	28 dBm	+/-2 dB		MCS11	-87 dBm	+/-2 dB
	MCS12	27 dBm	+/-2 dB		MCS12	-84 dBm	+/-2 dB
	MCS13	25 dBm	+/-2 dB		MCS13	-79 dBm	+/-2 dB
	MCS14	23 dBm	+/-2 dB		MCS14	-78 dBm	+/-2 dB
	MCS15	22 dBm	+/-2 dB		MCS15	-75 dBm	+/-2 dB

表 4-5　airMAX Rocket M3 MCS 对照表

Rocket M3 - Operating Frequency 3400～3700 MHz							
OUTPUT POWER：25 dBm							
TX POWER SPECIFICATIONS				RX POWER SPECIFICATIONS			
AirMax	MCS0	25 dBm	+/-2 dB	AirMax	MCS0	-94 dBm	+/-2 dB
	MCS1	25 dBm	+/-2 dB		MCS1	-93 dBm	+/-2 dB
	MCS2	25 dBm	+/-2 dB		MCS2	-90 dBm	+/-2 dB
	MCS3	25 dBm	+/-2 dB		MCS3	-89 dBm	+/-2 dB
	MCS4	24 dBm	+/-2 dB		MCS4	-86 dBm	+/-2 dB
	MCS5	23 dBm	+/-2 dB		MCS5	-83 dBm	+/-2 dB
	MCS6	22 dBm	+/-2 dB		MCS6	-77 dBm	+/-2 dB
	MCS7	20 dBm	+/-2 dB		MCS7	-74 dBm	+/-2 dB
	MCS8	25 dBm	+/-2 dB		MCS8	-93 dBm	+/-2 dB
	MCS9	25 dBm	+/-2 dB		MCS9	-91 dBm	+/-2 dB
	MCS10	25 dBm	+/-2 dB		MCS10	-89 dBm	+/-2 dB
	MCS11	25 dBm	+/-2 dB		MCS11	-87 dBm	+/-2 dB
	MCS12	24 dBm	+/-2 dB		MCS12	-84 dBm	+/-2 dB
	MCS13	23 dBm	+/-2 dB		MCS13	-79 dBm	+/-2 dB
	MCS14	22 dBm	+/-2 dB		MCS14	-78 dBm	+/-2 dB
	MCS15	20 dBm	+/-2 dB		MCS15	-75 dBm	+/-2 dB

表 4-6 airMAX Rocket M5 MCS 对照表

Rocket M5 / M5 GPS Operating Frequency 5470～5825 MHz							
OUTPUT POWER：27 dBm							
5 GHz TX POWER SPECIFICATIONS				5 GHz RX POWER SPECIFICATIONS			
	DataRate	Avg. TX	Tolerance		DataRate	Sensitivity	Tolerance
11a	6～24 Mb/s	27 dBm	+/−2 dB	11a	6～24 Mb/s	−94 dBm	+/−2 dB
	36 Mb/s	25 dBm	+/−2 dB		36 Mb/s	−80 dBm	+/−2 dB
	48 Mb/s	23 dBm	+/−2 dB		48 Mb/s	−77 dBm	+/−2 dB
	54 Mb/s	22 dBm	+/−2 dB		54 Mb/s	−75 dBm	+/−2 dB
11n/ AirMax	MCS0	27 dBm	+/−2 dB	11n/ AirMax	MCS0	−96 dBm	+/−2 dB
	MCS1	27 dBm	+/−2 dB		MCS1	−95 dBm	+/−2 dB
	MCS2	27 dBm	+/−2 dB		MCS2	−92 dBm	+/−2 dB
	MCS3	27 dBm	+/−2 dB		MCS3	−90 dBm	+/−2 dB
	MCS4	26 dBm	+/−2 dB		MCS4	−86 dBm	+/−2 dB
	MCS5	24 dBm	+/−2 dB		MCS5	−83 dBm	+/−2 dB
	MCS6	22 dBm	+/−2 dB		MCS6	−77 dBm	+/−2 dB
	MCS7	21 dBm	+/−2 dB		MCS7	−74 dBm	+/−2 dB
	MCS8	27 dBm	+/−2 dB		MCS8	−95 dBm	+/−2 dB
	MCS9	27 dBm	+/−2 dB		MCS9	−93 dBm	+/−2 dB
	MCS10	27 dBm	+/−2 dB		MCS10	−90 dBm	+/−2 dB
	MCS11	27 dBm	+/−2 dB		MCS11	−87 dBm	+/−2 dB
	MCS12	26 dBm	+/−2 dB		MCS12	−84 dBm	+/−2 dB
	MCS13	24 dBm	+/−2 dB		MCS13	−79 dBm	+/−2 dB
	MCS14	22 dBm	+/−2 dB		MCS14	−78 dBm	+/−2 dB
	MCS15	21 dBm	+/−2 dB		MCS15	−75 dBm	+/−2 dB

从上述表格可以看出，对于发射机，当满足 MCS7、802.11n 模式或者 MCS15、airMAX 模式时，其实际平均发射功率比峰值功率要小 5～6 dB；对于接收机，在 802.11n 模式时，接收灵敏度的最小值 MCS0 与最大值 MCS7 相差 22 dB，在 airMAX 模式时，最小值 MCS8 与最大值 MCS15 也要相差 20 dB。

表 4-7 列出了 802.11g 和 airMAX 模式下不同调制带宽下 MCS 级别对应的理论吞吐量。

表 4-7 MCS 级别理论吞吐量对照表

接收端			不同调制带宽下信道的最大速率					
			802.11g	airMAX				
	灵敏度	允许误差	20M	40M	30M	20M	10M	5M
MCS0	−94dBm	+/−1.5 dB	6 Mb/s	15 Mb/s	10 Mb/s	6.5 Mb/s	3.3 Mb/s	1.6 Mb/s
MCS1	−93dBm	+/−1.5 dB	9 Mb/s	30 Mb/s	20 Mb/s	13 Mb/s	6.5 Mb/s	3.3 Mb/s
MCS2	−91dBm	+/−1.5 dB	12 Mb/s	45 Mb/s	30 Mb/s	20 Mb/s	10 Mb/s	4.9 Mb/s
MCS3	−90dBm	+/−1.5 dB	18 Mb/s	60 Mb/s	39 Mb/s	26 Mb/s	13 Mb/s	6.5 Mb/s
MCS4	−86dBm	+/−1.5 dB	24 Mb/s	90 Mb/s	58 Mb/s	39 Mb/s	20 Mb/s	10 Mb/s
MCS5	−83dBm	+/−1.5 dB	36 Mb/s	120 Mb/s	78 Mb/s	52 Mb/s	26 Mb/s	13 Mb/s
MCS6	−77dBm	+/−1.5 dB	48 Mb/s	135 Mb/s	88 Mb/s	58 Mb/s	29 Mb/s	15 Mb/s
MCS7	−74dBm	+/−1.5 dB	54 Mb/s	150 Mb/s	98 Mb/s	65 Mb/s	33 Mb/s	16 Mb/s

MCS0～MCS7 为 1×1 单通道最大理论传输速率。MCS8～MCS15 为 2×2 全双工时的速率，可参考 MCS0～MCS7 进行估计。同时，由 MCS 信号灵敏度一览表可知，要达到节点的最大理论吞吐量，需要提供足够的链路预算和裕度。同时还要选择合理的频率，尽可能避免干扰。在链路预算不够，或者无法进一步改善的情况下，根据 MCS 对照表，可以预测出网络带宽的理论上限。在后续的业务带宽预算时，应尽量避免网络过载造成网络拥塞，并留出足够的余量以确保信噪比下降时保持网络的健康水平。

4.4.2　客户端业务需求估计

客户端节点的业务需求带宽，包括所有业务的输入输出流量总和，以及为管理网络的系统开销总和。无线网络承载的业务不同，对带宽的要求也不同。常见的业务包括一般 IP 数据传输、视频传输、VoIP 等。

1. 普通数据传输业务的流量需求

普通的数据传输业务种类繁多，比如工业的测控数据、普通的网页浏览、FTP 文件传输、E-mail 等等。这些业务中流量大小也各不相同，但有一个共同的特点，就是所有流量基本是间隙性的。每个客户端并发同一种业务的概率相对较低。这类负载的流量预测只能用平均流量和概率来计算，或者干脆忽略不计，因为全天的总业务量之和平均到每一秒中的数量非常小，如果不考虑并发的情况，通常这个平均业务量几乎对网络没有任何压力。即便是用于工业测控的数据，其连续工作的最大流量也仅仅几十 Kb/s。在考虑这类负载时，只需要考虑网络的最大带宽是否满足其最大载荷要求即可。

2. 视频多媒体业务的流量需求

所有业务中，对视频等多媒体业务的估计是最难计算的，大多数流媒体业务中，既有固定码速率(CBR)的视频流，也有可变码速率(VBR)的视频流，甚至还有 CBR+VBR 的 CVBR 混合型视频流。

常用的视频编码有 MPEG2/MPEG4、H.263/H.264、M-JPEG 等。下面，以目前较为流行的 H.264 视频编码为例，对某个工地视频监控系统业务带宽作一个预算。某建筑工地利用 3 个 AP 进行 WDS 中继来实现一个无线局域网，IP 摄像机通过客户端(CPE)设备接入网络，每个 AP 平均接入 4 个 IP 摄像机。其中 AP1 为主 AP 节点，与监控终端相连，AP2 和 AP3 通过无线中继与 AP1 连接。

单个 AP 站点的基本预算模型可以根据以下方法来预算：

单 AP 节点传输需求量 = 单 AP 下活动摄像机数量 × 图像分辨率的平均带宽 × 并发率

采用中继时，非根节点的单 AP 站点，在基本预算的基础上加倍计算(设中继的流入和流出相等)。

每个根节点 AP 的带宽预算为所有分支节点交换容量的总和。

如果本例中的 IP 摄像机为 720P 的百万像素高清摄像机，在 720P、25 帧/秒时的标准码流为 3 Mb/s。

全时监控时，并发率为 100%，系统达到最大负载状态。则 AP1、AP2 和 AP3 的基本带宽预算为：

$$W_1 = W_2 = W_3 = 4 \times 3\ \text{Mb/s} \times 100\% = 12\ \text{Mb/s}$$

中继时，AP2 和 AP3 的总带宽

$$W_{Z2} = W_{Z3} = 24\ \text{Mb/s}$$

根节点 AP1 的总带宽：

$$W_{Z1} = W_1 + W_{Z2} + W_{Z3} = 12\ \text{Mb/s} + 24\ \text{Mb/s} + 24\ \text{Mb/s} = 60\ \text{Mb/s}$$

根据表 4-6，如果全部采用 airMAX 方式，信道调制选用 20 MHz，在信号满足 MSC6～MSC7 要求时，网络的理论吞吐量为 58～65 Mb/s。基本满足了预算要求。如果周围电磁环境恶劣，干扰严重，则该理论吞吐量会进一步下降，为了保证系统的健康和网络的稳定，IP 摄像机的编码应尽量设置为可变码速率(VBR)模式，带宽范围设置在 2～3 Mb/s。或者采取降低分辨率或图像帧率，降低码速率来预留带宽裕度，最终满足应用要求。

如果系统采取先进的双码流 IP 摄像机，主码流设置为 3 Mb/s，副码流设置为 512 Kb/s，副码流并发率为 100%，主码流并发率为 10%，则系统可容纳的摄像机数量将大大增加。假设每个 AP 接入的摄像机数量相等，网络拓扑不变，则可容纳的摄像机总数将达到 60 个以上。

4.4.3 用户容量估计

UBNT 的 airMAX 系列产品同时支持 airMAX 和 WiFi 两种工作模式。但是同一个 AP 分别采用 airMAX 和 WiFi 两种不同的工作模式，在用户容量估计上会存在明显差异。因为采用的多用户接入模式不同，airMAX 用户容量估计与 WiFi 完全不同。单 AP 基站，airMAX 能够承载的用户数可能是 WiFi 的数倍，甚至是十倍以上。

目前，关于单个 WiFi AP 可承载的用户数无明确的参考模型，实际工程中可根据《中国电信室内无线综合分布系统设计规范(暂行)》、《中国电信室内无线综合分布系统设计规范(暂行)》及其他相关规范，参考相关数据，对 AP 可承载用户数进行理论核算。通常假设，当 AP 覆盖的范围内仅有 1 个终端，且为室内终端，AP 与 CPE 终端无阻挡的近距离传播环境下，根据《中国电信 WLAN 热点接入设备技术要求(V2.0)》给定的测试范例，当采用 Chariot FILESENDL 脚本，测试时间为 2 分钟的情况下，在无加密条件下，系统吞吐量应达到以下要求：当使用 IEEE 802.11b 模式时，上行或下行单向吞吐量应达到或不低于 5 Mb/s；当使用 IEEE 802.11g/a 模式时，上行或下行单向吞吐量应达到或不低于 18 Mb/s。由于目前大部分 WLAN 终端均支持 802.11g 模式，因此 AP 容量分析可以按 IEEE 802.11g 模式核算，取 AP 吞吐量为 18 Mb/s。根据《中国电信室内无线综合分布系统设计规范》，在热点覆盖目标区域内要求单用户接入时峰值速率不低于 4 Mb/s，多用户接入时数据传输速率不低于 330 Kb/s，可满足大部分数据和媒体业务需求。用户接入时峰值速率取 330 Kb/s，并发率为 35%，则最大可承载的用户数约为 20 用户，这个数量被大多数参考文献和工程实际作为 WiFi 单基站的最大承载能力。事实上，当 AP 覆盖范围内有相对较远或信号较弱的客户端存在时，因为最大吞吐量还要继续恶化，将远远小于 18 Mb/s，所以这个用户数还可能进一步减少。

采用 airMAX 工作模式时，因为系统消除了竞争和碰撞，通过 TDMA 调度提高了客户端公平占用网络的概率，在用户数进一步增加时不会带来最大吞吐量的恶化。尤其是在使用优先级调度以后，将不同带宽需求的客户端按不同的优先级进行区分，使单个 AP 可以承载的用户数远远大于使用 WiFi 模式时的用户数。假设工作在 20 MHz 调制带宽模式的接收端都能保持 −75 dBm 以上的接收信号，则全部满足 MSC7 以上的传输质量，系统的净承载能力达到 65 Mb/s。按照用户接入时峰值速率 330 Kb/s 的要求，平均用户数将到达 196 个，考虑双向对等通信时，至少可以达到 98 个用户。可承载的用户数接近使用 WiFi 模式的 10 倍。

4.5　频率干扰估计

选择合适的工作频道能有效避开各种干扰，提高传输效率，有利于提高系统的稳定性和带宽的利用率。施工前通常需要对频率干扰有一个正确的认识和实际的估计，做到心中有数。在施工过程中，遇到一些疑难杂症，在排除设备本身的硬件故障后，应该首先从频率干扰或估计开始分析故障原因。为了便于开展分析，本节简单介绍一下无线网络相关的一些基本知识。

4.5.1　信道划分及频率范围

众所周知，无线网络频段的频率划分虽然已经有明确的标准规定，全球根据地区的不同把频段做了不同的划分，但实际上各个国家和地区实施起来却存在不少差异。IEEE 802.11b/g 工作在 2.4～2.4835 GHz 频段，FCC 标准采用 2.412～2.462 GHz 共有 11 信道，ETSI 标准采用 2.412～2.472 GHz 共有 13 信道，而日本采用 2.412～2.484 GHz 共 14 信道。在中国大陆流行的各类无线路由器就包含了上述所有类型。除此之外，DD-WRT 或 UBNT 的产品还支持 2.3～2.7 GHz 的其他频段。显而易见，频率选择失误，可能导致严重的干扰问题，甚至是致命的阻塞。在实际应用中，我们应该如何选定频道呢？频率选择没有统一的标准，若有标准也就是“合理”二字。

1. 无混叠信道

在实际工程应用中，完全不混叠的频段非常少，标准中规定的频道并不都是独立分开，且相互不重叠的。如图 4-8 所示，2.4 GHz 频段中，对于 FCC 标准，只有 1-6-11 三个信道保证了相互不重叠；对于 ETSI 标准，1-6-13 三个信道才能相互不重叠。

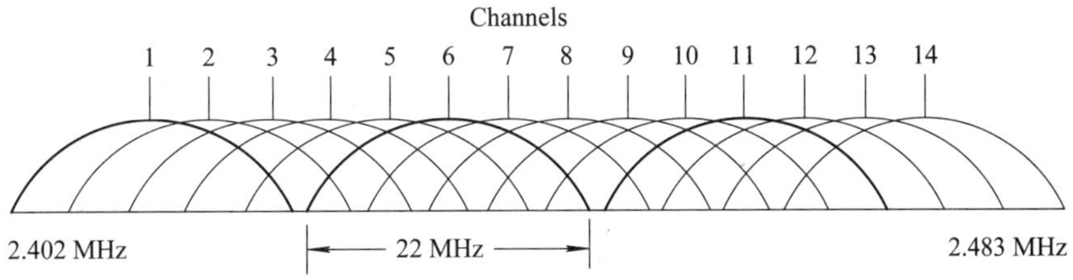

图 4-8　无混叠信道示意图

另外，对于 IEEE 802.11b/g 和 IEEE 802.11n 而言，单个信道占用的带宽又不相同。IEEE 802.11b/g 只占用某一频段，而 IEEE 802.11n 需要占用相连的三个频段，当传输速率为 300 Mb/s 时，其调制带宽达到 40 MHz。因此，我们在规划频段使用的时候，应尽量和周围的信号岔开频段，避免相互干扰，因为干扰严重时会造成大量的数据丢包。事实上，我们不可能完全避免这种干扰。只不过在临近的站点之间，尽可能避免使用相同的频道。

2. 2.4 GHz 频段的频点划分

2.4 GHz 频段是世界范围内无需任何电信运营执照的免费频段，主要用于无线局域网、无线接入系统、蓝牙技术设备、点对点或点对多点扩频通信系统等各类无线电台站的共用频段。目前 WiFi 应用主要是 IEEE 802.11b/g，采用 2.4 GHz 频段(2.400～2.4835 GHz)，属于 ISM 频段。2.4 GHz 频段可用带宽为 83.5 MHz，划分为 13 个信道，每个信道带宽为 22 MHz，采用时分复用模式，每个信道的中心频点为：$f_n = 2412 + (n-1) \times 5$ MHz，$n = 1, 2, 3, \cdots, 13$。从图 4-9 可以看出，2.4 GHz 频段最多可以同时支持三组 3 个不重叠的信道(1/6/11、2/7/12、3/8/13)同时工作，这三组信道之间也存在混叠。各个国家授权使用的 2.4 GHz 频段见表 4-8。

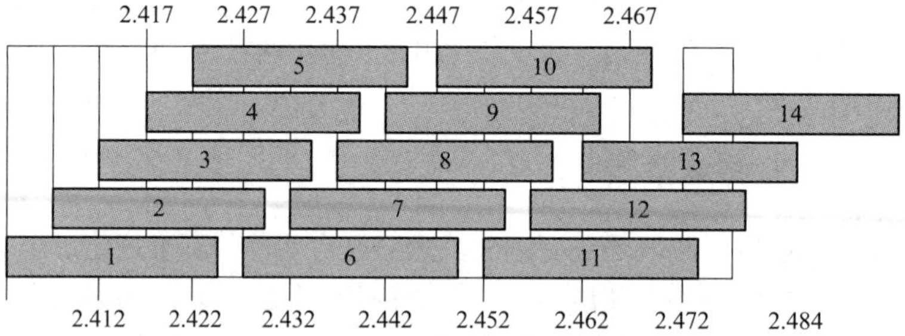

图 4-9　IEEE 802.11b/g 工作频段划分图

表 4-8　各个国家授权使用的 2.4 GHz 频段

频道号	频率(GHz)	北美(FCC)	欧盟(ETSI)	西班牙	法国	日本	中国
1	2.412	是	是	否	否	是	是
2	2.417	是	是	否	否	是	是
3	2.422	是	是	否	否	是	是
4	2.427	是	是	否	否	是	是
5	2.432	是	是	否	否	是	是
6	2.437	是	是	否	否	是	是
7	2.442	是	是	否	否	是	是
8	2.447	是	是	否	否	是	是
9	2.452	是	是	否	否	是	是
10	2.457	是	是	是	是	是	是
11	2.462	是	是	是	是	是	是
12	2.467	否	是	否	是	是	是
13	2.472	否	是	否	是	是	是
14	2.484	否	否	否	否	是	否

3. 5GHz 频段频点划分

5.8 GHz 频段(5.725～5.850 GHz)是点对点或点对多点扩频通信系统、高速无线局域网、宽带无线接入系统、蓝牙技术设备及车辆无线自动识别系统等无线电台站的共用频段，与 2.4 GHz 频段相比，有其自身的一些特点，在天线尺寸相同时增益相对较大，波束较窄，指向性较好，抗干扰能力稍好，但是自由空间衰落比 2.4 GHz 要快。在中国大陆，5.8 GHz 频段可用带宽为 125 MHz，每个信道带宽为 20 MHz，可划分为 5 个互不重叠的独立信道。除 5.8 GHz 外，4.9～5.7 GHz 内的很多频率也一并纳入了 5 GHz 频段，不同国家和地区有不同的规定，如表 4-9 所示。

表 4-9　不同国家、地区授权使用的 5 GHz 频段

信道号	频率	美国	欧洲	日本		新加坡	中国	中国台湾
	(MHz)	20 MHz	20 MHz	20 MHz	10 MHz	20 MHz	20 MHz	20 MHz
7	5035	否	否	否	是	否	否	否
8	5040	否	否	否	是	否	否	否
9	5045	否	否	否	是	否	否	否
11	5055	否	否	否	是	否	否	否
12	5060	否	否	否	否	否	否	否
16	5080	否	否	否	否	否	否	否
34	5170	否	否	否	否	否	否	否
36	5180	是	是	是	否	是	否	否
38	5190	否	否	否	否	否	否	否
40	5200	是	是	是	否	是	否	否
42	5210	否	否	否	否	否	否	否
44	5220	是	是	是	否	是	否	否
46	5230	否	否	否	否	否	否	否
48	5240	是	是	是	否	否	否	否
52	5260	是	是	是	否	否	否	是
56	5280	是	是	是	否	否	否	是
60	5300	是	是	是	否	否	否	是
64	5320	是	是	是	否	否	否	是
100	5500	是	是	是	否	否	否	是
104	5520	是	是	是	否	否	否	是
108	5540	是	是	是	否	否	否	是
112	5560	是	是	是	否	否	否	是
116	5580	是	是	是	否	否	否	是
120	5600	是	是	是	否	否	否	是
124	5620	是	是	是	否	否	否	是
128	5640	是	是	是	否	否	否	是
132	5660	是	是	是	否	否	否	是
136	5680	是	是	是	否	否	否	是
140	5700	是	是	是	否	否	否	是
149	5745	是	否	否	否	是	是	是
153	5765	是	否	否	否	是	是	是
157	5785	是	否	否	否	是	是	是
161	5805	是	否	否	否	是	是	是
165	5825	是	否	否	否	是	是	是
183	4915	否	否	否	是	否	否	否
184	4920	否	否	是	是	否	否	否
185	4925	否	否	否	是	否	否	否
187	4935	否	否	否	是	否	否	否
188	4940	否	否	是	是	否	否	否
189	4945	否	否	否	是	否	否	否
192	4960	否	否	是	否	否	否	否
196	4980	否	否	是	否	否	否	否

4. airMAX 支持的其他频点

除 2.4 GHz 和 5.8 GHz 频段以外，其实 UBNT 还提供了更多频率范围的产品供选择。其中 2 GHz 频段的产品，大多数都支持到 2.3～2.7 GHz 等扩展频率范围，如表 4-10 所示。如果需要使用这些频率，请遵守当地政府和无线电管理部门的相关法律和规定。另外一些特殊频率的产品可以满足军队、政府和特殊行业的需要，如 900 MHz、3.5 GHz 的 Rocket M 系列。当然，与 2.4 GHz 类似，5 GHz 产品线同样也支持频率范围扩展，频率范围为 4.9～6.2 GHz。详细的技术参数和频率范围，请参考 UBNT 厂家的相关设备说明书。为满足各国法律许可要求，airOS 5.5.8 以后限制了扩展频率的使用，关闭了“Compliancy Test”测试模式。因此，扩展频率功能开启最高支持到 airOS 5.5.6 版本。

表 4-10　airMAX 支持的 2 GHz 扩展频段

频道号	频率	频道号	频率	频道号	频率
Channel 237	2.312 GHz	Channel 00	2.407 GHz	Channel 15	2.512 GHz
Channel 238	2.317 GHz	Channel 01	2.412 GHz	Channel 16	2.517 GHz
Channel 239	2.322 GHz	Channel 02	2.417 GHz	Channel 17	2.522 GHz
Channel 240	2.327 GHz	Channel 03	2.422 GHz	Channel 18	2.527 GHz
Channel 241	2.332 GHz	Channel 04	2.427 GHz	Channel 19	2.532 GHz
Channel 242	2.337 GHz	Channel 05	2.432 GHz	Channel 20	2.537 GHz
Channel 243	2.342 GHz	Channel 06	2.437 GHz	Channel 21	2.542 GHz
Channel 244	2.347 GHz	Channel 07	2.442 GHz	Channel 22	2.547 GHz
Channel 245	2.352 GHz	Channel 08	2.447 GHz	Channel 23	2.552 GHz
Channel 246	2.357 GHz	Channel 09	2.452 GHz	Channel 24	2.557 GHz
Channel 247	2.362 GHz	Channel 10	2.457 GHz	Channel 25	2.562 GHz
Channel 248	2.367 GHz	Channel 11	2.462 GHz	Channel 26	2.567 GHz
Channel 249	2.372 GHz	Channel 12	2.467 GHz	Channel 27	2.572 GHz
Channel 250	2.377 GHz	Channel 13	2.472 GHz	Channel 28	2.577 GHz
Channel 251	2.382 GHz	Channel 14	2.477 GHz	Channel 29	2.582 GHz
Channel 252	2.387 GHz	Channel 15	2.482 GHz	Channel 30	2.587 GHz
Channel 253	2.392 GHz	Channel 76	2.487 GHz	Channel 31	2.592 GHz
Channel 254	2.397 GHz	Channel 77	2.492 GHz	Channel 32	2.597 GHz
Channel 255	2.402 GHz	Channel 78	2.497 GHz	Channel 33	2.602 GHz
		Channel 79	2.502 GHz	Channel 34	2.607 GHz
		Channel 80	2.507 GHz	Channel 35	2.612 GHz
				Channel 36	2.617 GHz
				Channel 37	2.622 GHz

4.5.2　IEEE 802.11 b/g 频率干扰源

IEEE 802.11b/g 采用了 2.4 GHz 的 ISM 频段，这是一个应用较为广泛的工业、科学、医疗免执照实验频段，存在大量的数据、遥控、视频传输等多种无线电发射设备，是目前频率干扰源最多的“自由频段”。由于 airMAX 使用与 IEEE 802.11b/g 网络设备相同的硬件，因此，也正好落在该频率范围内。使用该频率范围无需申请，只要发射功率小于规定值就可以随意使用。正因为这种自由无序的状态，导致了各式各样的“干扰”事件，而且往往是出乎意料。2012 年 11 月 1 日到 7 日，在深圳发生了一则有意思的新闻，深圳地铁蛇口线和中环线的列车相继发生运行过程中突然暂停的故障。深圳地铁管理人员表示，初步判断故障原因是地铁用于实现控制和通信的信号系统受到了乘客随身携带的便携式 WiFi 设备的干扰，进而造成列车发生故障。小小的便携式 WiFi 路由器怎么就能把地铁给弄停了？想想都觉得匪夷所思，然而这就是事实。由上一节关于无混叠信道的分析可知，在多个频道同时工作时，为保证频道之间不互相干扰，要求两个频道的中心频率间隔不能低于 25 MHz。然而，2.4 GHz 却是一个“是非之地”，在不到一平方千米的范围内，可能盘踞着数以千计的 WiFi、蓝牙、无绳电话和微波图像传输之类的通信设备，甚至微波炉、地铁遥控设备等都跑来这个频段凑热闹。这些带着“2.4 GHz”标签的设备一扎堆，马上带来严重的互扰问题。爱尔兰利默克大学的一个叫 O'Brien 的硕士生专门跑去 ITU、FCC 等机构翻箱倒柜翻阅旧文件，就是为了搞明白当年为什么把 2.4 GHz 设定为无线产品的通用频段。结果令人大跌眼镜，居然是在 20 世纪 40 年代分配频谱时，因为 2.4G 频率不如其他频率传得远，成为了被挑剩下的频段。其实，真实的原因可能因为时代久远，完全不可能得知。最可能的原因，应该是空气中存在的水分子使这一频率成为微波吸收窗口，无法远距离传输信号，而当时的技术条件有限，不能有效地利用这一频段，所以干脆开放给 ISM 用了。

1. 自干扰

相对于其他通信方式，IEEE 802.11 b/g 设备虽然采用了直接序列扩频(DSSS)调制技术，有较好的抗干扰能力，对于一般的背景噪声有很强的抑制能力，但是对于与自身序列相近的其他站点却无法免疫。即便是不相干的背景噪声，当噪声电平达到一定值时，依然会对通信造成严重的影响。

同时大多数设备在使用时，并不是完全按非混叠信道来使用，互相之间也存在频谱重叠。尤其是在距离非常接近的相邻站点之间，这种干扰尤为严重，几乎不可避免。这也是为什么明明信号强度非常好，而信道传输质量却上不去的原因之一。

2. 蓝牙

蓝牙与 IEEE 802.11 b/g 设备工作在相同的频段，采用跳频工作模式。综合来看，来自蓝牙的干扰是最小的。原理很简单，因为蓝牙发射的跳频特性，如果蓝牙设备在一个与 IEEE 802.11 b/g 设备信道重叠的频率上收发信号，IEEE 802.11 b/g 设备在侦听到信道较大的噪声之后开始执行随机退避，在此期间，蓝牙设备将会跳转到另一个非重叠的通道。因此，IEEE 802.11 b/g 设备退避过后，就可以开始正常收发数据了。

3. 工业及生活干扰源

工业干扰源以及生活干扰源对 IEEE 802.11 b/g 设备的干扰应该是“偶然中的必然”，虽然大多数情况下是“无意为之”，正是这种“无意”造成了干扰的无处不在。

谈到 IEEE 802.11 b/g 设备的生活干扰源，微波炉往往首当其冲，其实微波炉采用工作频段可能落在 1～20 GHz 之间的任意一点。根据微波炉发明者的原始专利文件，也只能找到“它需要 3 GHz 左右的频段”的含糊说法。可能大家会比较奇怪，用于加热和烹制食物的家用微波炉和无线局域网有何关系？这要从微波炉的工作原理谈起。微波炉工作原理是通过微波发生器产生高频振动的微波，这种高频微波能够穿透食物，同时使食物中的水分子也随之产生高频的剧烈振动，从而产生大量热能来加温食物。国际上规定用于加热和干燥的微波频率有 4 段，分别为：L 段，890～940 MHz；S 段，频率为 2.4～2.5 GHz；C 段，频率为 5.725～5.875 GHz；K 段，频率为 2.2～2.225 GHz。而家用微波炉通常采用频段为 L 段和 S 段，其中又以 S 段居多。大家可以看看微波炉后面的铭牌，多半都会发现这样的字样“额定微波频率：2450 MHz”。而这一频率，恰好和 IEEE 802.11b/g 的工作频率 2.4 GHz 相同，而家用微波炉的功率则远远大于 WLAN 产品的功率，即使屏蔽得再好，对 WLAN 的影响也是巨大的。

其次，生活干扰源中的另一个罪魁祸首是无绳电话。在企业、家庭中，随处可见无绳电话的身影，而它们绝对是 IEEE 802.11 b/g 设备的头号“天敌”。即便是使用 FHSS 跳频的 2.4 GHz 无绳电话，也能够完全中断 WiFi 网络的工作。因此，不建议在 WiFi 网络附近使用这种无绳电话。换句话说，如果使用的是 DSSS 无绳电话则可以通过信道配置使它们互不重叠，以消除干扰。

工业干扰源中，各种采用 2.4 GHz 的遥控信号可能是最大的干扰源。正如本小节开始提及的新闻中类似深圳地铁信号控制系统，它搭载的信号系统采用的就是 2.4 GHz 频段，如果乘客在列车上使用 IEEE 802.11 b/g 无线设备，同样将受到列车信号系统对其造成的干扰。另外，2.3～2.4 GHz 还是新一代 3G 移动通信的补充工作频率，如果采用这一频段，也需要考虑互相干扰问题。RFID 射频识别卡是较为广泛的干扰源之一，特别是采用有源模式的 RFID，由于采用了较大的发射功率和高增益的天线系统，更容易造成对 IEEE 802.11 b/g 设备干扰。另外一些采用连续模拟调制的 2.4 GHz 无线摄像头，功率往往达到数百毫瓦甚至是几瓦，这种干扰源往往更不能小视。

4.5.3 频率复用

整个工程设计中，频率规划和设计可能是最复杂的一项工作。既然在有限的频谱空间内不可能获得更多的完全无混叠信道，那就只能通过合理的频率复用来获得频谱的利用率。频率复用也称频率再用，就是重复使用(reuse)频率。在无线网络中频率复用就是使同一频率覆盖不同的区域，例如一个基站或该基站的一部分(扇形天线)所覆盖的区域。这些使用同一频率的区域彼此需要相隔一定的距离，称为同频复用距离，以满足将同频干扰抑制到允许的指标以内。一般采用蜂窝式或链式复用方式。

1. 蜂窝组网时的频率复用

常见的蜂窝网就是典型的频率复用网。假设在任意相邻区域使用无频率交叉的频道，如无混叠的 1、6、11 频道，再适当调整发射功率，在保证本区域覆盖范围的前提下，避免跨区域同频干扰，从而实现无交叉的频率复用。如图 4-10 所示的实现蜂窝式无线覆盖。

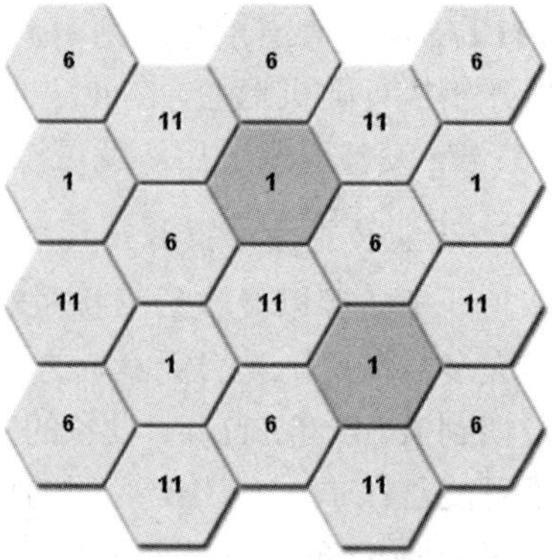

图 4-10 蜂窝式频率复用无线覆盖示意图

2. 链式组网时的信道复用

链式频率复用一般用于多通道设备进行空中中继组网。如图 4-11 所示，其中相邻两个区域分别用 CH1 和 CH6 信道进行覆盖，而 CH11 用于各个区域间的空间中继。

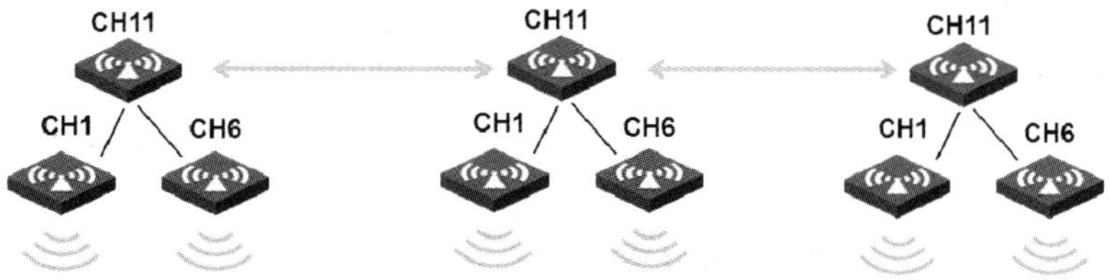

图 4-11　链式中继时频率复用无线覆盖示意图

4.6　业务类型与 QoS

目前的网络技术仅提供尽力而为(Best-Effort Service)的传送服务，通常没有明确的时间和可靠性保障。随着网络多媒体技术的飞速发展，网络多媒体应用层出不穷，如 IP 电话、视频会议、视频点播(VOD)、电子白板、远程教育等多媒体实时业务。互联网已逐步从单一的数据传送网向数据、语音、图像等多媒体信息的综合传输网融合。这些不同的应用需要有不同的 QoS(Quality of Service)要求，QoS 通常用可用性、带宽、时延、时延抖动和分组丢失率来衡量。显然，各种应用对服务质量的需求在迅速增长，现有尽力而为的服务已无法满足各种应用对网络传输质量的不同要求。

airMAX 虽然没有提供完整的 QoS 解决方案，但是我们在网络规划和设计时，依然必须根据不同的业务类型考虑最基本的 QoS 方案。尤其是对一些具有音频、视频、遥控的应用，QoS 设计对网络的可用性提供了必要的保障；同时某些应用可能会抢占其他业务必要的带宽资源，对这些应用的限制也是非常必要的。airMAX 采用了 TDMA 轮询调度的工作模式，使无线网络在时间延时方面得到了较大的改善。同时客户端通过 airMAX 优先级设置也可以保障某些突发流量的应用。对恶意的大流量应用，也可以采取流量整形进行带宽限制。下面介绍几种常见的业务类型及在 airMAX 设备中可能遇到的 QoS 办法。

4.6.1　VoIP 业务的 QoS 要求

VoIP(voice over IP) 就是通过 IP 网络承载语音业务，即所谓的 IP 网络电话，通过将语音进行数字化编码后在网络进行实时传输，在接收端再解码还原成语音。VoIP 业务有着严格的实时性要求。其中无线网络的时延、抖动和丢包都会影响 VoIP 服务质量，而这三个主要因素与承载网的性能密切相关。当网络出现拥塞或传输差错时，语音包就会产生时延、抖动甚至丢失，导致语音不连续或中断，严重影响语音质量。评价承载网络 VoIP 性能指标的主要参数有带宽、时延、时延抖动、丢包率等，其中带宽是一个基本要求，必须满足规划的带宽需求。根据我国通信行业标准《IP 电话网关设备技术要求》，将网络质量划分为三级：承载网络达到良好等级的时延要求小于 40 ms，丢包率小于 0.1%，时延抖动小于 40 ms；若时延为 40～100 ms，且丢包率小于 40% 时则为较差等级；若时延达到 100～400 ms，则为恶劣等级。

1. VoIP 的带宽要求

VoIP 的带宽要求与音频编码方式有着密切的关系，ITU-T 根据不同的网络带宽和语音质量要求提出了多种 VoIP 编码方案，如 G.711、G.723.1、G.729A 等，另外一些适应高速网络的高质量语音编码也应运而生。对 VoIP 业务而言，足够的带宽是一个最基本的要求。对于纯粹的语音业务可以根据传统 PSTN 话务模型来进行计算，根据不同的压缩算法乘以一个系数得到实际的带宽需求。通常 PSTN 网络上一个标准话路的带宽为 64 Kb/s，可以将网络带宽归一化定义为系数 1，不同的编码方案再乘以系数与之对应。VoIP 需要的控制信令或控制流可以按照 G.711 所需带宽的 0.5% 预留。

表 4-11　VoIP 语音编码带宽系数表

语音编码方案	编码速率/(kb/s)	帧周期/ms	IP 网络带宽	网络带宽系数	用　途
G.711 a/μ	64	20	1.25	1.41	电信级
G.729 a/b	8	20	0.38	0.54	网络质量较低的 VoIP
G.723.1(6.3 kb/s)	6.3	30	0.27	0.37	一般的 VoIP
G.723.1(5.3 kb/s)	5.3	30	0.25	0.36	一般的 VoIP

由表 4-11 可以估计出三种常见的标准语音编码对 IP 网络带宽的基本要求。计算带宽时，不能假设每一个语音通道都处于使用状态。正常的通话过程中可能包括连续的静音，也就意味着并不是一直都有语音包在传送。通常在 IP 网络电话中，对话双方会采用两个 UDP 呼叫建立一个语音通信，如果一个单向的呼叫采用未经压缩的 G.711 编码，编码速率为 64 Kb/s，经过 IP 封装后，语音数据帧的标称以太网带宽(Nominal Ethernet Bandwidth，NEB)将到达 87.2 Kb/s。而实际传输时可能采取 VAD 话音激活检测技术，语音静默时将没有 VoIP 信息传送，平均来看，VoIP 只传送少量的包，额外的带宽主要来自于 IP 或 UDP 头的增加。很多时候，实际上是包头远远大于包数据。因此，G.711 语音简单地按 64 Kb/s 码流来估计显得有点想当然。类似地，8 Kb/s 的 G.729 语音编码加上 IP 封装后达到 32 Kb/s，为了保密安全，可能用户需要使用 IP Sec 设备将语音做成 VPN，这样 G.729 语音编码经过 IP 封装，再加上 VPN 最终将会达到 60 多 Kb/s。上述的带宽估计仅仅提供了一个计算的基本依据，而不能代表真实的网络情况，具体问题还要具体分析。如果不是专门的无线语音网络，存在较多的并发用户，相对于其他业务和数据通信，语音通信的带宽需求远远小于实际的网络承载能力，网络设计时并不需要为之做特别的预留。影响通信效果的可能更多的是时延和丢包等因素。

2. 时延对 VoIP 的影响

时延是指一个分组从发送端发出后到达接收端的时间间隔，是端到端的时延。ITU-T 的 G.114 规定，对于高质量语音可容忍的单向时延是 150 ms。网络时延可分为固定网络时延和变化网络时延两部分。固定网络时延包含发送端和接收端间的信号传输时延、语音编解码时延以及 VoIP 编码的语音 IP 封包时间。网络传输的物理时延约为 6.3 μs/km，G.729 编解码标准编码的实际时延为 25 ms，其中有 2 个 10 ms 帧编码，外加 5 ms 算法时延，IP 打包时延还需要 20 ms。变化网络时延主要源自网络拥塞，而拥塞是随机发生的，所以由此产生的时延也是变化的。较大的网络延迟会造成语音交互的迟滞，带来会话的不适感，甚至是无法忍受。

3. 抖动对 VoIP 的影响

时延抖动也称抖动，是指由于各种时延的变化导致网络中数据分组到达速率的变化。它主要由以下几个因素引起：排队时延、可变的分组大小、中间链路和路由器上的相对负载。抖动可能会引起话音不连续，用户主观评价出现“卡”的现象。补偿抖动的常用方法是在接收端设备上进行缓冲处理。虽然这与减小时延的目标相悖，但对消除抖动带来的影响是必要的。在时延一定时，当抖动增大时抖动缓冲区也得相应增大，而增大缓冲区就意味着需要占用接收端设备更大的存储器空间并带来更大的时延。假设在一次连接中，所有分组中传输时间最短的那个时延值等于固定传输时间。而平均时延可用来确定消除抖动的缓冲区的大小。

4. 丢包对 VoIP 的影响

语音分组在传输过程中有可能被丢失，其原因主要是分组超时或网络拥塞。IP 数据包在网络中路由具有随机性，为避免数据包进入死循环，系统在一个新数据包产生时，会在其头部 TTL(Time to Live)标志位设定其在网络中的最大生存时间。如果超过这个时间限制，系统自动将其丢弃。造成拥塞的主要原因是网络中的设备没有足够的缓冲区接收数据，如果通向某一路由的队列排队太长，将会产生溢出，导致分组丢失。当单个分组丢失时，采用插值技术可以近似恢复(填充)部分语音编码，对语音的理解影响不大。但是，如果有多个连续分组丢失，那么只能靠插入静默帧或舒适噪声来处理。对于断续的丢包，用户可能听到间隙的“咔咔”声。通常，语音编解码可以允许 3%～5% 的丢包率。

4.6.2 视频业务的 QoS 要求

用无线网络承载视频有部署简单、不用布线、接入点数量弹性等诸多优点。目前使用无线网络 IP 监控的领域越来越广泛，尤其是网络 IP 摄像机(IPC)价格越来越低，完全有替代模拟摄像机的趋势。基于 IP 网络的视频会议系统也越来越广泛，越来越为广大的消费者所接受。现有的企业网结合无线网络，并融合语音、视频和数据通信，能为公司缩减大笔开支，增强企业的竞争力。网络视频传输一般也是采用与 VoIP 类似的 UTP 或 RTP 协议，评价其性能指标的主要参数，同样是带宽、时延、丢包率等，其中带宽是最重要的指标，超过了其他几个参数，要确保视频连续传输，网络规划时必须满足最低的带宽需求。时延参数主要影响视频与伴音的同步，对于一般无声音的网络监控视频而言影响不大。

1. 高清视频编码技术

随着技术的进步，网络视频编码也逐步由早期的 M-JPEG、MPEG2、MPEG4、H.263 等升级为 H.264 等更高性能的编码协议。高清视频监控在带来更加清晰、逼真的视觉效果的同时，其海量的视频数据也对无线网络传输环境提出了更大的挑战。例如，按照 ONVIF 2.0 要求，采用标准 H.264 (Main Profile)压缩算法的高清网络摄像机，单路视频要达到 1080P 全实时(30 f/s)，需要的网络带宽为 4～8 Mb/s，对于一个监控点为 20 左右的小型无线监控项目来讲，这样的系统需要的网络带宽则约为 80～160 Mb/s。而在实际应用中，存在设计缺陷的无线网络是无法满足这一带宽需求的，加之无线网络的稳定性缺陷，使得高清视频监控系统在无线网络传输环节上存在着巨大的安全隐患。具体来讲，视频流畅度以及带宽负载是网络高清监控技术在传输环节上面临的主要困扰。首先视频监控产品本身从设计上需要加强其对网络环境的适应能力，尽可能地减少对带宽的消耗，以保证高清视频的传输安全。在无线网络方面，采用的思路是尽量减少分发，优化路径，减少中间环节，以降低时延，确保视频的流畅度。另一方面，在产品开发上，采用更为优化的高画质视频压缩技术，提高前端摄像机对图像的处理能力，以及规划网络服务质量(QoS)，确保传输可靠。

为缓解高清网络视频监控系统带宽占用情况，优化视频压缩标准，双码流技术是许多厂商常用的一种方法。为了缓解海量视频流对网络带宽提出的高品质要求，可以针对不同的应用需求，分别选择不同的视频压缩技术、不同的比特率来进行数据传输。例如，需要精确观察视频时可以采用全速率的高清编码，即采用所谓的主码流；如果只是一般性的“一屏多点”监控，将多个监控点同时显示到一个多画面大屏幕上，则可以使用更低码率的副码流。

实际上，采用更高压缩比的视频处理技术是有效降低带宽消耗的良好途径之一，因此部分厂商开始运用更为优化的、高画质 H.264(High Profile)视频压缩技术，使得相同质量的高清视频流对带宽的占用量大幅下降。采用 High Profile 高压缩编解码算法的高清网络摄像机基于 H.264，可在 2～4 Mb/s 带宽上达到 1080P@30fps 的视频传输效率。此外，在优化视频压缩技术的基础之上，一些厂商还进一步提高了产品在视频编解码方面的处理能力。如采用 CBR/VBR/CVBR 混合码率控制技术，可自动判定网路带宽的条件与变化，动态选择传输速率，更为有效地解决了带宽传输的问题。同时，支持感兴趣区域(ROI)编码技术和移动侦测编码技术也成为厂商们纷纷开发的重要功能。感兴趣区域编码技术允许在视频编码时把感兴趣的区域编得更细腻，其余部分则可适当降低品质，因而也减少了视频传输时对带宽需求的压力。移动侦测编码技术只在画面有物体运动时产生码流，其他时刻只保留基本的控制流和极低帧速率的原始画面，将带宽要求进一步降低到极限。

目前，H.264 视频压缩标准仍然是监控市场上的主流，但值得注意的是，在网络带宽有限的情况下，提供更符合监控需要的高质量视频编码，将有助于提升网络高清视频监控系统在传输上的适应能力。提升图像处理能力增强前端摄像机对视频或图形的处理能力，尽可能地减少对网络传输的负荷，也是目前一些厂商的主要做法。如采用 3D 降噪技术，通过运动补偿时间滤波技术(MCTF)来降低噪声，通过分析每一帧数据中每个像素的时空域信息，进而能够有效过滤静态和动态噪声，经过过滤的画面不仅更加清晰，而且有助于提高图像压缩率，使有限的带宽不会浪费在对噪声的编码上，提高了网络传输的品质。通过智能分析技术来触发传输、存储的方式，也可以大量减少前端图像向中心传输的带宽消耗。例如，网络摄像机内置动态侦测、越线检测、面部识别、语音对话等智能分析模块，结合动态自适应视频流控制技术，在正常情况下，视频播放速率可以设置为较低数值，以减少带宽使用量。一旦有突发事件，则立即触发高速码流，播放速率增加至更高数值，且提供高品质的视频源，并进行存储，这种方式可同时在录制过程中确保影像品质及提高带宽使用率。

2. 固定码率与可变码率

为了编解码方便和硬件设计简洁，视频编码可以采用 CBR(Constant BitRate)形式，即恒定(固定)比特率，指视频每秒钟的信息流量是固定不变的，常见的 MP3 都是以 CBR 方式编码，这种编码模式的优点是压缩和解压缩速度快。为适应网络带宽要求，视频编码还可以采用 VBR(Variable BitRate)形式，即可变比特率，其优点是在图像信息复杂时用采用更多的比特来传输细节，图像简单时就用比较低的码流来降低带宽压力。如果收发双方采用协议，还可以使用 CVBS 混合编码方式，这样可以充分发挥 CBR 和 VBR 二者的优势。

在流式播放方案中使用 CBR 编码可能是最有效的。采用 CBR 编码时，比特率在视频流的进行过程中基本保持恒定，并且接近目标比特率，始终处于由缓冲区大小确定的时间窗内。CBR 编码的缺点在于编码内容的质量不稳定。因为内容的某些细节较多的片段要比其他片段更难压缩，所以 CBR 流的某些部分质量就比其他部分差。此外，CBR 编码会导致相邻流的质量不同。通常在较低比特率下，质量的变化会更加明显。CBR 的另一个缺点就是每秒钟的流量都相同，即使画面变成一个简单的黑屏，其流量也完全一致，这很容易造成网络带宽的浪费。

当视频编码内容中同时混有简单数据和复杂数据，如在某个背景下运动场景，VBR 编码是很有优势的。使用 VBR 编码时，系统将自动为内容的简单部分分配较少的比特，从而留出足够的比特用于生成高质量的复杂部分，如运动物体。这意味着复杂性恒定的内容，如人流连续的车站出口视频监控，不会受益于 VBR 编码。对混合内容使用 VBR 编码时，在画面尺寸相同的条件下，VBR 编码的输出结果要比 CBR 编码的输出结果质量好得多。在某些情况下，与 CBR 编码图像质量相同的 VBR 编码图像，其码流大小可能只有前者的一半。如果视频处理器的能力足够强，采用 VBR 码流进行图像存储是非常好的选择。

3. 视频组播

当无线网络承载的主要对象为网络摄像机时，可能会出现某个热点区域被多个用户同时监控的情况。如果点对点监控时的视频带宽为 4 Mb/s，被 n 个用户同时访问时，对每个用户都建立一个独立的网络连接，并传送相同的码流，则带宽的要求会成倍增长，迅速膨胀到 $n \times 4$ Mb/s。采用组播(Multicast)可以很好地解决这一问题，发送端只需要在组播地址上播放一个流媒体，其他组成员通过组播接收，这样只要单倍的带宽就可以服务 n 个用户了，极大地减轻了网络的带宽压力。

airMAX 的 AP 或 AP 中继模式支持组播，但是要客户端设备发送 IGMP(以太网组管理协议)报文申请加入组播成员。当 airMAX 的组播增强(Multicast Enhancement)选项开启时，AP 站点利用 IGMP 嗅探，将隔离未注册到组播成员的对象，将组播数据以更高的速度发送给已注册的组播成员。如果需要组播模式，应在 airMAX 设备的高级菜单中将组播数据(Multicast Data)和组播增强(Multicast Enhancement)两个选项都选上。这样可以有效降低点对多点流量给无线网络带来的压力。如果客户端既不想通过 IGMP 加入组播队列，又需要接收组播数据流，则需要关闭组播增强。

4.6.3　airMAX 的 QoS 设置

使用 airMAX 内置的基本 QoS 无需进行任何人工配置，QoS 在 airOS 5.5 版本以上 airMAX 设备上会自动启用。但是为了让设备能正确区分不同的网络数据流并使用合适的优先级规则，需要在数据流进入 airMAX 设备之前为其配置正确的 DSCP/TOS 值。airMAX 将网络数据流分为四种流量类别，即尽力而为(Best Effort)、后台(Background)、视频(Video)和语音(Voice)，其优先级范围按最低到最高的顺序排列，即尽力而为的级别最低。默认情况下，所有的流量被归类为“尽力而为”，即没有应用任何优先级。airMAX 虽然也采用了 IEEE 801.1p 建议的 8 级分类，但是没有完全采用 RFC 791 规定的类型，而是作了近似的无线多媒体拓展(Wireless Multimedia Extensions，WME)等价。作为拓展，IEEE 802.1p 是 IEEE

802.1q(VLAN 标签技术)标准的扩充协议，它们需要协同工作。IEEE 802.1q 标准定义了为以太网 MAC 帧添加的标签。其中 VLAN 标签包含两部分：VLAN ID(12 bit)和优先级(3 bit)。IEEE 802.1qVLAN 标准中没有定义和使用优先级字段，而 IEEE 802.1p 中则定义了该字段。在 IEEE 802.1p 中定义的优先级有 8 种。虽然网络管理员可以根据实际情况来决定映射关系，但 IEEE 仍作了大量建议。比如，最高优先级为 7，可以应用于关键性网络流量，如路由选择信息协议(RIP)等的路由表更新。优先级 6 和 5 主要用于延迟敏感(Delay-sensitive)应用程序，如交互式视频和语音。优先级 4 到 1 主要用于受控负载(Controlled-load)应用程序，如流式多媒体(Streaming Multimedia)和关键性业务流量(Business-critical Traffic)，包括一些遥控信息或语言广播等。优先级 0 是缺省值，即传统的尽力而为服务。一般可以用差异服务编码指示(Differentiated Services Code Point，DSCP)值或服务类别(Type of Service，TOS)标示来进行区分。airMAX 设备中，DSCP/TOS 分类的具体定义值及 WME 分类如表 4-12 所示。

表 4-12　airMAX 设备的 DSCP/TOS 分类值域

802.1p 服务类型	TOS 范围	DSCP 值域	WME 分类
0—Best Effort (尽力而为)	0x00～0x1f	0～7	Best Effort(尽力而为)
1—Background (后台)	0x20～0x3f	8～15	Background(后台)
2—Spare (备用)	0x40～0x5f	16～23	Background(后台)
3—Excellent Effort (优化)	0x60～0x7f	24～25，28～31	Excellent Effort(优化)
4—Controlled Load(受控载荷)	0x80～0x9f	32～39	Video(视频)
5—Video(<100 ms latency)(视频)	0xa0～0xbf	40～45	Video(视频)
6—Voice (<10 ms latency) (音频)	0x68，0xb8，0xc0～0xdf	26～27，46～47，48～55	Voice(音频)
7—Network Control (网络控制)	0xe0～0xff	56～63	Voice(音频)

4.6.4 airMAX 流量整形

airMAX 为了满足用户接入的公平性，有效地分配带宽资源，减少恶意地占用网络带宽，提供了一个有效的网络连接管理手段——流量整形(Traffic Shaping)。如果将 AP 作为参照点，则从客户端向 AP 传输称为输入(Ingress)，从 AP 向客户端传输称为输出(Egress)。作为一种第三层的 QoS 控制手段，允许管理员按需求对输入输出带宽进行限制，但是只能定义到本地 LAN 端口或 WLAN 虚拟端口，每个无线接入的客户端 CPE 会默认为一个虚拟的端口。难能可贵的是，除了正常按限制带宽传输外，airMAX 还允许人性化的设置突发(Bursting)带宽，即当存在突发数据需要传输时，在网络带宽允许时，可以将该端口的流量以超出限制带宽的突发速率短时间传送，尔后再恢复到标准限制带宽。

利用流量整形进行 QoS 管理时，流量方向的控制往往比带宽限制更为有效，比如，对于一个视频监控网络，限制从摄像机向接入点的流入可能对网络带宽压力的缓解更为有效。这样可以设置一个保证基本监控的流出带宽，再设置一个较大的突发流出带宽；或者对接入摄像机较少的端口设置一个较小的流出带宽。管理员需要根据不同的应用场景合理地利用流量整形功能。

4.6.5　airMAX 优先级调度

airMAX 下唯一可以主动控制的 QoS 选项是 airMAX 轮循调度优先级。当开启 airMAX 功能时，在客户端(站模式)的 airOS 中可以选择想要的轮询调度(airMAX Priority)优先级。当某些接入点内存在优先级较高或对网络延时敏感的应用时，可以设置更高的优先级。airMAX 有高、中、低、无四种优先级选项，具体设置方法请参考 3.2.1.3 节关于优先级设置的内容。需要注意的是，轮循调度优先级必须在站模式下设置，即在客户端模式下设置，而不是在 AP 接入点模式下进行设置。这样的好处是避免了使用类似 ACL 列表的形式，减少了网管的麻烦。

4.7　VLAN 问 题

4.7.1　VLAN 的概念

VLAN(Virtual Local Area Network)也称为为“虚拟局域网”。VLAN 是一种将局域网设备从逻辑上划分成一个个网段，从而实现虚拟工作组的新兴数据交换技术。这一新兴技术主要应用于交换机和路由器中，但主流应用还是在交换机之中。但又不是所有交换机都具有此功能，只有 VLAN 协议的第二层以上交换机才具有此功能，这一点可以参考有关交换机原理的教材或专著。

IEEE 于 1999 年颁布了用于标准化 VLAN 实现方案的 802.1Q 协议标准草案。VLAN 技术的出现，使得管理员根据实际应用需求，把同一物理局域网内的不同用户逻辑地划分成不同的广播域，每一个 VLAN 都包含一组有着相同需求的计算机工作站，与物理上形成的 LAN 有着相同的属性。由于它是从逻辑上划分，而不是从物理上划分，所以同一个 VLAN 内的各个工作站没有限制在同一个物理范围中，即这些工作站可以在不同物理 LAN 网段。这样，网络中工作组的划分可以突破共享网络中的地理位置限制，而完全根据管理功能来划分。这种基于工作流的分组模式，大大提高了网络规划和重组的管理功能。在同一个 VLAN 中的工作站，不论它们实际与哪个交换机连接，它们之间的通讯就如同在独立的交换机上一样。同一个 VLAN 中的广播只有 VLAN 中的成员才能听到，而不会传输到其他的 VLAN 中去，这样可以很好地控制不必要的广播风暴的产生。同时，若没有路由的话，不同 VLAN 之间不能相互通信，一个 VLAN 内部的广播和单播流量都不会转发到其他 VLAN 中，这样增加了企业网络中不同部门之间的安全性。从而有助于控制流量，减少设备投资，简化网络管理，提高网络的安全性。

由 VLAN 的特点可知，VLAN 是为解决以太网的广播问题和安全性而提出的一种协议，它在以太网帧的基础上增加了 VLAN 头，用 VLAN ID 把用户划分为更小的工作组，限制不同工作组间的用户互访，每个工作组就是一个虚拟局域网。虚拟局域网的好处是可以限制广播范围，并能够形成虚拟工作组，动态管理网络。

4.7.2　VLAN 在无线网络中的应用

在无线网络中应用 VLAN 的原因非常多。通过认识 VLAN 的本质，将可以了解到其用处究竟在哪些地方。交换技术的发展和网络管理的精细化需求，加快了 VLAN 的应用速度。

通过将无线网络划分为不同的虚拟网络 VLAN 网段，可以强化网络管理和网络安全，控制不必要的数据广播。对于共享介质的无线网络，一个物理的网段就是一个广播域。而在交换网络中，广播域可以是由一组任意选定的第二层网络地址(MAC 地址)组成的虚拟网段。网络管理员可以通过配置 VLAN 之间的路由来全面管理企业内部不同管理单元之间的信息互访。通常交换机是根据交换机的端口来划分 VLAN 的。所以，用户可以自由地在企业网络中移动办公，不论在何处接入交换网络，都可以与 VLAN 内其他用户自如通信。无线网络中需要 VLAN 的场合非常多。比如，在某个机场的无线局域网中，调度指挥、动态显示、日常办公、安防监控等不同的系统可能都需要一个“独立的”网络，但是为每个应用系统都建设一个单独的无线网络完全没有必要，而且也完全不可能。至少在保证完全覆盖的条件下，不可能找到更多可以复用的频点。这时 VLAN 就派上了用场。按照 IEEE 802.1Q 协议标准规定，VLAN 网络可以由混合的网络类型设备组成，比如：100M 以太网、1000M 以太网、54M 或 150M 的无线网等，可以是工作站、服务器、路由器、桥接器等。

无线介质很难在物理上将不同用途的 CPE 终端完全隔离，“隔离”功能可能是 VLAN 在无线网络中应用最主要的原因。VLAN 技术除了能将网络划分为多个广播域，从而有效地控制广播风暴的发生外，还有使网络的拓扑结构变得非常灵活的优点，更可以用于控制网络中不同部门、不同站点之间的互相访问。例如在石油企业中的无线网络，要求油田生产的实时数据与井场的安全监控数据、话音调度等完全隔离，但是又不可能在现场设置更多的 AP 用于接入，此时只需要将每个应用的 CPE 定义到不同的 VLAN 即可解决此问题。

4.7.3 VLAN 用于安全控制

无线网络是非常复杂的网络，不但技术复杂，其用户组成也非常复杂。除了网络中的各种服务器以外，终端用户可能是一台 PC 或者 PAD，也有可能是一个网络摄像机或者是 IP 电话。这些客户端有些用户安装了 ARP 防火墙，开启了主动防御，且设置了较大的值，这样网络被大量的无用 ARP 数据包占据。此外，很多用户没有安装杀毒软件或者没有及时升级，计算机被病毒感染后，向网络发送大量的病毒包。在无线 AP 机性能不变的情况下，数据包转发量恒定，ARP 包和病毒包多了，有效数据包就少了，最终导致网络的传输速度明显下降。为保证网络性能，每一个加入网络的 airMAX 无线网桥都会保存一张完整的 ARP 表，如果存在过多的无用数据包，将会导致 AP 性能的急剧下降，或者发生一些莫名其妙的故障。对客户端成分复杂或者是有客户隔离需求的应用，利用 VLAN 进行接入安全控制，隔离网络风暴是一种切实可行的办法，在无线网络规划时可以充分考虑。

1. 用 VLAN 控制安全接入

如何确保无线网络的接入安全是每个网络设计者和管理员都十分关注的问题。有线网络中的 VLAN 用户身份通常都是由用户的物理层二层交换机或三层路由器连接端口来定义的。但在无线网络中，用户根本没有与任何物理端口连接。为解决这一问题，可以考虑将身份验证机制与 VLAN 关联来进行用户识别，即基于角色的 VLAN 关联。这种方法可以利用一系列 RADIUS 标准的验证方法，如基于 802.1x 等可选验证机制来判断出正确的 VLAN 用户身份。我们可以想象一个场景，某油田一个移动的数据采集终端的无线用户可能要安全地连接至生产数据 VLAN，通常使用的是一种安全链接加密方法，如 WPA 密码等受保护的访问机制。然而，当该 VLAN 用户漫游至其他 AP 时，如果密码不同，则可能会无法再访问生产数据 VLAN，因而也就无法获取需要的网络数据。如果全网络采用统一的密码，并使用户在整个油田公司的每个接入点都能访问 VLAN 的话，一旦密码暴露，几乎没有安全性可言，如果采用不同密码，则整个重新配置的过程将变得非常繁杂，当然也不可能成为有竞争力的解决方案。然而，配合 802.1x 协议，基于角色的 VLAN 关联则可以提供一个有效的解决方案，为无线网络上的用户提供基站访问授权。802.1x 使用可扩展验证协议(EAP)来中继局域网基站(请求者)、以太网交换机或无线接入点(验证者)与 RADIUS 服务器(验证服务器)之间的端口访问请求。基于角色的 802.1x VLAN 关联具有很大的吸引力，因为网络管理员通常都希望使用统一的无线 ESSID 和密码。这样，当用户进入无线局域网时，系统可根据验证服务器上已经配置好的属性，将用户分配至不同 VLAN 内的不同工作组中。如果不使用基于角色的 VLAN，这种方法基本上是不可能实现的，除非对无线网络的所有配置逐个调整，为每个用户组设置独立的 ESSID。这种做法无疑需要巨大的资金投入和高昂的运营费用。如果工程造价允许的话，可以考虑采用 UBNT 的 EdgeMAX 路由器产品，它可以支持各种类型的用户角色，以及不同的访问权限和 VLAN 关联。它还可以支持多种类型的服务器规则，并从中引申出用户角色，如 RADIUS 服务器发出的访问接受信息中的 RADIUS 属性。例如，某一条服务器规则用于提取某个特定 RADIUS 属性中的数值，并使用该数值作为角色。

2. 用 VLAN 控制与隔离网络风暴

广播是网络管理必不可少的一种网络流量，比如需要利用广播来寻址等，但是如果控制不当的话，广播就有可能成为危害无线网络性能的第一杀手。由于病毒或者网络设计等方面的原因，有可能在网络中会出现广播风暴，或者造成很多不必要的广播数据，这些都会占用企业宝贵的无线网络带宽，降低网络的性能。为此对于广播数据也要进行相关的控制，特别是不能够让广播数据散发到不需要的地方去。在网络设计和规划时，可以通过 VLAN 来控制与隔离广播风暴。

一般来说，每一种网络协议都会产生广播数据。只是不同的协议，产生广播数据的数量与频率不同而已，如 ARP 协议产生的广播频率就比 SMTP 产生的广播频率要高。因此，网络规划时，必须要了解每种协议类型对广播频率的影响，在优化网络性能时才可以有选择地禁止某些协议。或者将某些协议的运行控制在一个比较小的范围之内，减少广播数据对其他部分网络的不利影响。另外，有问题的设备、不合适的网络分段、设计不理想的防火墙等，都会加重广播数据包的不利影响。在传统的网络中，很多网络管理员喜欢采用路由器来隔离广播风暴，比如将企业的网络分为两部分，分别为服务器环境和生产环境。其中服务器环境主要存放各种服务器，如邮件服务器、数据库服务器、ERP 服务器等等。而在生产环境中，则包括用户的主机、网络打印机、RTU 数据采集传输等网络设备。然后将两个网络之间通过路由器进行连接。这种设计，确实可以有效地避免网络风暴，即在生产环境中产生的广播数据不会传递到服务器环境所在的网络中。比如，某个主机中毒了，发送大量的广播数据，导致生产环境的网络速度非常慢，甚至已经快到了瘫痪的地步。但由于采用了路由器，将这些广播数据隔离在生产环境的网络中，而不会对服务器所在的网络产生不利的影响。但是在无线网络中，这种方案得不到很大的认同，这主要是因为在无线网络中不可能按想定的需求设置那么的路由器，即便是可能，也是价格昂贵。在一个无线网络中，如果采用十几台路由器来隔离网络风暴确实不怎么现实。这不仅会增加无线网络的建设成本，而且会增加未来管理的工作量。相对于采用路由器，采用 VLAN 却是一个省钱省力的办法。

幸运的是，每个 airMAX 都具备 VLAN 功能。在同一个 VLAN 中，所有设备都是同一个广播域的成员，并接收所有的广播。对不是同一个 VLAN 成员的主机，AP 对其所有的端口都会进行广播数据过滤。此时每个虚拟局域网内的主机共享一个广播域。而不同虚拟网之间的广播域是独立的。比如，某个油田的单井无线网络包含正常的办公、实时生产数据采集、安防视频监控等几个子网，当某个网络发生广播风暴的时候，其他部门的用户仍然可以正常工作。这也就是说，在办公部门发生的广播不会影响到生产数据采集或者视频监控所在的网络。网络规划时可以将网络统一划分为服务器环境、安保环境、工厂环境、行政环境等，使用 VLAN 技术，建立不同的虚拟局域网。

4.8 访问安全

好奇心人皆有之，而无线网络恰恰是裸露在户外，任何有不良企图的人都可以试图入侵、窥探其中的秘密。无线网络的访问控制，一直是一个热门的话题。从早期的 WEP 破解、蹭网逐步升级到使用专业工具软件进行“爆破”，无线加密的方式也由 WEP 升级到 WPA、WPA2，密钥的长度也在不断增加，甚至采用了动态密钥协商机制。无论如何，道高一尺魔高一丈的故事也将继续进行下去。无线网络的访问安全将是一个永恒的话题。好在 airMAX 提供了绝大多数常见的无线访问安全机制。

4.8.1 简单接入控制

使用访问密码是最简单的接入控制方法。访问密码可以有 WEP、WPA、WPA2 等三种形式，WPA 和 WPA2 还包括衍生的 WPA-TKIP、WPA-AES、WPA2-TKIP、WPA2-AES 等几种方式。

1. WEP 加密

WEP(Wired Equivalent Privacy)加密，也称有线等效加密。WEP 加密是最早在无线加密中使用的技术，如果单从名字上来看，WEP 似乎是一个针对有线网络的安全加密协议，但事实并非如此。WEP 标准在无线网络出现的早期就已创建，它的安全技术源自于名为 RC4 的 RSA 数据加密技术，是无线局域网必要的安全防护层。目前常见的有 64 位 WEP 加密和 128 位 WEP 加密。但随着无线安全的一度升级，WEP 加密已经出现了 100% 破解的方法，通过抓包注入，获取足够的数据包，即可彻底瓦解 WEP 机密，有黑客验证，在短短 5 分钟之内即可破解出 5 位 ASCII(64bit)的 WEP 密码。因此，如果 airMAX 不使用 WDS 中继功能的话，建议采用更好的 WPA 和 WPA2 加密。

WEP 安全认证类型一般有“自动选择”、“开放系统”、“共享密钥”三种。“自动选择”是 AP 可以和客户端自动协商成“开放系统”或者“共享密钥”，airMAX 不支持“自动选择”模式。WEP 密钥一般可以为 ASCII 或 HEX 格式，密钥长度分为 64 bit、128 bit 和 152 bit 三种，airMAX 只支持 64 bit、128 bit 两种。采用 64 bit 时，可以输入 5 个 ASCII 字符或者 10 个十六进制数；采用 64 bit 时，可以输入 13 个 ASCII 字符或者 26 个十六进制数。并且长度为定长，因此，WEP 密码按照定长规律很容易被字典类型的攻击破解。

2. WPA 和 WPA2 加密

WPA(WiFi Protected Access)，也称“无线网络保护接入”，有 WPA 和 WPA2 两个标准，是一种保护无线网络安全的技术。它是为克服前一代有线等效加密(WEP)系统的严重弱点而产生的。WPA 实现了 IEEE 802.11i 标准的大部分内容，是在 IEEE 802.11i 完备之前替代 WEP 的过渡方案。WPA 的设计可以用在所有的无线网卡上，但不一定支持早期的无线 AP。WPA2 实现了完整的标准，但不支持某些较早的无线网。

在 WPA 的设计要求使用一个 IEEE 802.1x 认证服务器来分发不同的钥匙给各个用户。但是为了使独立的 AP 能够使用这一技术，它也可以用稍弱一点的“pre-shared key”(PSK)模式，让每个用户都用同一个密码。WiFi 联盟把这个使用 pre-shared key 的版本叫做 WPA 个人版或 WPA2 个人版，用完整 IEEE 802.1x 认证的版本叫做 WPA 企业版或 WPA2 企业版。

WPA 加密方法是把一个 128 位密钥和一个 48 位的初始向量(IV)的进行 RC4 stream cipher 来加密。WPA 对 WEP 的主要改进就是在使用中可以使用 TKIP(Temporal Key Integrity Protocol)协议来动态改变密钥，如果加上更长的初始向量，则可以抵御针对 WEP 的字典爆破。除了认证跟加密外，WPA 对传输信息的完整性也作了巨大的改进。WEP 所使用的 CRC(循环冗余校验)存在先天不足，在不知道 WEP 钥匙的情况下，在传输过程中要篡改信息内容和对应的 CRC 完全可能，而 WPA 使用了更安全的所谓“Michael”的信息认证码(在 WPA 中叫做信息完整性检查，MIC)。而且，WPA 使用的信息完整性检查还包含了帧计数器，以避免被 WEP 的另一个弱点——回放攻击(Replay Attack)所利用。

WPA2 是 IEEE 802.11i 的标准认证形式。WPA2 实现了 IEEE 802.11i 要求的所有强制性内容，特别是 Michael 信息完整性检查算法被公认的十分安全的 CCMP 认证算法所替代，而 RC4 加密算法也被 AES 所取代。因为算法本身理论上几乎无懈可击，所以也只能采用暴力破解和字典法来破解。暴力破解是在数学上“不可能完成的任务”，而字典破解猜密码则像买彩票。在 2009 年，有两位日本的安全专家称已研发出一种可以在一分钟内利用无线路由器攻破 WPA2 加密系统的办法。但目前为止还没有出现类似的安全事件报道。无论如何，采用一种以上的无线加密手段对网络的安全是非常必要的，如果可能，应该采取多种手段组合运用的方法，进一步提高系统的安全性。另外，使用加密会增加系统负担，从而影响无线网络传输速度和效率。airMAX 推荐使用内置的硬件加密的 AES 算法，这样不会影响到系统的最大传输速率。

4.8.2　MAC 访问控制列表

除简单易行的密码加密外，airMAX 也通过了大多数无线路由器使用的 MAC 地址访问控制列表(Access Control List，ACL)功能，简称 MAC ACL。ACL 源于路由器和交换机接口的指令列表，用来控制端口进出的数据包。这种方法被大多数路由器或防火墙的“黑名单”或“白名单”访问过滤机制使用，即可以由用户编辑一个 MAC 地址列表，将允许通过或禁止通过的用户网卡 MAC 地址放置其中，当符合条件时按预定的防火墙过滤规则执行相应的动作。简而言之，ACL 可以过滤网络中的流量，是控制访问的一种网络技术手段。这种访问控制的方法非常安全有效，几乎是百分之百的可靠，但是，对于用户数较大的应用可能是一个网络管理的负担。对于存在移动漫游的应用，这个表格必须在每一个 AP 中都保存一个相同的副本，如果用户稍有变化则不可能进行实时管理。

使用 ACL 必须先确定“许用”和“禁用”两个原则或队列，要求网络规划和施工时将合法用户及时登记，以便于网络管理时使用。airOS 支持的最大 ACL 队列设备数为 32，即在同一个 airMAX 设备上可以设置 MAC 地址过滤的数量不超过 32 个。

4.8.3 ESSID 隐藏

ESSID(Service Set Identifier)，也称为服务区别号，也称 AP 的台标，用来区分不同的无线网络，最多可以有 32 个字符。每个 AP 的 ESSID 采用广播方式通知接入 AP 的每个客户端，它是无线客户端与无线 AP 联系所必不可少的。利用 AP 特定的 ESSID 来做存取或访问控制，也是 AP 的一种安全保护机制。它强制每一个客户端都必须要有跟存取点相同的 ESSID 值。当无线网卡设置了不同的 ESSID 就可以进入不同网络。如果出于安全考虑，可以设置 AP 不广播 ESSID，此时只有通过用户手工设置 ESSID 值才能进入相应的网络。简单一点说，ESSID 就是一个无线网络的名称，只有设置为名称相同 ESSID 的值的网络终端才能和 AP 互相通信。由于有了 32 位字符的 ESSID 和 3 位字符的跳频序列，企图通过推断 ESSID 和跳频序列来进入无线局域网，是十分困难的。如果采用的是中文 ESSID 或者是无意义的 ASCII 码作为 ESSID，这种猜想运算量是巨大的。但是隐藏了 ESSID 只能是提高了安全性和突破的难度，并不能真正代表安全。

隐藏了 ESSID 的 AP 只要有信号发射，依然可以通过 Netstumbler、CommView for WiFi 等无线网络分析软件捕获 AP 的 MAC 地址码，但是无法直接获取 ESSID 值。对于一个始终活跃的 AP 而言，通过专业的工具软件和拦截的通信数据进行逆向猜测 ESSID 还是可能的。因此，隐藏 ESSID 只能是安全策略中的一个可以选择的方式，而且 ESSID 隐藏后，对客户端接入来说会带来一定的障碍。

4.8.4 RADIUS 拨号身份认证

RADIUS(Remote Authentication Dial In User Service)协议，也称为远程用户拨号认证协议，最初是由 Livingston 公司提出的，原先的目的是为拨号用户进行认证和计费。后来经过多次改进，形成了一项通用的认证计费协议。简单地讲，RADIUS 是一种 C/S 结构的协议，它的客户端最初就是 NAS(Net Access Server)服务器，任何运行 RADIUS 客户端软件的主机都可以成为 RADIUS 的客户端用户接入 NAS，NAS 使用接入请求(Access-Require)数据包向 RADIUS 服务器提交用户信息，包括用户名、密码等相关信息，其中用户密码是经过 MD5 加密的，双方使用共享密钥，这个密钥不经过网络传播；RADIUS 服务器对用户名和密码的合法性进行检验，必要时可以提出一个审问(Challenge)，要求进一步对用户认证，也可以对 NAS 进行类似的认证；如果合法，给 NAS 返回一个接入允许(Access-Accept)数据包，允许用户进行下一步工作，否则返回一个拒绝接入(Access-Reject)数据包，拒绝用户访问。

如果进行网络规划不考虑成本，或者网络已经具备现成的 IEEE 802.1x 认证服务，那么采用 RADIUS MAC 身份认证不失为一种良好的选择。IEEE 802.1x 认证服务类似于一个网络拨号服务，通过管理员提前分发的认证用户名和密码访问网络。但是要求客户端安装或固化拨号软件，因此不能应用于随机接入的设备，设备不具备部署软件能力时也无法应用。RADIUS MAC 身份认证还可以进一步与 VLAN、WPA、MAC 访问控制列表等进行综合应用，进一步提高网络的安全性。

4.9 网络优化

经常有人问“怎样才能使我的网络传得更远”、“怎样使我的网络更加可靠”、“怎么接入更多的用户”、“设备安装的最佳位置应该怎么选择”、“发射功率是不是越大越好”、“调制带宽是不是越宽越好”，诸如此类的问题在各类论坛的无线板块随处可见。其实，这些问题都涉及无线网络优化的问题。在本章的前面小节中，其实已经间接地讨论过很多无线网络优化的问题，涉及的内容从设备和站址选择、链路估计、天线的选择、带宽和用户估计、频率选择与抗干扰、网络安全等。本节仅从几个经典的优化问题入手，通过实际案例和理论分析，引导读者思考并找出更加“优化”的方法，起到抛砖引玉的作用，以便读者在以后的实践中可以触类旁通、举一反三。

4.9.1 网络优化的基本原则

优化就是将实际的运行效果提升到最佳状态，即俗话说的“没有最好只有更好”。读者在进行优化设计或者调整当中，应该明白一个道理：首先，优化是相对，没有绝对好的优化；其次，优化也是要付出代价的，没有“鱼和熊掌兼得”的道理；最后，优化只能取性价比最高的策略，或者偏向应用权重较高的方向努力。

1) 可靠性原则

可靠性原则也称为最大可用性原则。比如，在“可用性、实际带宽”两者之间进行选择，大多数情况下必须选择可用性，一个不稳定的网络，瞬时带宽再宽也是枉然。一个稳定工作的网络虽然只能提供连续可靠的 10 Mb/s 带宽，但远远胜过“忽闪忽闪”号称 150 Mb/s 的网络，如果 10 Mb/s 已经能满足客户端稳定的带宽需求，那么与采用 150 Mb/s 的网络又有什么区别呢？但是一个不稳定的网络或是一个不能用的网络，标称值再高也是无用功。通过金钱代价换取可靠性是一个首先值得思考的事情，在正版和山寨之间，应该首先考虑使用正品。有人曾经因为固定天线的螺丝不合格，造成天线松动、对准方向不稳，花费了大量的时间进行故障排查，又往返几十千米重新进行安装和调整，所花费的人力和物力价值远远超出重新购买一套正品的价格，而造成故障的原因竟然是山寨货所带的一个螺丝。这样的案例不计其数，显然，牺牲可靠性去降低成本是一种得不偿失的做法。

2) 效费比原则

效费比原则也可以理解为最小代价原则。效费比是一个优秀的网络设计师应该优先考虑的重点。很多时候，软件设置上的优化比更换或增加硬件更有效，更能解决实际问题。如上面案例中确保的 10 Mb/s 带宽，在突发性方面还不能满足实际需要，或者接入的用户太多需要区分优先级使用，那么在此基础上利用 airOS 自带的“流量整形”功能可能比增加带网管的交换机等硬件更为有效，仅在软件设置上输入几个数字，便限制了资源冲突时低优先级用户的权限，是一种非常有效的方式。如果因为需要优先占用带宽而投入更多的硬件设备或者是新增频率资源，则需要付出更多的代价，效费比就显得非常差了。比如，在频率十分拥挤的空间里，其实是无法找到十分安静的频率空间的，即便是增加硬件也无能为力。此时，优化的重点应该集中在工作模式的优化上。可以通过减小带宽来提高发射机的效率和接收机的灵敏度，同时减少带内干扰，降低背景噪声(底噪)，从而减少频率上的冲突，使 AMQ 和 CCQ 值得到提升。事实上，更换或增加硬件永远不可能消除物理上存在的带内干扰。

3) 综合性原则

综合性原则是指全面优化和整体优化原则。网络优化不能集中在某一个参数或者指标上，也不能靠单一优化网络中的某个设备来提示性能。应该采取分布式优化，将风险和代价分散而不是集中。无论是 AP 还是 CPE，都要扬长避短，物尽其用，充分发挥设备的具体优势，挖掘其潜能，规避其劣势。比如，AP 或基站选取了 airMAX 2×2 系列的“火箭”，但是客户端却都是 1×1 的 airGrid，则并不能发挥“火箭”的优势，设计师应该明白，airGrid 的优势是高性价比和远距离，而“火箭”的优势则是实现全双工的高速率点对点网桥。另外，性能太差的客户端选型将极大地拖累 AP 的效率，如用一个标准 WiFi 模式的“Bullet M2-HP”设备，在乡村区域远距离覆盖一群内置天线的 iPAD 或手机，其结果可想而知。

4.9.2 信号质量的优化

长距离通信意味着信号大幅度的衰落，干扰信号更容易入侵系统造成信号质量恶化，严重的将导致通信中断或丢包严重。实践工程中，经常会有人问“怎样才能使我的网络传得更远？”，这个问题确实不好回答，因为通信距离长短涉及发射机功率、接收机灵敏度、背景噪声、天线增益、天线方向调试对准、信号调制带宽选择、地理环境等诸多方面的因素。下面介绍两种比较常见且可操作性强的信号优化方法。

1) 利用带宽换信噪比

IEEE 802.11b/g/a/n 信号是向下兼容的，支持 CCK、DSSS 和 OFDM 等多种调制模式。通常，速率越高的调制方式需要占用越多的带宽，而设备的带宽增益积始终是一个有限值，带宽越宽的信号选择性越差，且接收机解调对应的灵敏度也越差。需要的解调门限电平也越高。一个小于 −75 dBm 的接收信号肯定无法保障 MCS7 质量的通信。经常很多人问“AMQ 都有 90%，为什么网速却上不去？”其实问题很简单，信号强度不够。这是由于距离传输太远引起的信号衰落，解决的办法是提高 EIRP 值，可以加点发射机的功率，或是提升天线的增益。通常提升天线的增益来得简单绿色环保，成本相对也低廉，应该是首选策略。天线增益每增加 3 dB 等效于发射功率或接收灵敏度性能提升一倍，每增加 10 dB 则等效 10 倍，20 dB 为 100 倍。这就是为什么采用增益为 16～20 dB“栅格系列”产品能轻松跑十几甚至几十公里的原因。在没有任何外援的情况下，减小带宽也可以提高接收灵敏度或发射效率。在 WiFi 刚刚兴起之初，笔者曾经使用 IEEE 802.11b 模式替换 IEEE 802.11g 模式，并将调制带宽降低到 5M 或 10M，轻松增加 3～5 dB 的实际等效 EIRP，很多信号不稳定的情况轻松解决。

在有很强干扰或是背景噪声很大的情况下，一味提高增益可能会陷入误区。如果接收信号电平指示很强，通常大于 −60 dBm，但 AMQ 却很差，比如小于 50%，而且两点间的距离较长，此时，很有可能是存在干扰。可以尝试修改信道或者减小信道带宽。事实上，只要看到 AMQ 值较小，都可以考虑减小信道带宽或更换其他频率，可以用 airView 寻找一个比较干净一点的信道，然后将信道移到该信道进行尝试。一味地去增加天线增益或加大功能其实收效甚微。实在找不到比较“纯净”或“安静”的信道，则可以考虑开启 airSelect 功能，选出几个相对安静一点的信道，列入扫频列表中，再选定一个比较合适的“跳频”间隔，并启动 airSelect 功能，这在城市非常复杂的电磁环境下确保联通和较小的丢包率是非常有意义的，虽然付出的代价是“标称”带宽或速率下降，但实际网络传输效果和载荷却是可以正常使用的。减小工作带宽获得了较好的灵敏度，降低了带内噪声，躲避了强干扰；采用 airSelect“跳频”方式实际上是分时增加了调制带宽，获得了等效的“扩频”增益。其本质依然是带宽换信噪比，提升了发射和接收信号质量。

2) 利用天线选择性和增益改善信号质量

借助天线性能提高增益是无线网络优化效费比最高的手段。在无线网络中，无线信号的发射和接收都要依靠天线来实现。因此，天线对于无线网络而言，起到举足轻重的作用，如果天线的选择(类型、位置)不好，或者天线的参数设置不当，都会直接影响整个移动通信网络的运行质量。尤其在城市环境下，AP 数量多，频谱密集，载频高度拥挤，天线选择及参数设置是否合适，对无线网络的干扰，覆盖率、连通率及全网服务质量都有很大影响。不同的地理环境，不同的服务类型，需要选用不同类型、不同规格的天线。天线调整在无线网络优化工作中有很大的作用。

天线的重要参数有增益、频段(带宽)、方向性和驻波比等。其中优化网络可以从增益、方向性、带宽等三个方面入手。一般来说，对于固定的频率，天线的体积尺寸越大，其增益就越高；增益越高，其方向性就越尖锐。如果要进行覆盖，则方向性越开阔越好，反之，要躲避干扰，则方向性越窄越好。增益越高，传输的距离越远，但是覆盖的角度就越小。另外，天线的极化方向存在水平和垂直两个方向，其方向图也存在水平和垂直两个增益参数。对于天线方向图的副瓣增益，如果是避免干扰则是越少越好；若是兼顾覆盖，副瓣增益高也并不是一件坏事。比如，大多数的栅格天线都存在一个较大的副瓣，在沙漠的凹地进行中继时，可以利用栅格天线进行反射式 MESH 网中继。栅格天线主瓣正好对准 15 千米外的 MPP(落地接入点)基站，而方向图 60° 位置的副瓣则正好覆盖近距离(3 千米处)的另一个 MAP(MESH 接入点)。此时，坏处立刻变成了好处。

需要增加距离时可以更换增益更高的天线，当然更远的干扰也会随之进入。增益相同的条件下，使用方向角更小的天线来减小干扰；使用方向角更大的天线来增加覆盖范围或抵御大风扰动造成的增益跳变。总之，天线的种类五花八门，特性也各异，应充分利用天线的这些固有特性，优化信号质量，不断拓展传输距离。附录 2 列出了 UBNT 公司 airMAX 天线家族大部分具有代表性的产品，在网络设计和施工中应注意选用；其他国内知名品牌如健博通系列产品也是不错的选择，质量稳定有保障；一些质量优良的小厂生产的成品天线经过严格测试也是经济实惠的选择。

4.9.3 覆盖范围的优化

影响覆盖范围的主要因素包括：天线架设的高度、天线架设的位置、天线主波束的指向。通信架设越高其覆盖范围也越大，对其他站点的干扰也越大，反之，覆盖范围越小，受干扰的几率也越低。作为覆盖使用的天线，一般架设位置不选择楼顶正中间，而是选择在楼顶边缘，并赋予一定的下倾角。采用全向天线时，还要尽量避免“灯下黑”发生。全向天线的安装位置，并不是越高越好，而是要充分考虑覆盖的下倾角度和最大覆盖范围(距离)。因此，覆盖范围的优化其实是以天线的合理选择为基础的调整过程。主要可以采用以下几种常见手段。

1) 充分利用地形优势

利用地形拓展覆盖范围，实际上是化劣势为优势。俗话说“靠山吃山”，借助地形开展覆盖就是这个道理。例如，在山区本来因为地势高低不平，造成了覆盖困难，但如果利用高山“高瞻远瞩”的特点，架设山腰中继站则可大大提高覆盖效率。如某县城酒店、餐饮免费 WiFi 无线网络解决方案就使用了南山较高地势开展无线中继覆盖的办法。还有宾馆或居民社区等楼宇密集覆盖时，通常会利用较高地势与较低地势互相覆盖的方法，形成互补覆盖。

2) 凭借测试工具，精心调整天线方位角和俯仰角

利用 GPS、电子罗盘、激光测距测角仪器、天线扫描等工具可以精细确定方位，从而获得天线安装的最佳方位角。天线方位角的调整对无线的网络质量非常重要。一方面，准确的方位角能保证基站的实际覆盖与所预期的相同，保证整个网络的运行质量；另一方面，依据业务量或网络存在的具体情况对方位角进行适当的调整，可以更好地优化现有的无线网络，并强化某个扇区的业务能力和带宽。在注重方位角调整的同时，天线俯仰角的调整也不容轻视。天线俯仰角的调整是无线网络优化中另一个非常重要的内容。选择合适的俯仰角可以使天线垂直方向图中增益最大的部分遍历覆盖区，而使其他覆盖区域受同频及邻频干扰的影响最小。凭借工具精确调整方位角和俯仰角，可以使基站实际覆盖范围与预期的设计范围相同，同时加强本覆盖区的信号强度，减少其他区域的干扰进入和干扰其他区域的概率。

3) 按层次划分覆盖区域

为了实现完美覆盖，理论上的“最后一千米”依然还要分解为“最后九百米”和“最后一百米”，这主要是因为客户端设备和基站设备的差异造成的。将整个覆盖划分为“中继”和“接入”两个环节是非常科学和合理的，可以充分兼顾经济性和兼容性，同时还能确保用户容量。利用 airMAX 实现的基站覆盖具有 TDMA 轮询调度特性，从而可以实现远距离大容量的高质量接入服务，但是 airMAX 不支持普通 WiFi 客户端接入。因此，airMAX 专业设备适合承担中继这一角色。WiFi 在高密度、短距离、低成本覆盖方面具有兼容性好、灵活性强、廉价经济等特点。所以，WiFi 设备适合冲刺最后一百米。你可以试想一下：如果直接让那些手机、平板、笔记本“长途跋涉”连上你的“火箭”基站，最后的结果只有一种，那就是会拖死你的基站。因为那些移动设备内置的 WiFi 射频功率都非常低，即便关闭了 airMAX 功能后能接入基站，也只能保持非常低的 CCQ 值，造成不确定的网络丢包与重传，网络会显得异常缓慢，相当于“非专业”的设备直接拖死了“专业”的基站。按照“中继”和“接入”两个环节分层次完成覆盖，既能保持专业覆盖的高效和稳定，又能兼顾用户容量、成本与兼容性等实用需求。

4) 重视异构网络的利用

有无线结合是网络优化经常使用的方法，有线虽然布线麻烦，但是也有无线不可比拟

的优势，比如带宽稳定、通信质量有保障、不易受干扰、安全可靠等。在无线网络应用中，室内覆盖只能使用交流供电，这意味着布线施工不可避免。结合供电的同时，解决一些网络中继、盲区死角的补点是事半功倍的好办法。对于高楼林立的社区和钢筋混凝土堆积起来的现代建筑物，微波的绕射和穿透能力是非常力不从心的。经常为了绕过短短十几米的障碍而不得不采用 MESH 补点或中继的方式来穿越这些障碍。地下室或是楼道走廊的覆盖更是让人头疼。解决这些问题最有效的办法就是有无线结合。

所有 airMAX 设备全部支持 IEEE 802.11af/at 规范要求的 PoE 供电技术，一般供电范围约几十至百米，在对设备供电的同时也可以实现有线网络的连接和中继，尤其对楼宇内部的覆盖是非常有效的方式。更值得一提的是，电力线载波(PLC)网络(俗称电力猫)的飞速发展，使有无线网络结合更为紧密，电力猫的速度已经超过 200M，传输距离数百米，甚至比有线以太网的性能还要好。很多产品已经将电力猫和 WiFi 设备融合为一体，使得应用更为灵活。如图 4-12 所示，某商务快捷酒店无线网络覆盖就采取了有无线结合的方式实现了各楼之间与楼层之间的无线覆盖。其中 1、3 号楼采用 5.8 GHz 无线网桥形式与 2 号楼中心节点连接，各楼层采用 ZINWELL 公司的 ZPL203 电力猫 WiFi 作为 AP 覆盖本楼层，用户设备通过 WEB 认证输入各自的房卡号和密码上网。这个方案几乎没有布设一根网线却实现了有无线网络的结合应用，整个工程成本不足万元。

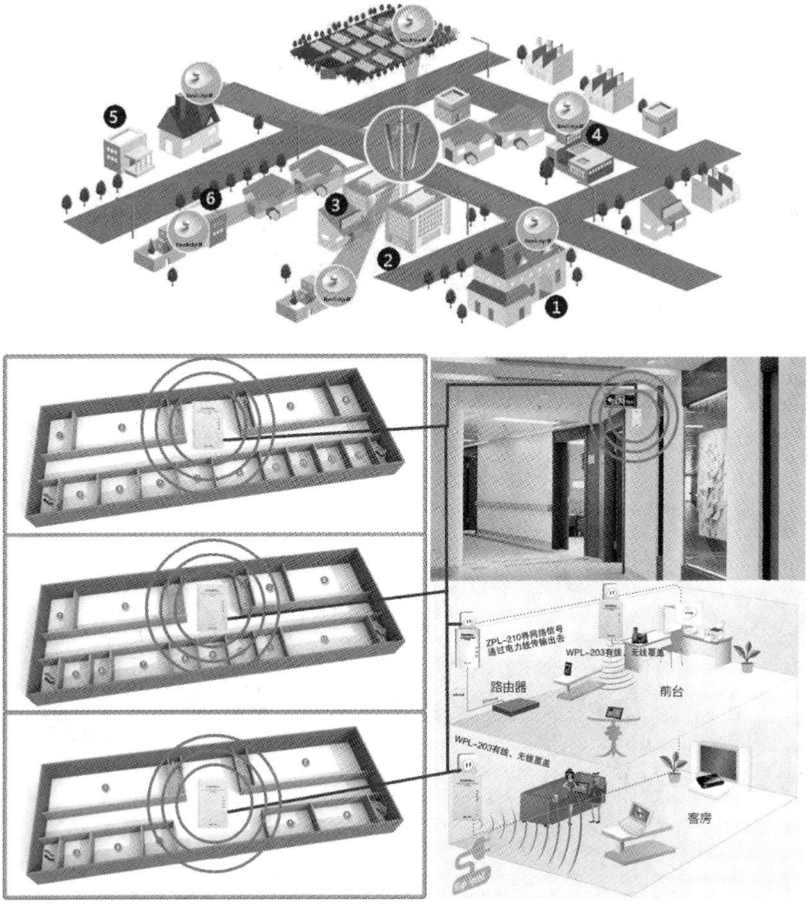

图 4-12　利用有无线结合的异构网络提高楼宇内部的覆盖密度

4.9.4 频率复用的优化

因为 ISM 公用频段无需申请执照，无线电频谱密度相对较高，存在频率干扰不可避免。随着 WiFi 普及到千家万户，在 2.4 GHz 或 5.8 GHz 频段实施类似 GSM 移动基站那样的优化策略几乎是不可能的，但通过同址多站、空间分集和使用扇区天线等技术手段提高频谱密度和覆盖效果是非常有效的。在覆盖范围的优化策略中，按照“中继”和“接入”两个环节分层次完成覆盖，既能保持专业覆盖的高效和稳定，又能兼顾用户容量、成本与兼容性等实用需求。其中，“中继”传输的距离相对较长、节点或用户数相对较少，可以采用频率资源比较稀缺、干扰源较少的频率或特殊频段，完成网络核心节点的“大区制”覆盖，只需要很少的频率复用，一般只要 1～2 个频点即可满足需求，大多数情况下，可以只选用一个“洁净”频率。而“接入”环节可以采用微蜂窝或“小区制”覆盖，频率复用密度可以达到极限，只要距离不是特别远，无论频率是否干扰，在隐藏终端问题不是特别明显的范围内，采用 1、6、11 或 2、7、12 等无混叠信道的 3 频复用蜂窝即可满足需要，也可采取双频混合交叉覆盖方式。

如图 4-13 所示，是一种利用大区制结合小区制提高覆盖密度和频率复用度的方法，用 MESH 网实现大区制，实现远距离“中继”，MESH 仅使用一个频率，可以是 2.3 GHz 的某个寂静频点。通过 MESH 中继点再通过有线转换成普通 WiFi 进一步实现小区制覆盖，小区制的频点随周围环境采用适当的带宽和频率组合，确保无混叠即可。对于大区制内散、远、小的覆盖区域，也可以使用任意的寂静频点。

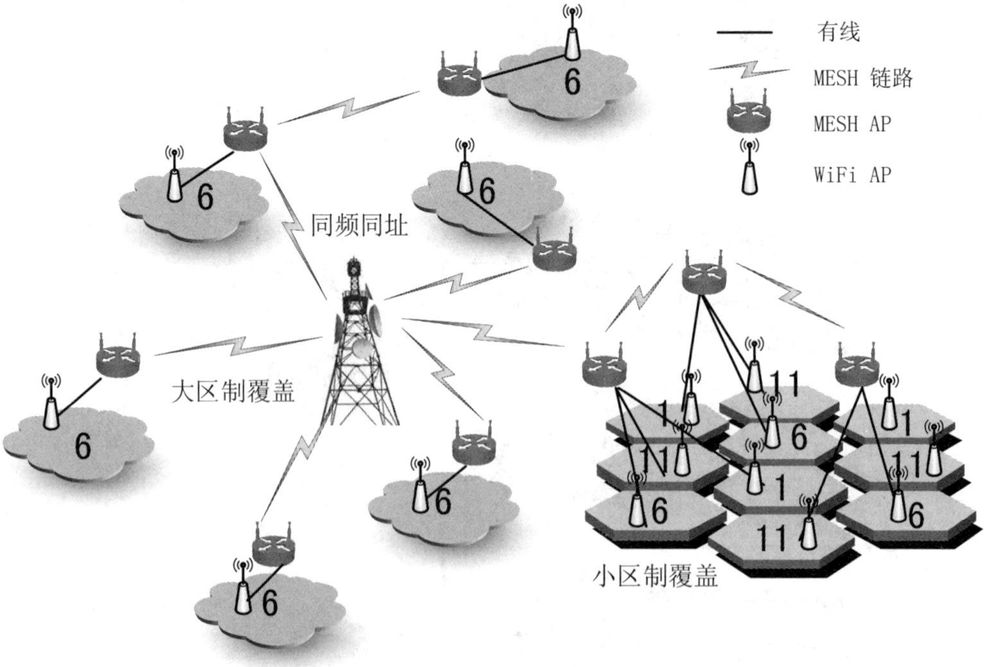

图 4-13 利用大区制结合小区制提高频率复用和覆盖密度

采用大区制 airMAX 设备建立 MESH 网时，如果受频率限制只能使用一个频率，而传输距离要求使用定向天线时，可以采取同频同址基站，用四个 90° 或三个 120° 的定向扇区天线和对应的基站来实现。同频同址基站需要使用 GPS 信号进行发射和接收同步，并且必须开启 airMAX 工作模式。

4.10　常见网络故障及对策

读到本节，读者千万不要以为对 airMAX 已经有了全面的了解就可以作出一个完美的网络设计或规划。事实上，在开始一个无线网络规划时，应该提前预见到一些可能存在的困难或问题，这些问题往往不是很起眼，但是最终可能成为实际施工时的拦路虎，耗费掉你大量的时间和精力去排除这些故障和问题。

4.10.1　设备吊死与自动重启

造成设备吊死的原因很多，实际工程中恰恰又不好找到真正的原因，而且时常出现，但很长一段时间却又完全正常，有的只要重新断电再上电或重启动一次就恢复正常，常常只好把这类故障归纳到“软故障”一类。

针对这类只需要重启就可以恢复连接的“软故障”，airOS 提供了一个软件复位的“看门狗”功能。其工作原理是，在 airOS 系统服务菜单下，选中“看门狗”功能(Ping Watchdog)，在其下面的“IP Address To Ping”一栏中填入远端的一个 IP 地址，每过一段时间(Ping Interval)，网桥就会向远端 IP 发出一次 ping 命令，当一段时间内测试到远端设备不通后，网桥就判断为断网，然后会自动重启重新进行连接。

“看门狗”功能最大的作用就是省去了人工对网桥的维护和亲自重启。作为桥接使用时，一般为发射端网桥和接收端网桥互填 IP 地址，可以起到相互监督的作用。而点对多点时，则最好填写一个内网比较稳定的服务器地址，并且在防火墙设置中允许被网外地址 ping 通。否则当中心点 AP 重启时，其他客户端设备会跟着同时重启，造成网络全部断开。同时切记，两个互相监督的网桥，千万不能把“Ping Interval”的时间设置为一样，请尽量将其中一个网桥的时间设置为数倍或者更大。如果发射端网桥和接收端设置为一样的时间，结果相信大家很快能猜到，这样有可能会导致重启死循环。因为，收发双方几乎都是同步重启，重启后又不能及时发现对方，再次进行重启。

4.10.2　电源相关的故障

常见的电源故障主要是桌面测试设备完好，安装到户外天线抱杆以后工作不正常；或者，网桥有规律频繁掉线。这些情况一般是因为 PoE 供电不足造成，造成故障的主要原因是使用了非标准的或劣质的网线。验证的方法是，用标配的 1 m 网线连接网桥和 PoE 电源的 Power out 口，将电源 Date in 连接电脑的网卡，如果问题不再出现，则说明网线质量不能满足需求，应更换为质量更好的网线，通常无氧铜材质、0.48 mm 线径的铜芯网线是比较可靠的选择。一般符合质量要求的 0.48 mm 线径无氧铜网线(带屏蔽)可以长达 100 m 供电，0.50 mm 线径无氧铜网线(带屏蔽)可以长达 130 m 以上供电。而劣质的铁质网线极限长度最多不超过 10 m，0.30 mm 线径的无氧铜网线大致能工作 30 m。

另外，功率输出不足或存在故障的电源也可能造成上述故障，判断的方法是，在不带设备时，用示波器观察电源输出的纹波和电压，在设备通电后再观察纹波和电压，如果此时纹波增大或者电压下降过大，则可以肯定是电源输出功率不够或存在问题。需要更换符合要求的电源。

因此，在无线网络设计和规划时，一定要充分考虑好电源的解决方案，采购合格的网线和 PoE 适配器，尽可能减少施工时的隐藏故障。

排除电源问题以后仍然存在网桥无规律频繁掉线，这种情况一般是受到干扰或者网络存在环路回流(可能性较小)，应继续尝试更改频率或开启生成树协议(STP)解决，如果网桥是分时段掉线，特别是网络高峰期掉线，请尝试改善网桥的架设环境，并检查周围是否有电信、移动公司的 chinanet、CMCC 等无线热点，并检查网桥安装位置周边有无手机放大器、2.4 GHz 影音传送器、2.4 GHz 信号干扰器等，如果种种方式都不能解决，则应重新评估设备的选择是否正确或怀疑设备本身电源电路的故障。

4.10.3 IP 地址冲突故障

设备周期性的吊死或者在某些设备开启后即进入不正常状态，通常是 IP 地址相关的故障。可能存在 IP 地址规划或设置不合理，资料登记错误或不全面造成 IP 地址错误配置，引起设备间的 IP 地址冲突。另一个很容易被忽略的故障原因，可能是整个网络或网络的某个区域存在环路回流，造成了隐形的“网络风暴”，断电后一段时间内恢复正常，但过一段时间后又重新吊死。判断的方法：常常可以看到 LAN 指示灯在快速的闪动(表示流量巨大)，而此时网络响应很慢，而正常时却闪动较慢。此时，应该是“网络风暴”已经产生，造成了网络阻塞。

解决 IP 地址冲突的办法是分段进行排查，发现 IP 地址冲突的设备，并更改合适的地址。如果不使用 DHCP 来动态分配设备的 IP 地址，而采用静态(固定)IP 地址，最好的办法是在施工开始前，详细登记每一个设备的 MAC，并规划好每一个设备的用途、网段和 IP 地址；在施工过程中逐一登记并检查执行情况，如果有设备 IP 地址变动，则需要向施工主管人员申请并记录在册，及时将变动情况同步修改，并通知到工程其他相关人员。大部分的 IP 地址冲突来自于管理或消息不能及时沟通。

解决环路回流问题要区分是无线网本身造成的环路，还是其他网络节点造成的环路。如果是无线网自身的问题，比如，不正确地使用了 WDS 中继功能，造成了中继环路。解决方法是在每个设备的 airOS 设置中，将网络设置的网络管理设置(Management Network Settings)选项中开启生成树协议(STP)。对于 MESH 类型的网络，一般不要使用自动 WDS 功能，应该统一规划好各节点间的中继关系，手动输入 WDS 信任站点列表。

4.10.4 天线相关故障

信号减弱、通信速率降低且时断时续；覆盖范围或通信距离明显小于预期值；传输效果与以往经验相差明显；通信质量降低的故障只在某些气候条件下发生；更换新的品牌设备后出现信号变弱的故障，上述这些故障的表现往往与天线有关，产生的原因有多种：

(1) 可能使用了错误参数的天线，因为大多数天线外线长得都差不多，而参数却相差甚远。

(2) 天线在运输过程中受到了物理损坏，某些接头或焊点脱落而未能及时发现，使天线不能正常工作。

(3) 连接天线与设备的馈线有问题，采购员临时更换了供货厂商，新提供的馈线未能达到技术要求，或未经测试即提交工程使用，因为馈线也有阻抗匹配和信号衰减问题，极有可能阻抗不匹配造成驻波过高，或者距离太长增加不必要的衰减。

(4) 极化方向错误，天线安装的位置或方向有问题。比如，近端基站采用了垂直极化的天线，而远端客户端却把天线安装成水平极化方向，距离近时没有发现通信连接问题，当距离稍远时却无法正常通信。正确的做法是收发双方的天线以同一个极化方向安装。需要引起注意的是，极化方向改变，可能会因为天线方向图在水平和垂直两个方向上增益不同造成新的故障。

(5) 盲目地采用高增益天线，天线增益提高时，其方向性同时也在变化，覆盖角度和服务可能随着增益提高而变得越来越小，人为制造了一些通信盲区，或者产生“灯下黑”等现象，比如距离远的站点信号很好，反而距离天线底部近的区域信号不好。

(6) 天线密封不好，在多雨季节容易进水，天线进水后性能参数发生变化，对无线网络而言大多数工作频率都在微波频段，对参数的细微变化都很敏感。这种故障在雨后天晴数天内又恢复，让人无所适从。质量差、密封不好的天线易受天气等因素的影响，而这种天线的实验室测试结果不一定就差。因此，对于质量差的天线，测试正常就未必没有问题。我们建议不要用质量差的天线，而要选用通过认证的正牌天线。

(7) 使用频率与规划频率不一致，导致天线等效增益下降。现场施工人员在安装基站时发现频率冲突和干扰，临时调整了工作频率，修改频率后未及时与设计部分沟通，同时更换对应的天线，导致天线频率与工作频段不匹配。典型的情景是在设计时规划频率为 2.4 GHz 频段的较低信道，发现频率冲突后，施工人员自己调整为 2.5 GHz 以上，甚至是 2.7 GHz 频段的信道，因为缺乏对通信知识的了解，以为将设备频率改过去就能避免频率冲突与干扰，殊不知，这样造成了天线的工作带宽完全与实际工作频率不一致。通常，每个天线都有自己的工作带宽和中心频率，稍微的变动不影响正常工作，但是变化较大时，会导致完全不能工作。

(8) 多个基站的天线覆盖扇区重复度很高，客户端接入时在两个基站之间来回切换，造成通信老是掉线重连。

(9) 将不同频段的天线错误使用。通常 2.4 GHz 与 5.8 GHz 的天线长得极为相似，在库房存放时，有可能将通信参数标签损毁或遗失，没有进行判断或测试即上架施工，造成“张冠李戴”，影响通信效果。有时为了应急，顺手牵羊地使用了某个未知的天线，造成故障后排查困难。

(10) 气候对天线造成的影响。某些定向天线因为“长相”特殊，在冬天容易造成积雪或表面结冰，这样肯定会造成增益下降，甚至不能正常使用；还有一些定向天线的安装或固定不好，或未使用“零风阻”天线，遇到大风天气，天线被吹得来回晃动，造成方向偏离，天线的辐射角度与规划角度偏离较大，等效增益降低。

(11) 冬季使用正常，但春夏季效果明显下降，这很可能是因为天线的辐射路径上存在密度较高的树林，春夏季树叶茂盛阻碍了电波传播，而冬季树叶掉落，天线的传播路径又恢复正常。

(12) 收发天线增益不对等，造成接收信号虽然很强，但是无法接入。如果收发双方采用指标参数相同的设备，则发射功率和接收灵敏度完全一致，双方的天线差异可能造成实际的功率裕度不对称，一方发射的信号正常，而另一方却无法达到接收门限。

(13) 馈线老化造成开路或短路，这种现象在设备运行一段时间后出现，户外安装的设备因为风吹日晒，塑料护套经曝晒以后老化，出现断裂、短路的现象，一般目测检查即能发现。

与天线相关的故障远远不止上述这些，大多数的天线故障都可以通过 airOS 自带的天线校正工具来发现，一般通过读取天线接收的信号电平值来判断，与经验值进行比较发现工作异常情况。同时，系统主菜单上的 CCQ 值也是重要的参考数据。

最后，需要引起注意的是，质量再好的天线在每个批次中都有例外，存在质量上的“漏网之鱼”，即便是存在千分之一的概率，也就是说一定存在个别质量不好的时候。当大家处理故障时，排除基站硬件可能的问题之外，不要忘了把天线也列为嫌疑对象。另外，天线的安装和调试也很重要，细微的错误将造成致命的故障。

第 5 章　airMAX 与 MESH 组网

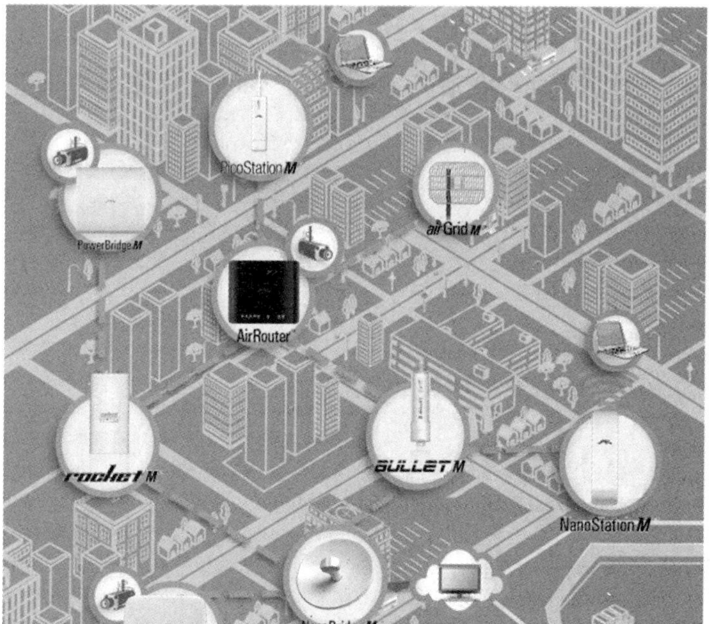

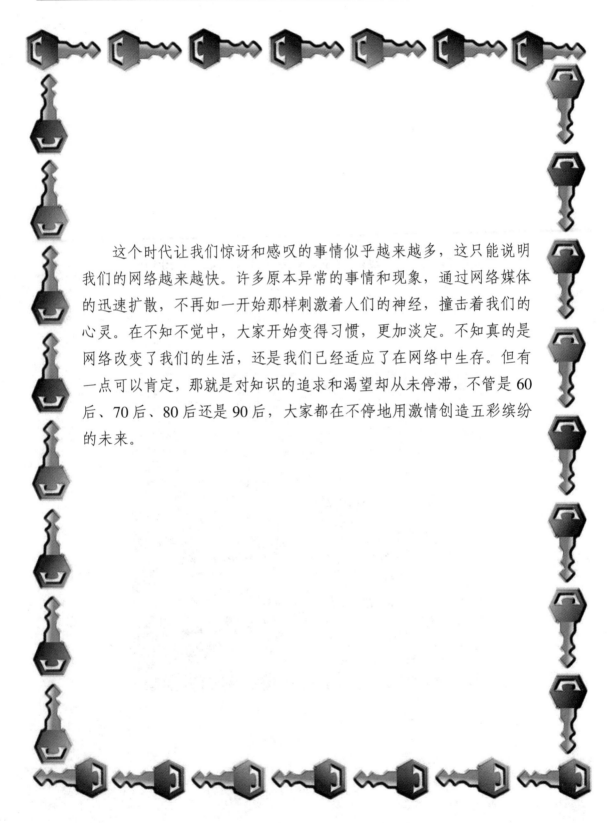

这个时代让我们惊讶和感叹的事情似乎越来越多，这只能说明我们的网络越来越快。许多原本异常的事情和现象，通过网络媒体的迅速扩散，不再如一开始那样刺激着人们的神经，撞击着我们的心灵。在不知不觉中，大家开始变得习惯，更加淡定。不知真的是网络改变了我们的生活，还是我们已经适应了在网络中生存。但有一点可以肯定，那就是对知识的追求和渴望却从未停滞，不管是60后、70后、80后还是90后，大家都在不停地用激情创造五彩缤纷的未来。

airMAX 凭借 WiFi 廉价的硬件平台，在技术层面以极低的成本实现类似 WiMAX 的专业 WLAN 已成为可能。现在 4G 已经开始商用，WiMAX 前途渺茫。airMAX 凭借自身远距离传输与 TDMA 的优势，如果能与 MESH 技术结合，将获得更广泛的覆盖范围，具有系统容量高、组网灵活的优势，适用于各种无线局域网、城域网的组网。

5.1 MESH 网络原理

5.1.1 MESH 网基本概念

MESH 的英文意思为“网眼、网格”，MESH 网络即“无线网格网络”，它是一种典型的“多跳(multi-hop)”网络，是由 Ad hoc 网络发展而来，最早应用于军事通信，是解决“最后一千米”问题的关键技术之一，也是一种新的无线网络类型。与传统的 WLAN 不同，无线 MESH 网络中的 AP 是无线连接的，而且 AP 间还可以建立多跳的无线链路。在向下一代网络演进的过程中，无线 MESH 可以与其他网络技术进行综合，构建一个动态的、不断扩展的网络架构，将任意的两个或多个设备通过无线保持互联。当然，也可以简单地认为，无线 MESH 网络只是对骨干网进行了变动，和传统的 WLAN 并没有太大的区别。

1. MESH 网络拓扑结构

MESH 网没有固定的拓扑结构，基本形状为网格状，构成 MESH 网格的基本要素为 MESH 链。单个的 MESH 链和多条 MESH 链都可以组成 MESH 网。图 5-1 所示为典型的 MESH 网拓扑结构。

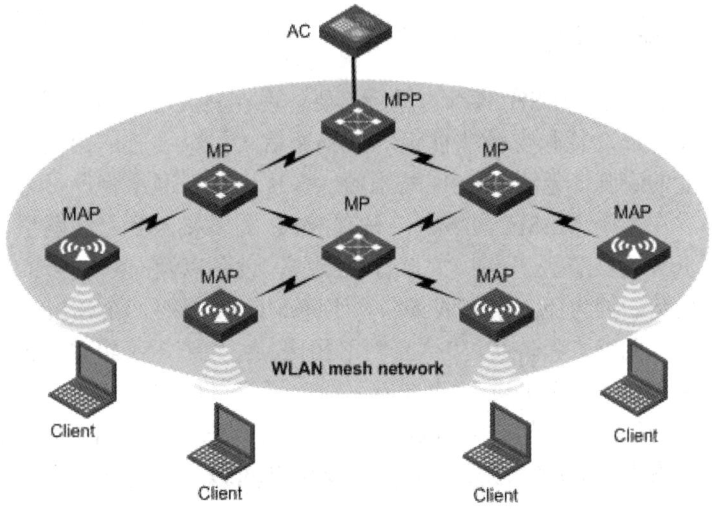

图 5-1 典型的 MESH 网拓扑结构示意图

2. MESH 网络节点角色

为便于分析，有必要先简单介绍一些 MESH 网络的基本组成要素及其承担的角色。无线 MESH 网络由 MESH routers(路由器)和 MESH clients(客户端)两类节点组成。其中 MESH routers 构成骨干网络，并和有线网相连接，负责为 MESH clients 提供多跳的无线互联网连接。MESH routers 通常由 AC、MPP、MP、MAP、CPE 和 MESH Link 等构成。

(1) AC(Access Controller)，又称为接入控制器，位于核心网或路由出口的最根部，负责控制和管理无线网络内所有的 MP、MAP 和 MPP。不是所有的 MESH 都必须设置 AC，如果不进行集中控制，AC 可以省略，或是由一般的出口路由器替代。

(2) MPP(MESH Portal Point)，称为 MESH 落地节点，是唯一通过有线与 AC 连接的无线接入点。有时蜕化成一些具有 PPoE 等功能的 NAT 无线路由器节点。

(3) MP(MESH Point)，是纯 MESH 点，仅通过无线与 MPP 或 MAP 连接，但是不负责任何客户端接入。一般充当“跳点”中继角色，用于 NLOS 通信时的链路接力。

(4) MAP(MESH Access Point)，也称为 MESH AP，是一种节点型 MESH 客户端(Clients)设备，通常除了提供 MESH 中继服务外，同时还承担客户端的接入服务，与通常的 AP 很类似。

(5) CPE(Customer Premise Equipment)，称为客户终端设备，在 MESH 网中是指纯粹作为客户端接入网络的设备，一般通过 MAP 接入整个 MESH 网络。CPE 既可以是独立的无线网络节点设备，也可以是带 LAN 接口的桥接设备。带 LAN 口的 CPE 后面可以接入一些摄像机、IP 电话、PC 机等，甚至可以将一个 LAN 也接入。

(6) MESH Link，称为 MESH 链路，由 MP、MPP、MAP 等一系列 MESH 路由节点级联成的无线链路。理论上，MESH 节点均支持移动互联，通过生成树协议(STP)维持最优的网络路由表。但大多数情况下，MAP 位置会相对固定下来，此时，MESH 网蜕化为一种更简单的结构，称为无线分布式系统 WDS(WLAN Distribution System)。目前，大多数应用良好的 MESH 都是这种结构。

5.1.2 MESH 网络的优势

相对于传统 WLAN，MESH 网络的优势主要体现在其灵活部署、成本低廉等特点上，加之结构变化多端，低功耗和支持非视距(NLoS)通信，在军事通信领域应用广泛，同时也受到越来越多企业的青睐。无线 MESH 技术的诸多优点使得网络管理员可以轻松部署质优价廉的无线网络。在整个 MESH 网络中，只有 MPP 需要接入到有线网络，对有线的依赖程度被降到了最低程度，省去了购买大量有线线缆、设备以及布线安装的投资开销，在网络成本方面极具优势。因为免去了布线环节，组建 MESH 网络，除 MPP 外的其他 MAP 均不需要走线接入有线网络，和传统 WLAN 网络相比，大大缩短了组建周期，满足了快捷部署的需要。MESH 对地形的适应能力也非常强，除了可以应用于企业网、办公网、校园网等传统 WLAN 网络常用场景外，还可以广泛应用于大型仓库、港口码头、城域网、轨道交通、应急通信、军事训练等应用场景。大多数 MESH 可以提供链路冗余，从而具有更高的可靠性。传统 WLAN 网络模式下，一旦某个 AP 上行有线链路出现故障，则该 AP 所关联的所有客户端均无法正常接入 WLAN 网络。而 MESH 网络中各 MAP 之间实现的是全无线连接，由某个 MAP 至 MPP 节点(有线网络落地)通常有多条可用链路，可以有效避免单点故障。高级的 MESH 网络，MAP 之间能自动相互发现并发起建立无线连接，如果需要向网络中增加新的 AP 节点，只需要将新增节点安装并进行相应的配置，具备较强的可扩展性。这些优势归纳如下。

1) 快速部署和易于安装

安装 MESH 节点非常简单，将设备从包装盒里取出来，接上电源就行了，甚至很多 MESH 本身就是自带电源的。由于极大地简化了安装，用户可以很容易增加新的节点，扩大无线网络的覆盖范围和网络容量。在无线 MESH 网络中，不是每个 MESH 节点都需要有线电缆连接，这是它与点对点网桥最大的不同，也是能超越网桥扩展应用的主要原因。MESH 的设计目标就是将有线设备和与有线相连的 AP 或网桥数量降至最低，从而大大降低总的应用成本和安装时间，仅这一点带来的效益就非常可观。

2) 非视距传输(NLoS)

本来微波传输是无法进行非视距传输的，利用无线 MESH 链路和节点却可以很容易实现 NLOS 配置，在室外和公共场所有着广泛的应用前景。直接视距(LoS)用户先与 MAP 连接，然后 MAP 再将接收到的信号转发给其他 MAP，最后传输给其他非直接视距的用户。按照这种方式，信号能够自动选择最佳路径不断从一个节点跳转到另一个节点，并最终到达无直接视距的目标用户。这样，具有直接视距的用户实际上为没有直接视距的邻近用户提供了无线宽带访问功能。无线 MESH 网络能够非视距传输的特性大大扩展了无线宽带的应用领域和覆盖范围。例如，在油气井数据传输应用中，大量地处低洼地势的单井，可以通过较高地势的单井站点进行中继，从而消除大部分无法 LoS 通信的盲区。在山区，位于山坡上的节点为其他山脚下的用户提供了通信中继，从而获得了“靠山吃山”的好处，将本来是缺点的地形弱势变成强势。

3) 结构灵活多变

在单基站的无线网络中，设备必须共享 AP 或者 AP 必须与有线相连。如果同一个 AP 上的几个设备要同时访问网络，就可能产生通信拥塞并导致系统的运行速度降低。而在 MESH 多跳网络中，设备可以通过不同的节点同时连接到网络。MESH 网络还允许使用冗余机制和通信负载平衡功能。在无线 MESH 网络中，每个设备可以有多个传输路径可用，网络可以根据每个节点的通信负载情况动态地分配通信路由，从而有效地避免了节点的通信拥塞。而目前单跳网络并不能动态地处理通信干扰和接入点的超载问题。

4) 更高的带宽

无线通信的物理特性决定了通信传输的距离越短就越容易获得高带宽，因为随着无线传输距离的增加，各种干扰和其他导致数据丢失的因素随之增加。因此选择经多个短跳来传输数据将是获得更高网络带宽的一种有效方法，而这正是 MESH 网络的优势所在。在 MESH 网络中，一个节点不仅能传送和接收信息，还能充当路由器对其附近节点转发信息，随着节点密度增加，更多节点的相互连接和可能的路径数量不断增加，网络总的带宽也随之大大增加。

5) 干扰小、功耗低

采用 MESH 技术后，网络信号不再需要千方百计地经过“长途跋涉”进行传输，每个短跳的传输距离相对缩短，传输数据所需要的功率也可以较小。MESH 网络可以使用较低功率将数据传输到邻近的节点，节点之间的无线信号干扰也相对减小，网络的信道质量和信道利用效率将大大提高，因而能够实现更高的网络容量，而只需要较低的发射功率，极大地减少无线网络相邻用户间的相互干扰，大大提高信道的利用效率。

5.1.3 MESH 网络的安全

理论上，无线网络能够利用的安全接入技术在 MESH 中都能使用。但 MESH 的安全问题主要来自于 MAP 之间的互相信任过程，MESH 节点之间通过自动协商或者预定义的参数建立相互的信任关系，这种信任关系一般是对等的，比如采用相同的 ESSID 号、相同的频率、相同的密码、相同的加密方式。正是因为这种对等关系，使得 MESH 网络中，大多数 MP 和 MAP 不可能有主次之分，而需要采取 C/S 方式进行安全认证的工作机制受到了限制，类似 WPA、WPA+的加密方式在 MESH 模式下无法使用，airMAX 因此在 MESH 模式下只能提供 WEP 一种加密方式。但是，airMAX 依然支持 ESSID 发射禁止、MAC ACL 白名单等安全机制，CPE 接入时依然能够通过内网部署的 RADIUS 服务器进行拨号认证。多重安全手段并用，可以确保 MESH 运行的基本安全。

5.2 airMAX 设备的 MESH 设置

5.2.1 确定 airMAX 的角色

在无线 MESH 网络中，位于不同位置的 MESH AP 将承担不同的角色。如果不需要落地(与有线网互联)，则只需要若干 MAP 进行简单的设置即可构成 MESH 网；如果需要落地，则至少存在一个以上的 MPP；某些节点仅需要单纯地进行中继，也可以加入一些 MP。早期的 airOS 将 MESH 角色分成两种，站 WDS 和 AP WDS，在 airOS 5.5 以后被归纳为 AP 中继(AP-Repeater)一种形式，并提供自动协商和手动设置两种 MESH 设置方式。

通常 airMAX 中常见的角色有 MMP、MAP、MP 和 CPE 等角色。

(1) 中心站，也是 MESH 网的主节点，一般充当 MPP 角色，与有线连接实现无线网的有线落地，其 LAN0 口通常可以设置为透明桥接、NAT Router、NAT SOHO Router 等多种形式，支持静态 IP、HDCP、PPoE、IEEE 802.1x 拨号认证等多种形式。中心站的无线设置应采用 AP-Repeater 或者 AP+WDS 模式，有线网络设置根据接入对象不同，按需要自行选取。

(2) 中继接入点，通常是 MESH 网中数量最多的节点，充当 MAP 角色，横向与其他 MAP 或 MP 中继互联，对下与 CPE 连接。中继接入点的无线设置应采用 AP-Repeater 或者 AP+WDS 模式。如果本地有 LAN 设备接入，则有线侧的设置默认为桥接(Bridge)。

(3) 跳点，主要是在某些关键点或制高点承担中继任务，充当 MP 角色，本身不与任何 CPE 连接，只对其他 MAP 或 MP 横向连接。点的无线设置应采用 AP-Repeater 或者 AP+WDS 模式。有线侧不用设置或默认为桥接(Bridge)。

(4) 终端节点，将 CPE 设备或 LAN 接入到无线 MESH 网，终端节点的无线设置应采用站模式或者站 + WDS 模式。有线侧的设置默认为桥接(Bridge)，根据情况也可以设置为 NAT Router。

5.2.2　开启 airMAX WDS

开启 WDS 功能需要以下三个基本步骤：预设置、建立 WDS MAC ACL、检查 WDS 联通状态。

1. 设置前置条件

预设置的目的是为开启 WDS 功能设置前置条件，如切换工作模式、设置无线密码、开启生成树协议等。

一般 MAP、MP 角色必须将无线模式切换成 AP+WDS 或者 AP-Repeater 模式，各成员之间必须使用相同的频率、调制带宽。采用自动 WDS 模式的 MAP 必须使用相同的 ESSID 号。

为防止无线环路转发产生网络风暴，必须开启生成树协议(STP)选项，STP 开启的方式和菜单位置随 airOS 版本不同而有所差异，一般在 airOS 有线网络设置项高级模式的 Bridge Network 选项中，或者直接选择 STP 启用项，使用时需要引起注意。除了 MPP 因为开启了 NAT Router 功能而不开 STP 外，其他 MAP 都要确保开启生成树协议选项。另外，切换无线模式和预设置参数后，需要保持设置并使之生效。

如采用无线密码，则每个 MAP 都必须采用相同的密码，且密码模式只能为 WEP 加密方式。设置无线密码为可选项，也可以不设置密码。无线密码设置不能使用 WPA 或 WPA2 模式的原因，是因为 WPA 需要采取 C/S 方式进行安全认证，而 MESH 节点间只能是相互平等的关系，因此 WPA 的工作机制受到了限制，只能使用 WEP 加密。

2. 建立 WDS 节点地址列表

WDS 节点信任关系的建立可以采取自动模式或手动编辑节点列表(WDS Peers)两种方式。通过为每个 MAP 配置邻居 MAP 的 MAC 地址来实现 MESH 链路和网络拓扑。其中，MPP 作为根节点，不能使用自动 WDS 模式。其他 MAP 可以随意采用自动或手动模式。除频率、带宽、密码完全相同外，自动模式还需要使用相同的 ESSID，根据使用的 ESSID 来判断哪些 MAP 属于同一个 MESH 网。手动模式的 ESSID 可以相同，也可以不同。手动输入节点 MAC 地址时，需要将有信任关系的其他相邻(对端)MAP 的 MAC 地址写入 Peers 列表中，每个 airMAX 设备最大允许手动输入 6 个节点地址。airMAX 也支持一方自动、一方手动的混合模式，但需要谨慎使用。

3. WDS 联通状态检查

全部 MAP 设置结束并保存设置后，需要重启 MAP 检查各个 MAP 节点间的联通状态。检查的方法可以使用 ping 命令直接检查点对点间的联通状态，也可以在每个 MAP 的主菜单下，通过 ARP table 列表来查看。如果有连接异常，应检查第一和第二步骤中所有需要相同设置的选项，同时检查信号强度是否足够。所有设备安装到户外以前，必须做室内 MESH 的逻辑联通测试，排除设置错误和硬件故障。

5.2.3　使用 airMAX WDS 注意事项

利用 airMAX 自带的 WDS 功能组织 MESH 网需要十分谨慎，稍有不慎就可能出现莫名其妙的错误。需要从以下几个方面仔细检查：

(1) 是否开启生成树协议。出现网络风暴、阻塞、吊死时，重点检查此项。虽然 airMAX 有强大的 ARP 列表等智能管理功能，但是形成无线环路回波的可能性依然很高，特别是采用了自动 WDS 模式时，更需要谨慎。

(2) 检查频率、带宽是否一致，频率、带宽设置不能使用自动选择项。

(3) 加密模式只能使用 WEP 模式，使用数字作为密码时，注意区分 ASCII 和 HEX。

(4) 非自动 MESH 模式下，最大支持 6 个 WDS 关联节点(Peers)。

(5) 除 CPE 节点外，不同厂家的 WDS 一般不兼容。MAP、MP 尽可能使用同一版本的正版 airMAX 设备。如果可能，CPE 设置时应锁定某个最近的 MAP。

(6) UBNT 设备支持 airMAX 与 WiFi 混合使用，共同构建 MESH，但哪些开启 airMAX，哪些是普通 WiFi MAP，需要提前规划设计，施工时也需要严格检查，并在竣工表中做成详细备注，以便后期检查和故障排除。

5.3 airMAX 的 MESH 组网方式

airMAX 由于没有统一的拓扑结构和节点容量限制，因此其组网方式也变化多端。常见的有链式、点对多点(树叶式)和混合式等 MESH 组网方式。不同的组网方式可以满足不同的网络服务需求，用户可根据实际工程的要求来确定，也可以是这几种形式的综合应用。

5.3.1 链式 MESH

airMAX 支持点到点，再到点的接力式 MESH 组网，也称为链式 MESH，如图 5-2 所示。在点到点的链式接力组网中，用户可以预先指定与其相连的左右邻居。链式 MESH 的结构非常简单，管理起来也十分方便，适合长条形覆盖区域。如矿山井下、地铁车厢、行进的车队等。但是，链式 MESH 一般没有冗余枝干，所以任何一个 MAP 出现故障均会产生“断裂”现象。

图 5-2 链式 MESH 组网示意图

5.3.2 点对多点 MESH

在点对多点 MESH 网环境中，所有链路都要通过中心桥接设备进行数据转发，中心桥接设备可以是 MPP 或 MP，特殊情况下也可以是 MAP。如图 5-3 所示的点对多点 MESH 组网，无线网所有的数据传输都要通过 MPP 1 进行互转。

点对多点的 MESH 组合方式通常用于小区覆盖时的主干中继、楼宇间多路网桥的中继、小区无线视频监控系统等场合。具有网络覆盖范围大、部署简单迅速、便于管理等显著特点。但因为 MESH 协助转发需要损耗系统带宽，只适合终端数较小或带宽压力较小的应用场合。

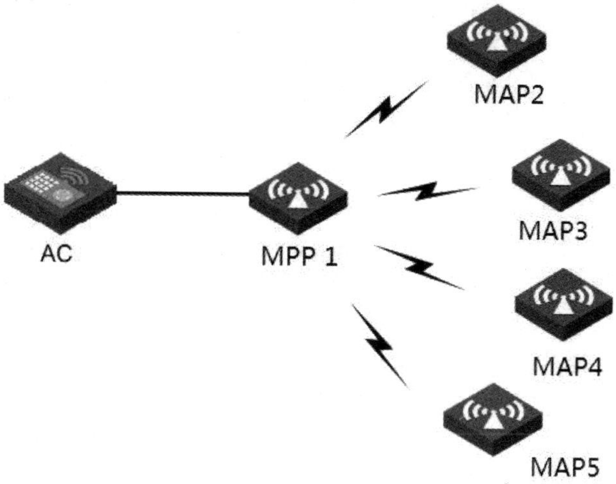

图 5-3　点对多点 MESH 组网示意图

5.3.3 混合式 MESH

由若干个链式 MESH 网和点对多点 MESH 网可以构成混合式 MESH 网。通常用于覆盖范围更广或需要采取分布式部署分担带宽压力的场合，在兼顾 airMAX 和 WiFi 兼容性时也会经常使用混合式 MESH 网。如第 4 章中，图 4-13 所示，即为一种混合式 MESH 网应用。

混合式 MESH 网应用于各种需要优化的网络环境，以改善带宽、覆盖范围、兼容性等方面的性能。

第 6 章　利用 airControl 管理 airMAX 网络

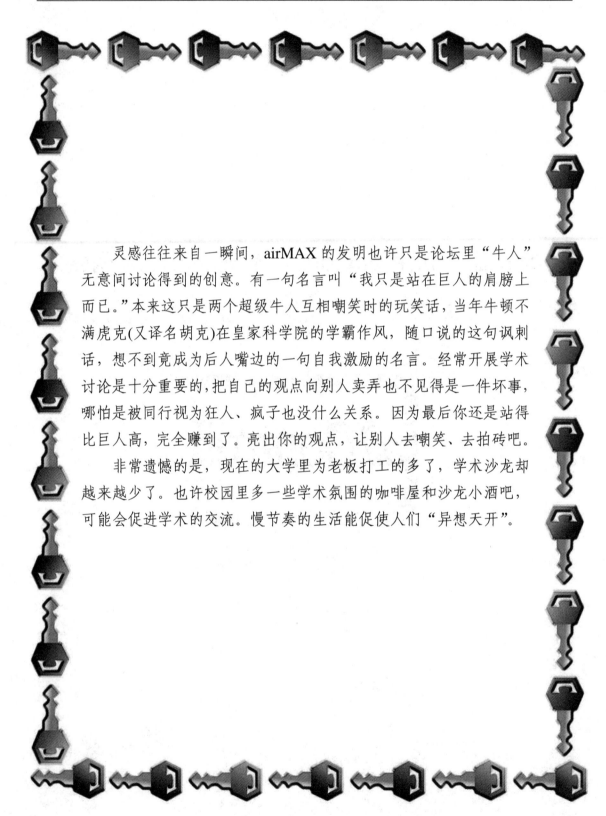

灵感往往来自一瞬间，airMAX 的发明也许只是论坛里“牛人”无意间讨论得到的创意。有一句名言叫“我只是站在巨人的肩膀上而已。”本来这只是两个超级牛人互相嘲笑时的玩笑话，当年牛顿不满虎克(又译名胡克)在皇家科学院的学霸作风，随口说的这句讽刺话，想不到竟成为后人嘴边的一句自我激励的名言。经常开展学术讨论是十分重要的，把自己的观点向别人卖弄也不见得是一件坏事，哪怕是被同行视为狂人、疯子也没什么关系。因为最后你还是站得比巨人高，完全赚到了。亮出你的观点，让别人去嘲笑、去拍砖吧。

非常遗憾的是，现在的大学里为老板打工的多了，学术沙龙却越来越少了。也许校园里多一些学术氛围的咖啡屋和沙龙小酒吧，可能会促进学术的交流。慢节奏的生活能促使人们“异想天开”。

随着 airMAX 网络的广泛应用，可能在一个无线网络内部会存在数以百计的各种型号 airMAX 设备。如此庞大的网络，如果出现故障需要维修，或者需要调整网络参数，即便是在工程资料和测绘数据齐全的条件下，也是一件相当复杂而繁琐的工作。幸运的是，UBNT 早就考虑到了这一点，为我们提供了一个简单易用、功能齐全、使用免费的集成管理工具——airControl。借助 airControl 强大的管理功能，可以实现网络设备的远程固件升级、运行状态实时监控、设备的在线参数设置与调整、可视化的地理位置显示等。如果你的网络能够连入互联网，甚至可以利用 Google Earth 强大的地理信息数据，实现 airMAX 网络施工过程中的链路预算估计、站址勘测与优化、覆盖范围评估等更多强大的管理功能。

6.1 airControl 基本功能与安装

6.1.1 airControl 基本功能与系统简介

airControl 是一个基于 Web 的集成服务器应用程序软件，通常部署在一个专网中，并与被管理设备通过网络连接，也可以与外部互联网连接以实现更多的功能，诸如利用 Google Earth 显示设备所处的地理位置。用户的客户端无需安装任何软件，也无需关心所使用的操作系统平台和版本，而仅仅需要一个支持 Java 的网络浏览器，即可从网络任意地方，甚至是互联网，通过浏览器访问所部署的 airControl 服务器应用程序。

该服务器应用程序需要在一台专用服务器主机上不间断运行，以便监视和收集有关被管理设备的状态数据。主机类型通常可以采用常见的 Windows PC 或者 Windows Server。客户端浏览器也可以运行在部署有 airControl 服务器应用程序的同一台计算机上，并启动相应的服务，但这不是理想的系统应用方式。

另一种方法是通过 Web 服务的 API 来调用 airControl。可以利用自己编写的应用程序或其他实用程序，通过 HTTP 或 HTTPS 转发来替代浏览器。虽然目前提供的 API 拓展应用形式非常有限，但预计随着时间的推移，未来发展趋势会将本地网管(NMS)系统或无线接入服务(WISP)的管理系统与 airControl 进一步融合，以满足无线网络管理不断发展的需要，最终实现一个完整的无线网管集成解决方案。

安装服务器应用程序的主机根据被管理设备的数量不同，对系统配置的要求也各不相同。除此之外，还与被管理设备的状态数据更新率有关。假设 Java 虚拟机(JVM)运行时只占用最小的资源，对一个拥有 512 MB RAM 的单核 CPU 服务器，管理 50～100 个设备或许不成问题，而管理数千个设备则可能至少需要一个 2～3 GB 以上专用内存、性能更好的多核服务器平台。

1. 基本功能

airControl 是由 UBNT 公司免费提供的一个网络管理软件。它是一个基于 Web 的网络管理服务器应用程序，具有功能强大、直观、实时性强等特点。它允许无线网络运营商集中管理整个网络中所有的 UBNT 设备，主要提供了以下功能：

(1) UBNT 设备搜索与发现功能。集成环境提供了一个内置的快速扫描功能，与现有的 UBNT 独立扫描软件功能完全一致，通过 UDP 协议对相关服务端口进行子网扫描，位于本网段的所有 UBNT 设备将被扫描工具立刻发现，方便了设备的添加和管理。另外，对于非本地子网的设备，有一个手动输入选项可以指定 IP 地址或 IP 范围来发现、扫描和添加设备。

(2) 设备状态监视功能。对已经连接的设备，可实时显示(报告)设备的状态。UBNT 设备如果处于活动并且是被“管理”状态下，则设备将定期向 airControl 服务器报告运行状态，以便监视实时的状态更新。

(3) 固件升级功能。当 UBNT 设备处于被“管理”状态时，则多个 UBNT 设备可以像一个整体设备一样，由 airControl 服务器实现批量同步更新 airOS 固件。当然，这也依赖于设备之间的无线连接关系。升级用的固件镜像文件可以由管理员在更新前上传至 airControl 服务器。

(4) 修改参数与配置功能。通过 airControl 内置的配置功能，可以同步批量修改 UBNT 设备的 airOS 参数。

(5) 任务计划功能。可以按设定的时间自动执行诸如固件升级、重新启动、IP 地址扫描、设备配置备份以及类似 ping 和 shell 的命令。其中，任务可以按起止时间定义，也可以按某种周期或时间间隔(如分钟、小时、天)来定义。

(6) 设备配置备份和恢复功能。可以远程备份或恢复多个设备的配置信息。当实际配置情况与最后一次备份发生变化时，会产生一个新的备份文件。

(7) 设备状态图形显示管理。设备列表中的任何动态参数、属性或详细信息都可以按状态统计视图显示。用户可根据需要对这些显示输出内容进行定制。除可以实时显示外，也可根据历史数据按选定的周期(分钟、小时、天)和步长显示各种属性。历史数据将按设定的时间周期进行保存。

(8) 网络地图功能。可以在谷歌地图上按道路、地形或卫星地图等多种背景显示 AP 或 CPE 站点的位置。airControl 允许在地图上显示设备状态，规划新的 AP 位置，观察覆盖范围，还可为安装人员提供一些新的安装位置参考点，以及其他更多有用的参考信息和更多可能的扩展用途。

(9) 设备分组功能。该软件提供了完整的设备编制树导航功能，便于设备管理的导航和选择。内置的自动分组功能，可以按设备类型、ESSID 和固件版本对添加的 airMAX 设备自动进行分类显示。设备编制树可定制或添加自定义的设备组(类似于“显示列表”)，并可以根据显示内容要求分为静态组或动态组。

(10) 日志和历史记录功能。可以自动记录和显示设备的一些特定历史细节。例如，在日志选项卡中以列表方式显示整个系统日志，或者按弹出窗口方式显示当前的活动日志。

(11) 支持用户以 Web 浏览器方式管理和设置系统。通过浏览器可访问服务器的应用程序，支持 HTTP 或 HTTPS 模式。多个用户可以同时访问同一个服务器，除网页浏览器，客户端无需安装任何软件，可以在支持 SUN Java6 以上的任何平台上运行。用户使用经过加密传输的密钥访问系统，并按“只读、管理员和超级管理员”等不同级别来控制访问系统。一般推荐使用加密的 HTTPS 协议来进行访问。通过公网地址访问 airControl 时，系统要求强制使用 HTTPS 协议。

(12) 服务器自动升级功能。与卸载或重新安装不同，服务器自动升级功能可完成补丁和新版本的升级而保持airControl的系统设置信息不变。

(13) 速度测试功能。固件版本airOS 5.1以上的UBNT设备，可以作为网络负荷加载端，进行兼容设备之间的iperf速度测试，对端也可以是支持AirOS的设备、airControl服务器或其他单独安装iperf测试软件的主机。通常，iperf程序可以在互联网上随处下载。

2. 管理协议

图6-1所示，是airControl服务程序应用逻辑结构。中间部分表示的是服务器核心程序；左边为客户端访问模式，可以支持Web客户端浏览器和API两种形式；右边为airOS代理程序，提供管理状态和数据刷新。数据传输支持HTTP、HTTPS、UDP和SSH等四种协议。

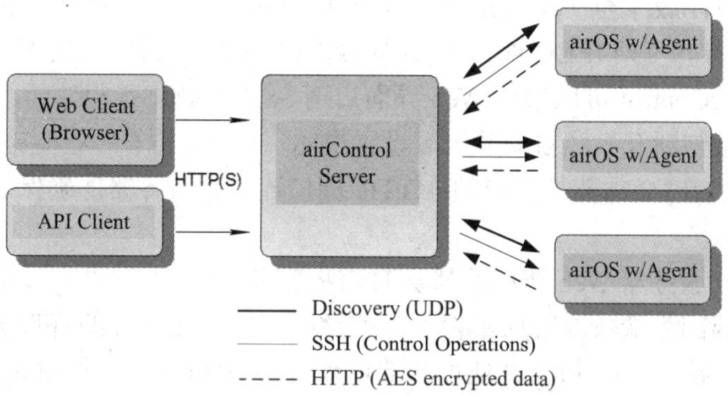

图6-1　airControl服务程序应用逻辑结构

设备搜索与发现功能采用的是UDP协议。当airControl服务器启动设备发现扫描时，会发送一个UDP搜索轮询，这个轮询可能用本地子网广播或多播形式进行扫描，或在某个已经定义路由的子网内单播扫描。如果UBNT设备被配置为扫描响应开启(Discovery Enable)，则遇到广播扫描时会返回一个响应信息，包括设备的一些基本情况，如IP地址、设备名称、设备类型、固件版本和ESSID标签等。被发现的设备将立即被添加并显示在airControl的设备列表中。

不管是基于自动发现还是手动添加的UBNT设备都将纳入airControl管理之下，并在服务器和设备之间建立一个基于SSH加密的访问和周期性的状态数据更新传输。SSH访问将根据控制操作(如升级固件、重新启动、配置变更等)的需要发起。AirOS固件中的airControl代理程序按设定的时间间隔以“心跳”方式刷新状态数据，并上传给服务器。数据通信使用一种基于对称密钥交换机制的SSH方式，采用128位的AES-CBC加密算法。

管理协议采用网络第3层协议(TCP/UDP)，按如图6-1所示的箭头方向建立连接，并进行端口初始化。其中需要建立以下三类网络进程：

(1) 从airControl服务器对设备的10001端口发送UDP查询，设备以UDP响应返回给airControl分配的随机端口。

(2) airControl服务器向被管理设备的对应端口发送SSH控制指令。

(3) 被管理设备以HTTP向服务器的对应端口发送状态数据。

“双向工作”的协议要求服务器与被管理设备之间路由能互通。为了支持位于NAT后面的设备管理，airControl允许使用隧道控制选项，通过SSH端口转发连接到“远程”网络。通常情况下，在路由器的WAN口可以提供一个固定的端口以透过NAT来访问专用网络内部中某个设备对应的端口，如带有 airOS 的 AP 或客户端(站)设备。通常可以在路由器的端口服务映射管理设置中对这些特定的端口进行编辑。

3. 注意事项与相关设置

为了确保 airControl 的正常工作，通常需要在服务器端和被管理设备端进行如下的设置：

(1) 服务器可以通过 SSH 端口访问所有设备，但被管理设备端也同时需要启用 SSH 服务。开启 SSH 服务需要在设备的 airOS 的“服务菜单”→“设备设置”对话框中进行设置，默认的 SSH 端口为 22。

(2) 设备端固件版本至少为 airOS 3.4 或更高版本，最新的 M 系列产品已经内置 airControl 功能支持。早期 IEEE 802.11 a/b/g 版本(非 airMAX 版本)的设备如果置于“被管理”状态下，则 airControl 可以通过 Web 界面启用 SSH 对其进行固件版本自动升级。(参见下面小节中“连接与断开”和自动升级等设置说明。)

(3) 设备在安装时必须能按指定的 HTTP 端口连接到服务器，确保没有防火墙设置会阻止该通信连接。

(4) airControl 服务器 Web 访问的默认 HTTP 端口是 9080，除非在安装过程中指定了一个不同的端口，或因为端口冲突而不得不修改这一端口。在软件的管理员菜单下的“系统设置”中，可以配置一个其他的 IP 地址和端口来替换 9080 端口。如果 airControl 服务器端口和地址相对于需要被管理的设备是不可见的，比如服务器位于 NAT 或防火墙后方，则必须在 NAT 路由器或防火墙的配置管理中开启地址映射功能，将公网地址和内网地址的 IP 和端口号做映射绑定。HTTP 端口号如果与本地路由器(NAT)默认的端口号 80 不一致的话，将不支持通过 DNS 域名解析访问。

(5) 服务器选型要求。安装服务器应用程序的主机要求的系统配置各不相同，主要与被管理设备的数量和这些设备的状态数据更新率有关。假设 JVM 虚拟机执行时仅考虑最小资源占用，对一个拥有 512 MB RAM 的单核 CPU 服务器最大可管理约 100 个设备，而管理数千个设备可能至少需要一个 2～3 GB 以上专用内存、性能更好的多核服务器平台。例如，对于具备 10000 个 AP 或 CPE 节点的 airControl 服务器，假设有大约三分之一的设备同时在线，且每隔 5 分钟刷新一次动态数据到服务器，当采用 Linux 操作系统时，则至少需要一台具备 2～4 核 CPU 的服务器，且内存大于 4 GB 以上。当服务器性能不够或需要管理的站点数过多时，可以在软件的系统管理菜单中将数据刷新周期适当延长，默认的数据刷新周期(或心跳周期)是 30 s。

4. 服务器的优化与调整

按照默认配置安装的服务器适用于管理大多数几百个设备的 airMAX 系统。对于设备数更多的系统，通常需要对服务器性能进行下列优化：

(1) 拥有 CPE 数量巨大的系统优化。可以适当调整对客户端(CPE)类型设备的监控设置。与关键节点的网桥或 AP 设备不同，普通客户端设备有时完全没有必要监控，因为客户端设备随时可能被用户自行关闭而处于离线状态。同一时间可能有数百台设备处于离线，而 airControl 完全没有必要(也不应该)试图通过 SSH 去恢复连接并产生错误报告。否则，这些毫无意义的错误消息将极大地消耗服务器资源，并生成大量不相关的系统日志条目。优化的方法可以创建一个动态设备组，对所有“站”标志的 CPE 设备进行过滤，然后在管理菜单的设备管理中选用“规则”选项来建立一个规则，关闭重试该组即可。如果 airMAX 设备设置为 CPE，但是后面连接有其他大量的 LAN 设备时，这种优化就不能采用，因为此时的 CPE 设备已经不是一个单纯的 CPE 设备，而是一个关键的网络桥接节点。对于一些特殊的敏感设备也不能采用该优化方法，比如连接有要求 24 h 连续工作的 airVision 监控摄像机，一旦掉线或死机，airControl 必须在第一时间感应到状态变化并产生报警，以便于管理员维护检查或修理。

(2) 系统日志大小优化。在系统设置菜单中，将保存日志的历史天数减小，这样将大大缩小日志文件的尺寸。如果系统生成日志中的事件过多，保持太多的日志条目会使用户界面运行缓慢。

(3) 状态刷新周期优化。被管理设备越多，服务器每秒处理的动态数据也越多。30 s 的默认刷新周期对几百个设备而言是最佳状态。增加这个时间间隔，可以减少对服务器 CPU 的占用率。对于服务器还要承担其他任务的应用而言，这是非常重要的。当然还可以根据你的网络状态来调整离线超时(Device Heartbeat Timeout)时间。默认的超时时间是 180 s。

(4) 广播扫描的优化。反复扫描必须使用广播搜索，在系统设置中可以关闭此选项。如果你的设备位于某个带路由的子网内部，你可以采用按 IP 地址范围扫描来找到它们。对于不同的网络设置，UDP 广播也可能导致性能降低或延迟的问题，所以最好关闭此选项。

(5) 用户界面优化。可以使用设备分组和过滤功能来限制数千台设备推送的数据到浏览器用户界面。理想情况下，通常不使用“所有设备”(All Devices)组选项。另外，使用 Google 的 Chrome 浏览器或 Firefox 浏览器可能会具有更好的用户界面性能。

(6) 数据备份与迁移。如果已经安装 airControl 服务程序，在版本需要升级时，如果采用升级模式而不是重新安装，则数据无需备份。如果需要卸载程序，这将会删除用户系统中的所有数据。一个良好的习惯是定期备份数据库，可以拷贝 airControl 安装目录下的数据库备份文件，通常情况下，默认的安装路径是“C:\Program Files\Ubiquiti Networks\airControl\data”。如果需要将现有服务器的数据库信息迁移至一个新的服务器，或是更换一台备用服务器，首先，必须在新的机器上安装新的 airControl；然后，同时关闭旧的和新的服务器对应的 airControl 服务(不是关机)，将旧服务器的数据库目录下所有文件复制到新服务器对应的目录下，然后在新的服务器下重新启动 airControl 服务。

6.1.2 安装 airControl

服务器安装需要 Java 6 虚拟机运行环境。如果必要，可以从以下地址下载最新版本：http://www.oracle.com/technetwork/java/javase/downloads/index.html。airControl 需要 JVM 6 以上或更高的版本，包括 Tomcat servlet 包。服务器安装程序提供了 Windows XP/Windows Vista/Windows 7(x86)/Windows Server 和 Debian Linux 等多种安装环境版本。附加的通用压缩包还支持在其他平台上进行安装。如果在 Windows 和 Debian 环境下安装，安装程序将默认安装 airControl 为服务。如果希望手动启动和停止该服务，则在安装时不能安装为服务，可以参考使用安装目录的 bin 子目录中提供的脚本。下面将以安装 Windows 版本为例，逐步介绍 airControl 的安装过程。

1. 安装要求

安装前，请根据以下要求检查你的计算机和 airMAX 设备配置：

(1) 运行环境。安装系统需要一台固定 IP 地址的计算机，且运行 Windows XP、Windows Vista、Windows 7、Windows Server 等操作系统，并已连接到网络。充当服务器的计算机已经安装 Java 虚拟机版本 6 以上或更高版本(仅适用于 32 位 JVM)。如果在 64 位的 Windows 上运行时，则要按 32 位启动该服务，并且在安装过程中只要将 JVM 的工作模式选择为 32 位即可。

(2) 为了便于检查和测试，还需要一个兼容的 Web 浏览器。浏览器最好是 Google 的 Chrome 或 Firefox(火狐)3.6 以上版本。目前也支持微软的 IE8，但是 IE 7 以下的浏览器不支持。

(3) 开启被管理的 airMAX 设备的 SSH 服务(在对应设备的 airOS 菜单中设置)。同时，这些设备必须网络第三层可达。

(4) 早期 UBNT 公司 IEEE 802.11a/b/g 兼容设备的 airOS 版本必须 3.6 以上；新的 airMAX 版本设备的 airOS 必须 5.2.1 以上，否则，可能会因为 airControl 已知的局限性，出现管理上的某些问题。其中一个已知问题是：某些旧版本的设备重启后，将无法连接 airControl，因此，当这些设备在长时间停机或 IP 地址更改将会脱离管理。

2. 安装步骤

如果没有任何安装经验，请按以下默认步骤安装：

(1) 下载 airControl 安装程序包。从 http://ubnt.com/airControl 地址下载最新的可用 airControl 版本，点击 Downloads -> airControl beta 可直接下载，也可以采用光盘安装。光盘安装需要将下载的软件提前刻录到 CDROM。

(2) 下载并启用 Java 虚拟机环境，要求 JVM 版本为 6.0 以上(仅 32 位支持)。下载参考地址：http://www.oracle.com/technetwork/java/javase/downloads/index.html。

(3) 运行安装程序包，如图 6-2 所示。

图 6-2 airControl 安装导航提示

(4) 按照屏幕提示(按下一页)继续，并选择你同意许可条款，并单击同意。

(5) 选择安装类型(默认推荐)，然后单击下一步。

(6) 选择所需的安装文件夹，然后单击下一步。

(7) 配置 airControl 的基本设置，如图 6-3 所示。主要包含各种服务的端口设置和管理员密码设置，如 HTTP 端口(默认 9080)，HTTPS 端口(默认 9443)，管理端口(默认 9005)和管理员密码口令(默认用户名和密码都是 ubnt 小写)。单击下一步。强烈建议你在安装时替换默认的管理员密码和口令。

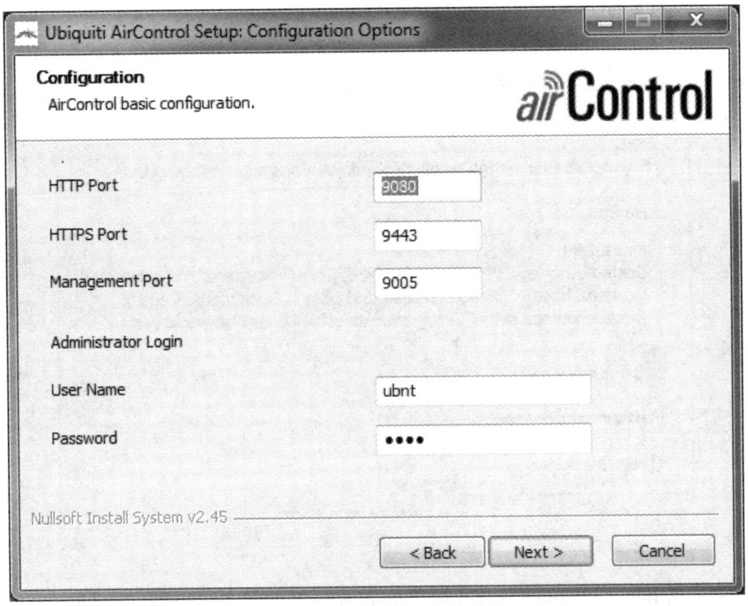

图 6-3　修改 airControl 缺省密码和服务端口

(8) 选择你系统上已经安装的 Java 虚拟机环境(JRE 或 JDK)，然后单击安装开始安装。在 64 位的 Windows 上，请确保选择一个 32 位虚拟机。通常 JVM 的安装位置在 C:\Program Files (x86)\Java\jre6。

(9) 如果你运行了 Windows 防火墙，安装程序将询问你是否要添加 airControl 到防火墙白名单。这是 airControl 运行的必要条件。单击选择是。

执行完上述步骤，若干秒钟后，应顺利完成安装。选择立即运行 UBNT 公司 airControl 复选框，然后单击完成(Finish)，则 airControl Web 图形用户界面将立刻显示在你的默认浏览器中。

3. 系统初始化

如果 airControl 服务器无法正常启动，或浏览器没有响应，或者提示找不到服务器，一个常见的问题是因为 Java 虚拟机配置不正确所致。检查安装目录中的日志文件(例如 C:\Program Files (x86)\Ubiquiti Networks\airControl\logs 文件或 jakarta_service_ YYYYMMDD.log 文件。如果这些文件中存在“Failed creating java C:\Program Files(x86)\Java\ jre6\bin\server\jvm.dll”等类似的提示内容，可能是由于要求安装 32 位的 JVM 而系统试图启用 64 位的 JVM；或者 JVM 不在指定的安装路径存在，比如它已被删除或更新到一个不同的位置。

如图 6-4 所示，要修正 JVM 的运行路径，可以打开 Windows 程序->airControl->服务配置(Configure Service)面板，开启 airControl 服务器配置程序，进入“Java”标签，再输入 jvm.dll 所在的正确路径。在此菜单选项栏内，还可以设置 Java 虚拟机允许使用的最大堆栈内存(默认 1 GB，选项 -Xmx1024M)。如果系统可用内存已经非常有限，并且你不打算通过服务器来管理更多的设备，可以修改此设置(例如，用 -Xmx512M 替代)。

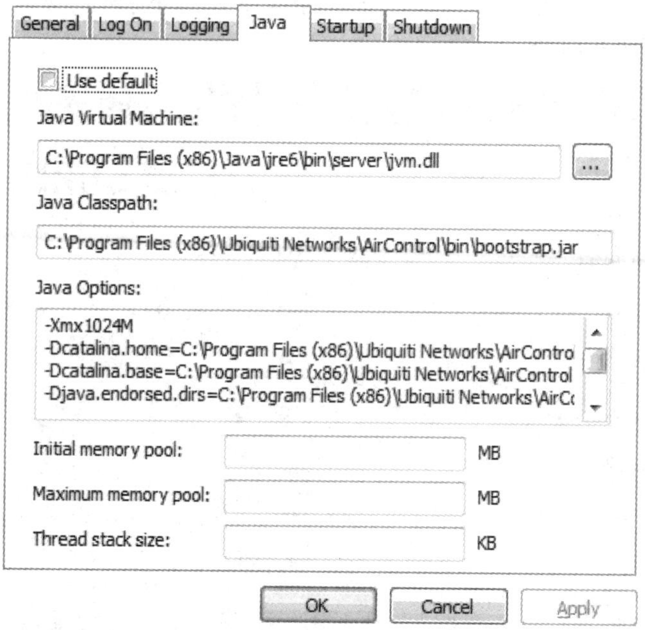

图 6-4　利用 airControl 服务配置程序修改 JVM 运行环境参数

第一次使用 airControl 时，如果要访问服务应用程序，必须先启动 Web 浏览器并在 URL 地址栏内输入正确的地址和端口号，例如，http://192.168.1.1:9080。如果直接在服务器主机上运行浏览器，则可以直接输入 localhost:9080 或者 http://127.0.0.1:9080，如果你是从网络上的其他电脑访问服务器，那么你必须输入“完整的主机地址:9080”。其中 9080 表示服务的端口号。对于 HTTPS，则变为 https://localhost:9443。请注意，虽然浏览器支持 HTTPS，可能会因为非信任的默认 SSL 证书(在安装过程中产生的)提示警告或错误。为了避免再次出现这些浏览器警告，你可以从一个可信的机构获得有效的 SSL 证书。一旦你有了新的证书文件，你必须用新的证书替换系统默认的证书。若你不要求得到一个完全“安全”的 SSL 证书，你也可以将默认的 SSL 证书添加到浏览器“受信任的证书”列表中。

另外，要访问该服务应用程序，必须使用在安装过程中确认的密码和口令进行登录。默认安装的用户名和密码均为小写的“ubnt”。如果你忘记了进入密码，可以通过修改安装目录下的 catalina.properties 文件中的参数进行修复，该文件一般在 airControl 默认安装子目录的 conf 子目录下。如找到该文件，可用“记事本”或其他文本编辑器修改其中的参数项为“ubnt.setup.admin.login=ubnt”和“ubnt.setup.admin.password=ubnt”，即可恢复为缺省密码。如果安装过程已连接互联网，且存在可用的更新版本，在登录后将有一个消息框弹出，并询问你是否需要升级到较新的airControl 版本。建议你随时升级到最新的可用版本。如果选择确认升级，系统将自动下载最新版本，并重新启动 airControl 程序。

airControl 启动成功之后，登录到应用程序界面，可以按菜单左上角的"Scan"键搜索/扫描 airMAX 设备或其他 UBNT 设备，并开始对它们进行管理。具体管理内容请参阅后续相关章节内容。

4. 安装到其他操作系统平台

airControl 可以安装在任何支持 Java 6 JVM(Sun 或 Open JDK)的主机系统上，JVM 要求不低于 512 M 的堆栈空间。在基于 Linux 的 Debian 下安装(如 Ubuntu 等)要下载用于 Debian 的安装软件包。否则，请使用通用的压缩包，并参阅压缩包根目录的 README 自述文件说明。其他平台的安装请参考以下网络地址：

安装 Debian 6.0 请参考 http://www.ubnt.com/forum/showthread.php?p=133793。

安装 Centos 请参考 http://www.ubnt.com/forum/showthread.php?t=19542。

安装 Mac OS X 服务器请参考 http://www.ubnt.com/forum/showthread.php?t=33775。

最新版本的安装文件下载参考网络地址：

Windows 安装：http://www.ubnt.com/downloads/airControl/airControl-1.4.2-beta-win32.exe。

Debian 安装：http://www.ubnt.com/downloads/airControl/airControl_1.4.2-beta_all.deb。

通用压缩包：http://www.ubnt.com/downloads/airControl/airControl-1.4.2-beta.tar.gz。

5. airControl API 扩展应用

通过用户界面目前不能实现 airControl API 的全部功能。另外，将 airControl 的部分 Web 服务功能整合到用户自己定制的其他应用程序也是完全可能的。比如，用户不想使用 airControl 提供的用户界面，而需要开发自己的中文化或本地语言支持的管理平台，或者你还想采用自己的地图系统(因为网络无法连接互联网而无法使用 Google Earth Map 地图)，此时，利用 API 扩展你的程序是非常有价值的。你可以用其他任何脚本语言来编写 HTTP(S)程序，包括 PHP、Python 和 HTML/JavaScript，以及类似 wget 和 curl 这样的命令行工具。

API 的使用请参考 http://www.ubnt.com/downloads/airControl/airControl-api-alpha.pdf 有关 airControl API 应用的说明文档。当然，扩展 API 应用并不表示可以完全抛弃 airControl，相反，API 需要依靠 airControl 核心支撑来工作。

此外，API 还提供一些控制操作支持，如连接、升级、配置、配置备份与还原等。这些功能目前可能正在测试，在未来的版本中或许会有所变化。所有 API 的功能最终都将通过用户界面(UI)的任务调度对话框来实现，这也许是最先通过 API 来实现的新功能。

如果你是一个技术达人，或者有兴趣成为 airMAX 的应用专家，或者希望汉化 airControl 的界面，那么你真的可以去尝试修改并替换 airControl 的 WebApp 应用程序。一般 WebApp 的安装目录位于\airControl\webapps\ROOT 的子目录下。ROOT.war 为 WebApp 的 RAR 压缩包文件，你可以修改文件后缀名，然后用 RAR 程序打开。

6.1.3 airControl 服务菜单

1. 用户主界面与快捷键

airControl 用户主界面如图 6-5 所示，包含四个主要组成部分：导航快捷键、设备管理编制树、设备实时状态列表、设备状态显示栏。

其中导航快捷键包含以下几个部分：

(1) 设备键(Devices)：用于进入设备管理显示界面。

(2) 固件键(Firmware)：用于进入固件管理界面，可以加载各种版本固件，显示固件版本，升级计划等。

(3) 任务键(Schedule)：用于进入任务计划调度管理界面，可以显示已经存在的预计任务，包括已经执行、未执行、执行错误的任务列表，也可以编辑各种预定的命令和任务，如定时备份配置、同步设备在地图的位置、重启设备等。

(4) 管理员键(Admin)：用于进入系统管理员设置界面，可以添加、删除和修改管理员账户、密码和权限等。

(5) 系统日志键(System Log)：用于进入系统日志管理界面，可按事件类型、时间、设备名、MAC 地址、IP 地址、信息内容等排序显示整个系统的历史事件。

(6) 我的设置键(My Settings)：用于进入当前用户账户密码修改界面。

(7) 关于键(About)：用于进入系统版本信息显示界面，可以查看当前版本、检查版本更新状态以及在线升级地址管理等。在线升级地址管理，可以按组合键 Ctrl + Shift + U 后，在弹出的 url 地址栏里添加新的地址。

(8) 扫描键：用于仅在设备管理界面内可见，用于手动快速搜索某个子网内的全部 UBNT 设备，用于快速添加被管理的 airMAX 设备。设备的快速添加参见 6.2 节详细介绍。

(9) 退出键(Logout)：用于快速退出 airControl 系统。

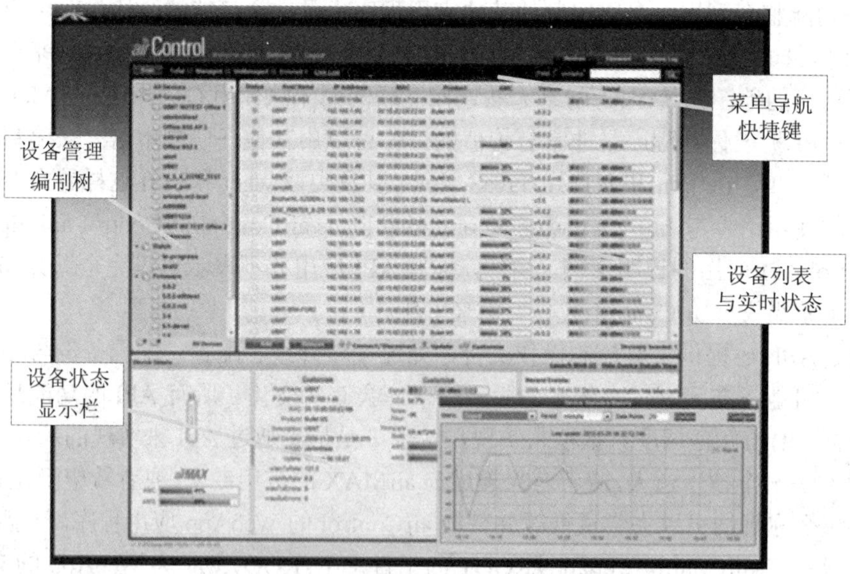

图 6-5　airControl 用户主界面组成

除上述快捷键外，你还可以随时在主菜单内按鼠标右键弹出更多的功能菜单，执行快速操作。

2. 设备快速搜索

在设备管理主界面下，airControl 允许通过搜索栏对已经在 airControl 管理队列中的

airMAX 设备进行快速查找。搜索关键字可以是设备相关细节的任意内容，包括设备名、MAC 地址、IP 地址、固件版本、设备分组名等。查询到的设备将按查询关键字顺序列表显示。如图 6-6 所示。

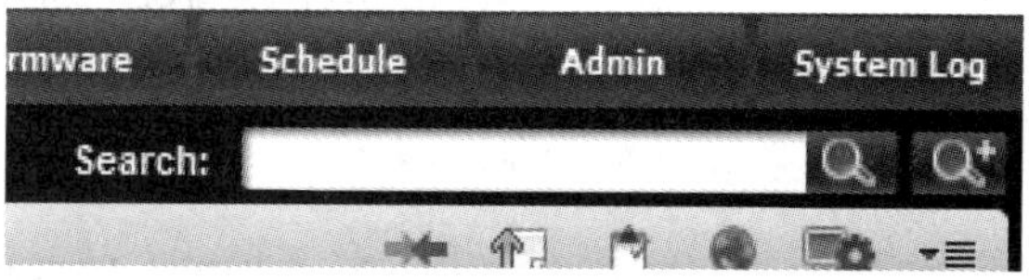

图 6-6 设备快速搜索

3. 修改管理员密码

airControl 允许有三种管理员角色，包括只读操作员(Readonly)、一般管理员(Manager)和超级管理员(Admin)。可以点击菜单导航快捷键的“Admin”进入管理员菜单进行管理员添加、修改、删除和密码修改等操作，如图 6-7 所示。

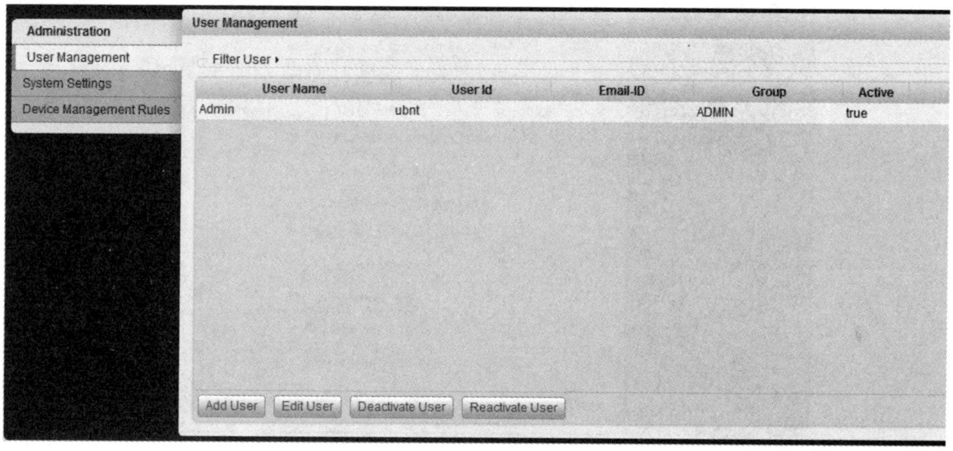

图 6-7 管理员角色的添加与修改

按“Add User”键可以增加管理员用户，如图 6-8 所示。按需要填写 ID(Login)、用户名(User Name)、口令(Password)、校验口令(Re-type Password)、管理员类型分组(Group)、电子邮件地址(Email ID)后，按保存(Save)键立刻生效。其中管理员权限通过选定分组来区分，可以为只读操作员(Readonly)、一般管理员(Manager)和超级管理员(Admin)三种。

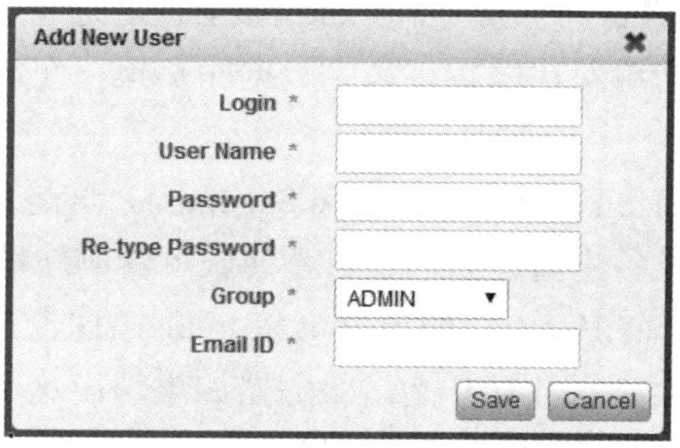

图 6-8 添加系统管理员

修改管理员信息的方法与添加管理员类似，选中需要编辑修改的用户后，点击“Edit

User”键，重新输入相关信息，再保存即可。对于暂不使用的管理员账户可以按“Deactivate”键临时停止使用，也可以按“Reactivate”键恢复。

添加、修改、禁止或恢复管理员操作必须以超级管理员(Admin)身份登录才可进行。以普通用户或一般管理员进入只能通过“My Settings”快捷键进入设置界面，修改自己的登录密码。所有修改需要按“保存”键(Save)才能生效。

4. 修改系统参数

如图 6-9 所示，在超级管理员模式下，点击“Admin”进入管理界面，按左边导航栏内的“System Settings”选项，弹出如图所示的设置栏窗口，按以下步骤可以依次选择不同的系统功能设置项：

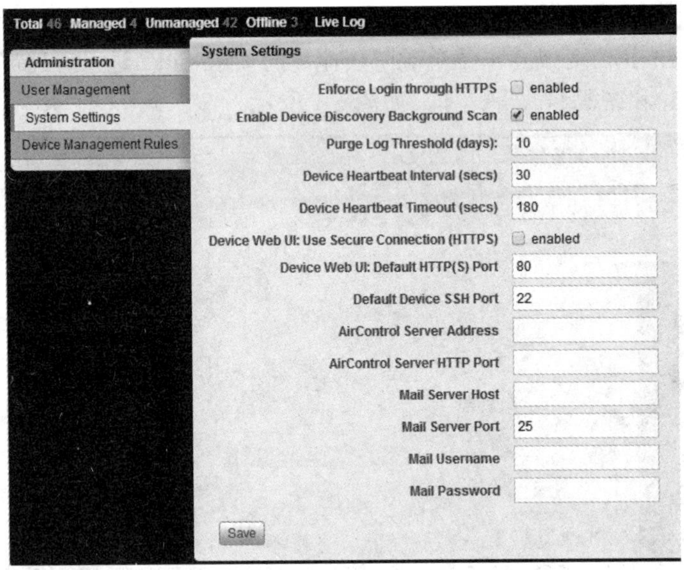

图 6-9　系统参数设置与修改

(1) 强制以 HTTPS 登录(Enforce Login through HTTPS)。该选项如果被选中，则 airControl 将使用安全的 HTTPS 模式登录。HTTPS 模式默认情况下未使用。

(2) 允许设备发现后台扫描(Enable Device Discovery Background Scan)。该选项如果被选中，airControl 将自动扫描本地子网内的新设备，并进行管理。

(3) 日志保存最大天数(Purge Log Threshold days)。这是一个以天为单位的预设值，超出该数字的系统日志将自动清除，以减小系统数据库负担，在此天数之前的日志记录将保持在系统内而不会被删除。

(4) 设备心跳间隔(Device Heartbeat Interval Seconds)。这是一个以秒为单位的预设值，以该值为周期，被管理的设备将通过 HTTP 自动向服务器刷新动态数据。

(5) 设备心跳超时(Device Heartbeat Timeout Seconds)。这也是也一个以秒为单位的预设值，以该值为死期，从上次刷新数据开始，服务器如果超出这个时间仍未收到某个设备的数据刷新，则认为该设备故障或离线。系统将进行相应的提示、报警或进行日志记录等操作。

(6) 设备 Web 管理界面进入模式(Device Web GUI: Use secure connection HTTPS)。如果

“Use secure connection HTTPS”被选择，则 airControl 进入被管理设备时将采用 HTTPS 而不是普通的 HTTP。如果系统内所有的设备都允许 HTTPS 访问，则开启此选项。否则，缺省是不选择。

(7) 设备 Web 管理界面网络端口(Device Web GUI: Default HTTP(S) Port)。如果使用 HTTP 访问，缺省端口是 80；如果使用 HTTPS 访问，缺省端口为 443。另外，若使用 SSH 交换数据，则设备缺省的端口为 22。

(8) airControl 服务器地址(airControl Server Address)。填写实际的 IP 地址或保持空白。该地址是浏览器端访问 airControl 服务器的网络 IP 地址，目前暂不支持 DNS 域名解析，必须使用实际的 IP 地址进行访问。这是强制性的。若从 NAT 外部访问 airControl 服务器，即 airControl 服务器位于 NAT 后面时，则可以由 NAT 路由器进行 DNS 域名解析，通过 NAT 的端口映射直接到达。NAT 路由器可以安装类似于“花生壳”一类的 DDNS 动态域名解析应用来获得实时的动态域名。

(9) airControl 服务器访问端口(airControl Server Port)。修改 airControl 使用的 HTTP 服务访问端口。默认情况下，端口是 9080，除非你的服务器内有其他服务需要占用该端口，或者存在端口冲突，否则无需修改此参数。如果服务器对外网存在防火墙，且 9080 正好位于被过滤的端口之内，可以修改此端口号，或者联系网管人员在防火墙取消此端口的过滤。

(10) 通过邮箱获取忘记的密码。当你密码忘记而需要远程恢复时，可在登录时选择“忘记密码”选项，则此时需要用到此邮件服务器的 SMTP 设置。通常需填写邮件服务器名(Mail Server Name)和邮箱用户名(Mail Username:)、邮箱口令(Mail Password)。在服务器本地恢复密码的方法，参见 6.1.2.3 中系统初始化的缺省密码修改内容。

修改完毕，所有修改需要按“保存”键(Save)才能生效。

5. 设备管理规则

在系统管理员界面栏内，点击“设备管理规则”栏(Device Management Rules)，则会弹出如图 6-10 所示的管理规则列表窗口。

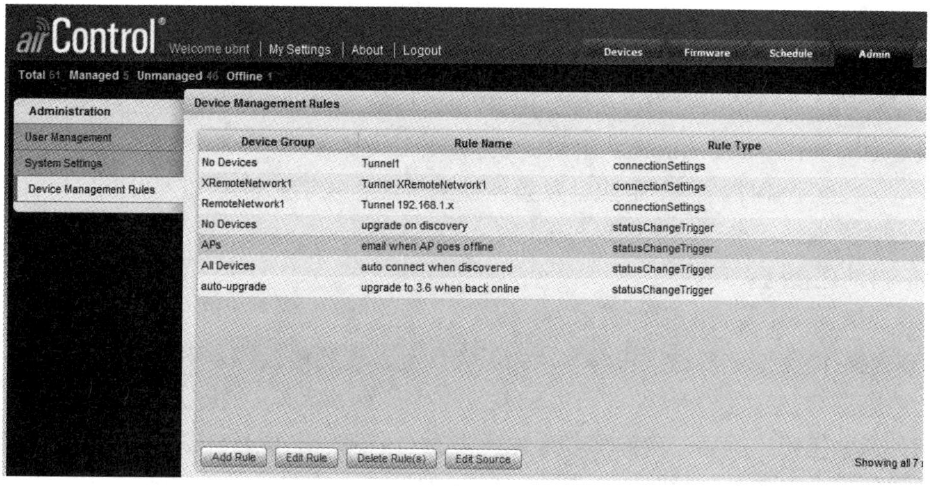

图 6-10　添加、修改系统管理规则

点击“Add Rule”键增加新的管理规则，如图 6-11 所示。

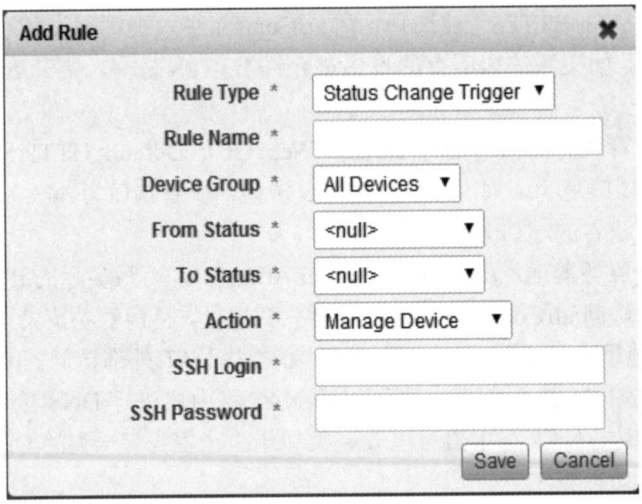

图 6-11　添加新的管理规则

设备管理规则用于配置 airControl 如何管理特定设备组的设备。这使得你可以更灵活地进行更多的交叉管理与设置。每个规则条目将被关联到预先创建的设备组，以确定是否将规则应用到这些设备。尽量使用简短易懂的规则命名，以便于区分和使用。规则的顺序也很重要，它们将按规则定义的顺序先后来区分。目前版本暂不支持次序调整，因此只能靠删除与重新添加来调整。后续版本可能增加重新排序的功能按键。

对于已经存在的规则，当选中某条规则后，按“Edit Rule”键可以编辑规则；点“Delete Rule(s)”键可以删除规则；点“De/Activate”键可以激活或禁止该规则；点“Edit Source”键可以编辑脚本源代码。

使用规则可以完成很多人工管理不能实现的功能，比如，通过定义设备状态变化等触发条件来实现无人值守的一些操作，例如：

(1) 当离线 CPE 设备恢复上网时，自动升级设备固件。

(2) 当新设备连入网络时，自动连接新发现的设备。

(3) 当指定的设备离线时，自动发送电子邮件通知管理员。

可以将关注的设备指定为设备组，用 IP 地址模板、SSID、主机名、无线模式等来限定动态组对应的操作。airControl 目前暂时支持以下三类操作：

(1) 发送电子邮件。当指定的触发条件发生时，将发送邮件通知。可配置邮件摘要行和多个收件人地址，多个地址以逗号分隔。

(2) 自动连接与管理。

(3) 升级到一个特定的固件版本。

未来很可能支持更多的操作内容，如配置恢复、配置修改等。下面举例说明上述三种操作的应用。

邮件通知操作。例如，我们需要增加或修改一个规则，要求当任意 AP 掉线时能及时用电子邮件通知管理员。如图 6-12 所示，可以按以下步骤编辑一条规则：

(1) 选择规则类型为“状态变化触发”(Status Change Trigger)。

(2) 取一个有意义的规则名称，如“email when AP goes offline”。

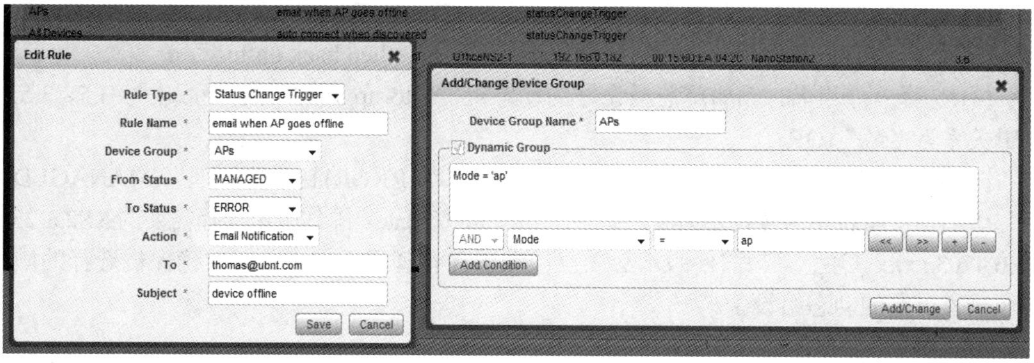

图 6-12　编辑一条邮件通知管理规则

(3) 选择一个组名(提前预设好的 Aps，表示所有 AP)。选择组时会弹出一个设备组窗口，将显示所有预设的组名。

(4) 定义状态变化触发条件为从“受管理”(MANAGED)到“错误”(ERROR)。

(5) 选择操作(Action)内容，设置为“邮件通知”(Email Notification)，邮件地址栏填实际的邮箱地址，如 thomas@ubnt.com，邮件摘要(Subject)填写你需要的标题，如“device offline”。

需要注意的是，对于邮件通知这个操作，你必须先配置好系统设置中的 SMTP 等参数(详见 6.1.3 小节)。SMTP 是否设置有效，你可以在登录屏幕上使用忘记密码来测试，以验证你的电子邮件参数设置是否正确。

全部选项编辑好以后，点击“保存”使修改生效。你可以对某个 AP 进行断电测试，看是否能在超时间隔(默认 180 s)以后收到一封主题为“设备离线”的电子邮件。如果收到，则证明管理规则设置成功。

自动升级操作。例如，当所有 CPE 需要升级到最新版本的固件时，可能某些 CPE 处于离线状态而未能及时升级。这样，当这些 CPE 设备从离线回到联机状态时，让 airControl 自动触发升级而不必为每一个离线设备再手动补充升级。如图 6-13 所示，将自动对 airOS 版本为 3.5 或 3.5.1 的离线设备恢复上线时执行自动升级操作。

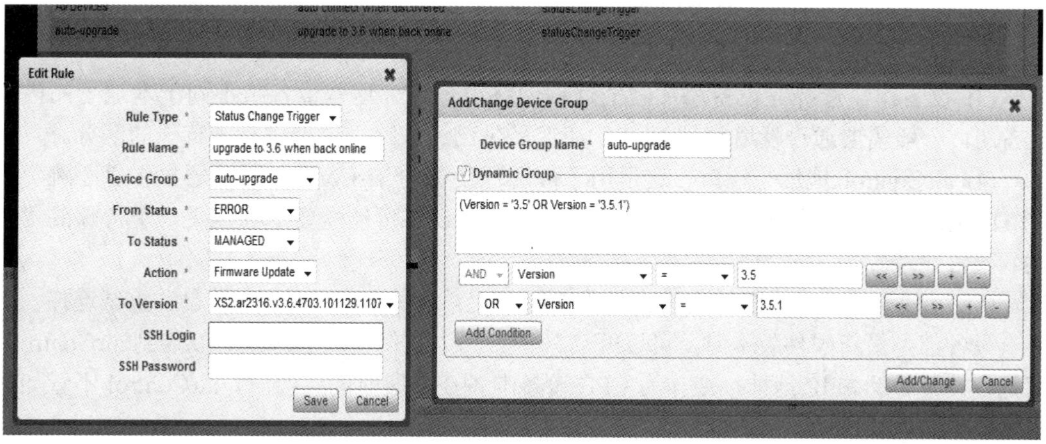

图 6-13　编辑一条固件自动升级管理规则

(1) 选择规则类型为“状态变化触发”(Status Change Trigger)。

(2) 取一个有意义的规则名称，如“upgrade to 3.6 when back online”。

(3) 选择一个组名，比如提前预设好的动态组“auto-upgrade”。选择版本号 3.5、3.5.1，逻辑关系为“或”(OR)。

(4) 输入状态变化触发条件，定义为从“错误”(ERROR)到“受管理”(MANAGED)。

(5) 操作(Action)内容设置为固件升级(Firmware Update)，固件版本选择需要的 XS2.ar2316.v.3.6.4703.xxxx。注意，该固件版本必须已经在固件管理界面中上传，并确保被选择的固件映像兼容指定的动态组设备。

(6) 选择“保存”后规则即可生效。

这样，每当动态组中有 airOS 版本为 3.5 或 3.5.1 的设备重新联机时，升级将被触发。

连接设置规则。此规则用于定义如何建立一些特殊设备到 airControl 之间的管理连接，主要用于某些特定的设备组，如位于 NAT 后面的 airMAX 设备，通过隧道穿越 NAT 进入系统接受管理。如图 6-14 所示，这些参数包括：

图 6-14 配置隧道参数和连接设置规则

(1) 规则类型。选择连接设置(Connection Settings)。

(2) 规则名。取一个比较好理解的名字，如“Tunnel 912.168.1.x”。

(3) 设备组。选择在设备添加时的远程网络设备组。这些设备组不同于本地子网内的设备组，一般需要通过隧道穿越 NAT，在定义时已经按路由地址进行了特殊的区分。

(4) airControl 地址与端口。这是用于被管理设备向 airControl 服务器报告“心跳”的 HTTP 地址与端口。根据你的网络拓扑不同，某些设备可能需要单独定义一个特殊的“心跳”报告地址。

(5) SSH 重连尝试。默认允许。如果选择禁止，会关闭向 airControl 自动重试连接。当所有设备都是最新固件版本时，可以开启禁止。因为它们在线的时候可以连到 airControl，但是在设备是动态 IP 地址，或作为 CPE 设备准备在某段时间离线时，airControl 不管如何尝试也无法连接成功。

(6) SSH 隧道。如果系统中有“远程”网络组设备需要管理，则必须开启此选项。对于每个“远程”内网中的设备，因为服务器不能直接穿越 NAT 对其进行管理。它需要有一个基于密钥认证和 SSH 端口转发的 SSH 服务支持。SSH 服务器通常需要用一个公网 IP 地址(或其他外部公网 IP 地址进行转发)，以便设备能够访问到服务器。SSH 服务器地址和端口，按实际部署的情况填写，并保证远程专网内的任何主机以及 airControl 服务器都能通过 SSH 登录到该端口。用户名用于与上述地址的 SSH 服务器建立 SSH 连接时进行登录。SSH 认证需要 authorized_keys 的 airControl 公钥。你可以从任何已经被管理设备的“~mcuser/.ssh/authorized_keys”目录下提取公钥。如果你使用了一个 airOS 设备作为 SSH 网关，必须先通过公网 IP 地址连接 airControl，然后在隧道参数定义时，输入公网 IP 地址作为“地址”、输入“mcuser”作为“用户”。在这种情况下，无需手动设置 SSH 公钥。

隧道参数一旦配置，且设备连接成功，就可以实现 airControl 透过该网关对“远程”内网进行扫描。此时，如果你在主菜单中进行设备扫描，你会发现在“扫描”对话框中，会多出一个额外的选择隧道的下拉菜单。

6. 查看历史日志

在系统主菜单上点击“系统日志”(System Log)快捷键，可进入日志查询界面，如图 6-15 所示。

图 6-15 系统日志查询

每个日志条目都包含有类型、日期、设备名称、IP 地址、MAC 地址以及一条消息。通常情况下，显示的信息为错误、警告或信息系统服务的消息。当然，更详细的调试级的消息也可能会显示。

日志管理界面的右上角有一个 TSV Export 图标，点击它可以下载当前系统日志显示列表内的所有信息。导出的文件格式为 TSV，支持用 Excel 等软件作进一步处理。

显示列表的内容可以通过点击工具栏图标的“Customize Columns”进行自定义编辑。

日志信息可以通过点击左上角“Filter Log”图标，扩展高级对话框进行搜索。例如，可以用来搜索某个特定的错误信息、任务名称、事件日志类别等，也可以按 MAC 地址或 IP 地址显示这个设备全部的日志信息。日志内容也可以通过单击对应“列”的标题进行排序。

因为系统资源限制，不可能将全部日志记录一直保存，所以检索只能搜索到最近一段时间的记录。默认情况下，日志只保留 10 天以内的信息，10 天前的信息会被自动清除。你可以在系统设置菜单下修改这一天数。如果网络经常出现错误，则系统可能会因此产生很多与连接和设备状态相关的错误，通过减少保留的天数可以保持较好的系统性能。

7. 升级 airControl 程序

airControl 程序会定期自动更新。如果你的服务器与互联网已经连接，可以在系统快捷键栏点击“About”，出现如图 6-16 所示的弹出窗口。在 airControl 软件 Logo 下会看到当前的软件版本。 如果当前连接互联网正常的话，点击“检查更新”(Check for Updates)键，系统会自动搜索 airControl 最新软件并更新。

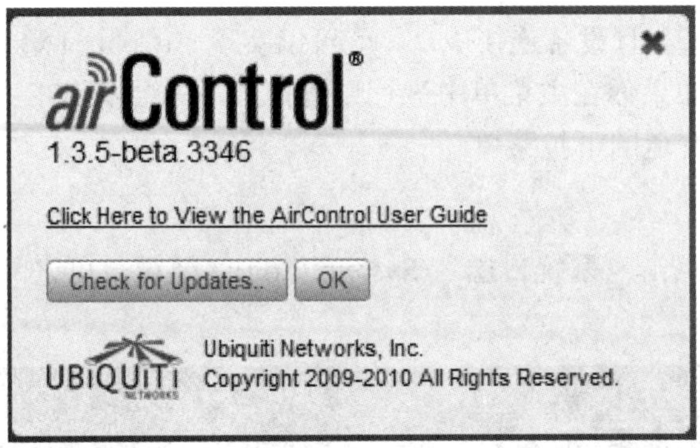

图 6-16　查看当前版本和软件更新

在线升级地址管理可以按组合键 Ctrl+Shift+U 后，在弹出的 url 地址栏里添加新的地址。如果存在最新的软件更新，则会提示是否开始升级。当然，为了软件更新，系统必须保持互联网连接。

6.2　添加设备到 airControl

airMAX 设备只有添加到 airControl 用户组并成功连接后才能被管理。设备添加可以采取快速扫描自动添加，也可以手工加入。设备用户组可以使用相同默认的分组，也可以根据需要创建自己认为有意义的分组。按分组来管理设备简单明了，且便于分类。上一节介绍的设备管理规则等操作也需要用到设备分组。因此，部署网络前将设备添加到系统并进行合理的分组是十分重要的一项工作，为后续管理起到事半功倍的作用。

6.2.1　设备的添加

1. 自动添加设备

设备快速管理一般采用“扫描”(Scan)来自动添加设备。在设备管理界面下，点击主菜单左上的“扫描”键或单击鼠标右键菜单的“扫描新设备”(Scan for New Devices)，会弹出一个对话框，如图 6-17 所示。如果默认是广播扫描，则新发现的设备会在“所有设备组”(All Devices，airControl 的一个默认组)以灰色状态图标显示。默认情况下，系统会执行广播发现后台扫描。如果此时系统默认设置为自动后台扫描，则无需按“扫描”键，当新的设备进入网络后会自动显示到缺省的“所有设备组”中。如果需要更改此配置，需要按管理员选项->系统设置进行修改。

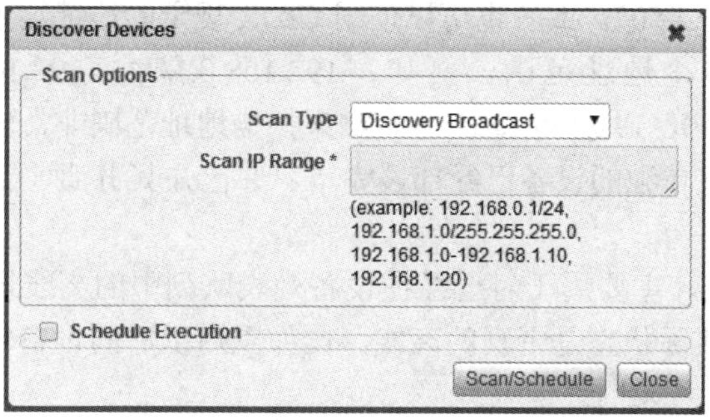

图 6-17　快速扫描发现设备

自动扫描要求 airControl 服务器必须与被发现设备在同一个子网内。如果被管理的设备不能自动发现，你可以通过指定一个 IP 地址范围来扫描或手动添加它们。如图 6-18 所示，扫描开始后会显示扫描的进展状态。

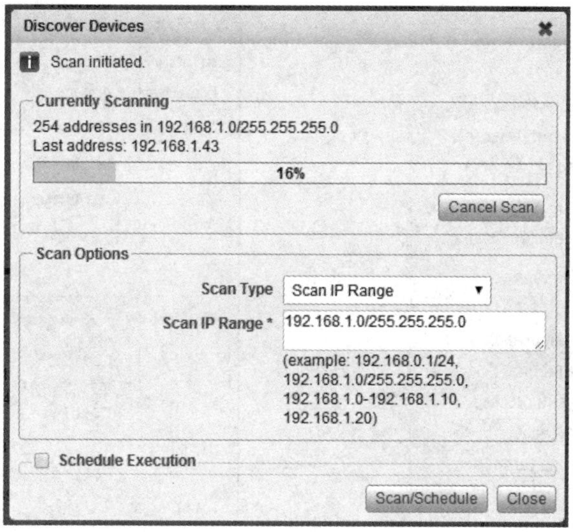

图 6-18　自动扫描添加设备

通过“远程网络”添加设备时需要注意 NAT 与端口转发的问题。位于 NAT 后面的设备是不能被自动发现的，但可通过端口转发来连接这些设备，如添加设备 IP 地址的 SSH 转发端口，需指定连接设备时的端口映射。当手动添加设备时，还可为每台设备配置转发 web 用户界面端口号，但要“加载 Web UI”(Launch Web UI)链接到转发管理的工作端口。

目前支持的自动扫描有三种类型：

(1) 发现广播(Discovery Broadcast)。这是通过 UDP 广播来搜索设备的方法，在 airControl 服务器可达的范围内给本地子网所有的设备发送一个消息。当服务器 UBNT 设备返回应答时，将自动被添加到“所有设备组”(All Devices)和用户创建的动态组。这种 UDP 广播或多播机制在同一子网，且没有防火墙、路由器等的限制。如果仍然无法发现要加入的设备，那只能通过指定 IP 地址段扫描或手工添加设备。

(2) IP 地址范围扫描。使用该方法时，必须指定一个 airControl 扫描设备的 IP 地址范围。比如，要指定扫描 192.168.5.1 到 192.168.5.50 之间的设备，此时应该输入的表达式为“192.168.5.10-192.168.5.50”。或者也可以使用 CIDR 规定的地址加子网掩码的语法规则来组合单独的地址和多个地址范围。例如：192.168.0.1/24，192.168.1.0/255.255.255.0，192.168.1.0-192.168.1.10，192.168.1.20 等。如果扫描地址范围非常大，尽量安排在网络的非高峰时段。如果一些单独的设备已经部署完毕，并已知其 IP 地址，建议单独添加即可，而不必再去扫描。

(3) 离线重试连接。主要用于对已经在设备列表队列中的离线设备重新进行连接扫描检查，以确定设备的实际状态是否真的离线，比如重启以后的设备未能被重新连接等特殊情况。

2. 手动添加设备

对于那些无法自动扫描捕获的设备，可以采取手动输入参数方式将其加入到管理列表。具体方法是在设备队列栏中，点击鼠标右键，弹出菜单如图 6-19 所示，选“手动加入设备”(Manually Add Devices)，即可弹出如图 6-20 所示的编辑栏窗口。

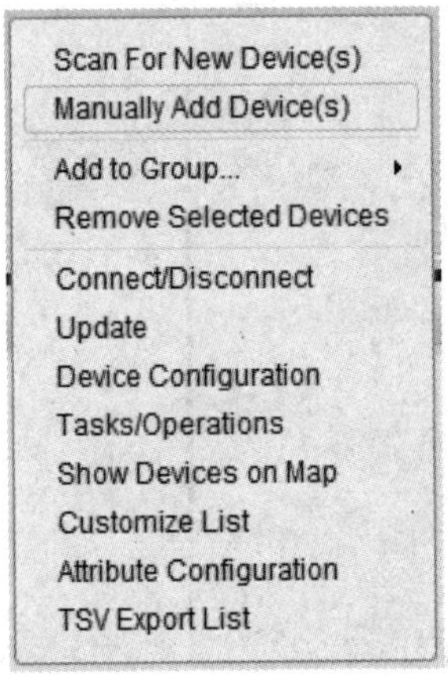

图 6-19　手动添加设备

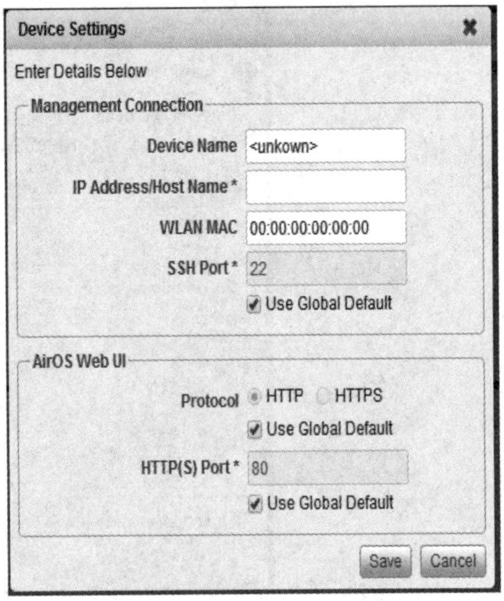

图 6-20　编辑手动添加的设备地址信息

手动添加设备要求在“管理连接”(Management Connection)选项中，必须指定设备的 IP 地址或主机名。此外，还可以选择输入设备的名称(Host Name)、无线局域网的 MAC 地址及默认的 SSH 端口号(22)。在“AirOS Web 用户界面”选项中，如果所有设备都使用标准协议和端口，建议点击“使用全局默认”(Use Global Default)选项。否则，请取消该选项，为每个设备单独定义协议和端口。若选择协议为 HTTP 或 HTTPS，还要求输入设备使用的 HTTP 和 SSH 端口号。

6.2.2　设备的分组

设备分组采用编制树方式导航，使用起来轻松自如。设备分组包括系统自动创建的默认分组和用户自定义创建的其他分组。

1. 系统默认分组

如图 6-21 所示，airControl 初始默认分组有四个(系统内置)类别，分为自动分组和动态分组两个缺省类别。另外，用户还可以创建自定义的其他静态分组。

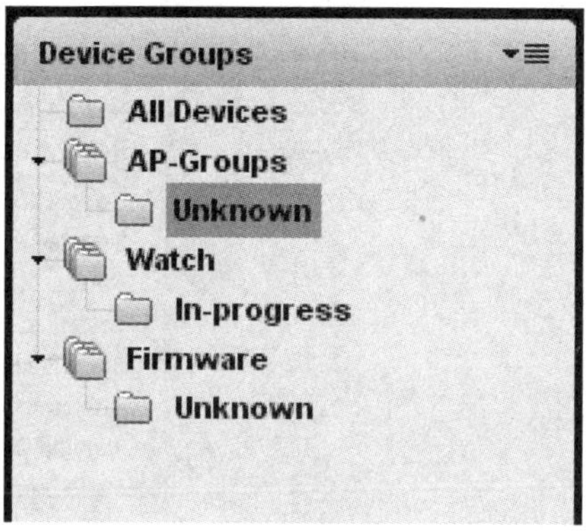

图 6-21　系统初始默认分组

系统缺省的动态分组类型包括“所有设备”(All Devices)和“正在处理”(In-Progress)。两类。其中，“所有设备”组由 airControl 自动扫描发现的所有 UBNT 公司设备组成。

系统缺省的自动分组类型包括按网络 ID 和固件版本自动命名两个分类，即 AP-Groups 和 Firmware，在这两个分类下面会根据 ESSID 和 airOS 固件版本号自动创建若干子类，并按这些子类自动进行分组命名。

其中，AP-Groups 类型由扫描时获得按 AP 的 ESSID 标签自动分类创建，采用相同 ESSID 的设备被自动分类到对应的子类中，并以该子类作为分组的名称。注意，ESSID 会区分英文字母的大小写，如 TEST 和 test 将属于两个不同的分组。

In-Progress 类别显示那些属于“正在处理”类别的设备，如一些正在维护或升级的设备。这类设备会被归纳到“Watch”(关注)大类中。除“正在处理”这类动态分组外，Watch 类别同时还包含有其他用户自建的静态分组。顾名思义，Watch 类别就是需要引起管理员“关注”的类别，通常包含那些“正在处理”的设备组和用户自定义创建的组。

2. 用户自定义分组

系统还允许用户创建两种类型的自定义组，并归纳到“Watch”分类中。

(1) 由用户手动添加和删除的设备组成的静态组。

(2) 按搜索条件确定的成员组成的标准组。在创建自定义组时，可以使用一些逻辑组合条件来限定搜索范围。比如 MAC 地址是包含“00-15-6D-04-××-××”，通常这是同一个批次或同一型号的产品；也可以按信号强度来组合，比如“信号强度<-60”等，通常是距离超过千米以上的 AP；或者按 IP 地址范围来分组，比如“IP 地址包含 192.1.168”等。

创建和删除一个自定义组，可以在设备编制树上点鼠标右键，弹出菜单后按要求选择，如图 6-22 所示，有增加新分组、自动分组、编辑分组、移动分组四个选项。如果要将某个设备添加到静态组，则需要在该设备列表下，点击鼠标右键，再使用“加入”(Add to Group…)，并选择想要加入的静态目标分组，如图 6-23 所示。如果不存在静态分组，则需要预先创建一个静态组。若从静态组中删除设备，可以先选中设备，然后按“删除”选定设备键删除。

图 6-22　快速添加和编辑分组

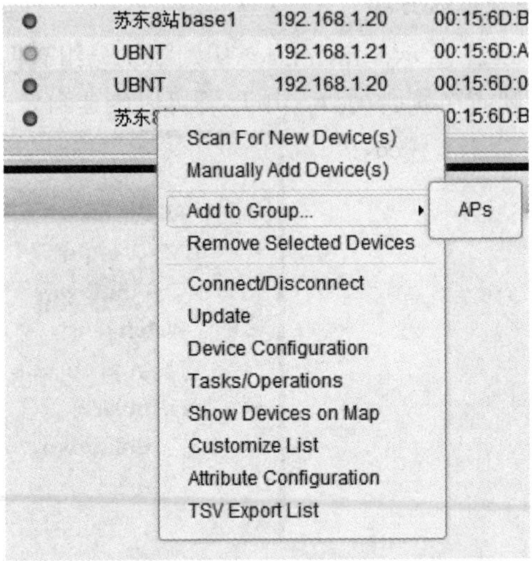

图 6-23　将设备快速加入到分组

3. 按逻辑规则创建分组

在实际管理过程中，虽然用分组和编制树可以非常方便地浏览和查询想要检查的 UBNT 设备，但是当设备的数量激增到数百上千时，动态监视某些异常设备就显得十分被动。网络管理员不可能全天对整个网络中的设备不停地轮询检查，以发现设备存在的问题和出现的故障，而且这种工作方式也显得十分低效和乏味。值得庆幸的是，airControl 人性化的设计和良好的用户体验，为我们提供了一种非常实用的动态分组功能。例如，通常情况下，CCQ 小于某个值时，就表明无线链路受到了意外的干扰或者受到了遮挡，此时应该提醒管理员引起注意或对线路当前的运行状态予以关注。以某个厂区无线覆盖为例，有一个 AP 的 ESSID 为 test，经常在 2432 MHz 频点上受到某种干扰，接收信号强度很好，就是 CCQ 不高，导致链路传输速率很低。当工作人员到现场进行检查时，干扰信号又莫名其妙地消失了，给人以时断时续的感觉，成为一个“软故障”。为了在出现故障的第一时间获取运行参数信息，为判断是否存在干扰源而需要更换频率提供客观依据，可以根据上述逻辑要求定义一个动态组来监视该设备。如图 6-24 所示，具体操作步骤如下：

(1) 在设备管理编制树上点击鼠标右键，创建一个分组。

(2) 点击“动态组”(Dynamic Group)选择项，出现逻辑式编辑框。

(3) 输入第一个逻辑条件，给这个分组取一个有意义的名字，如“CCQ 小于 75 的 test 站点”，交叉逻辑为“与”(AND)，检索对象选下拉菜单中的 CCQ，逻辑运算式为“小于等于”(<=)，变量取 75。

(4) 点击“添加条件”(Add Condition)后确认第一个条件，然后可以输入第二个条件。

(5) 第二个逻辑条件的交叉逻辑仍然取“与”(AND)，检索对象选下拉菜单中的“频率”(Frequency)，逻辑运算式为“等于”(=)，变量取 2432。

(6) 点击“添加/修改”(Add/Change)按键确认，立刻创建一个新的动态组。如果还需要限定 ESSID 为 test，则可进一步加入下一条交叉逻辑，输入对应的逻辑运算式即可。

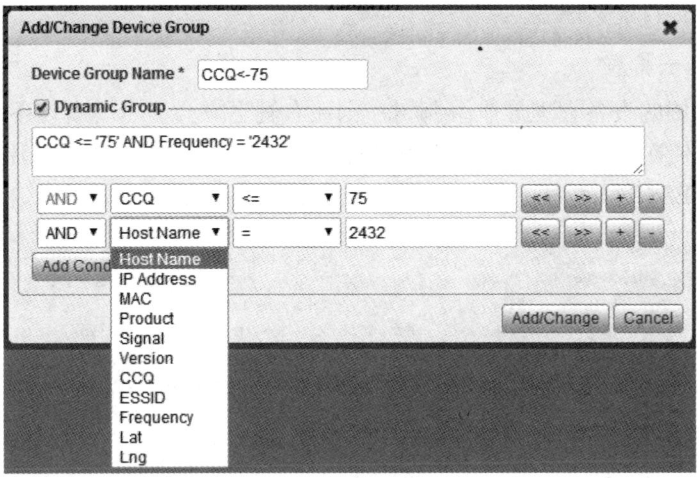

图 6-24　编辑逻辑运算式

有关逻辑运算式创建的具体规则，作如下简单的介绍：

(1) 逻辑表达式的交叉逻辑。指多个逻辑检索条件之间的关系，目前仅支持逻辑“与”(AND)和“或”(OR)两种。

(2) 逻辑检索对象有“主机名”(Host Name)、“IP 地址”(IP Address)、“MAC 地址”、“产品型号”(Product)、“信号强度”(Signal)、“固件版本”(Version)、“CCQ”、“ESSID”、“频率”(Frequency)、“纬度”(Lat)、“经度”(Lng)等。

(3) 逻辑运算符目前支持“等于”、“包含”(Contains)、“以……开始”(Starts with)、“小于”、“小于等于”、“大于”、“大于等于”等七种。

(4) 变量值。填入具体数字。变量的单位为系统默认的缺省单位。如 CCQ 为纯数字无需输入百分号；频率默认单位为 MHz，只需输入数字；根据逻辑运算“等于”或“包含”，可以输入全部数字或部分数字，如 MAC 输入格式为××:××:××:××:××:××的全部或部分、IP 地址为×××.×××.×××.×××的全部或部分。

(5) 按逻辑式后面的“+”、“-”键可以增加或删除某个逻辑运算式。

4. 创建远程网络组

airControl 现在已经支持对一些特殊网络中的 UBNT 设备进行管理，比如许多位于 NAT 后面的 airMAX 设备，这些设备通常我们称为非路由的“远程”设备。因为 NAT 的端口限制，UDP 广播不可能穿越 NAT 进入到 NAT 防火墙的内侧，因此需要通过建立“隧道”来穿越 NAT，以便使这些设备能“透明”进入系统接受管理。这需要在 airControl 和设备之间建立一些基于 SSH 的设备连接规则。具体的设置方法，参见 6.1.3.5 中设备管理规则的修改部分。用隧道穿越 NAT 连接设备的具体原理，请参考 UBNT 官方网址中下列网址提供的文档：http://www.ubnt.com/downloads/airControl/airControl-remote-networks.pdf。

6.2.3　设备状态显示

airControl 提供了多种实时监视设备运行状态的方法，其中主要有通过 airControl 设备列表(一览表)进行动态显示和设备信息面板详细显示两种方法。这两种方法所显示的内容都可以由用户进行自定义。

1. 设备状态一览表

点击系统左侧的设备管理导航编制树，则在右侧上方会显示一个设备一览表，按用户自定义的次序，依次显示诸如状态、设备名称、IP 地址、MAC、产品型号、信号强度、固件版本、CCQ、ESSID、频率、地理坐标等详细参数，如图 6-25 所示。

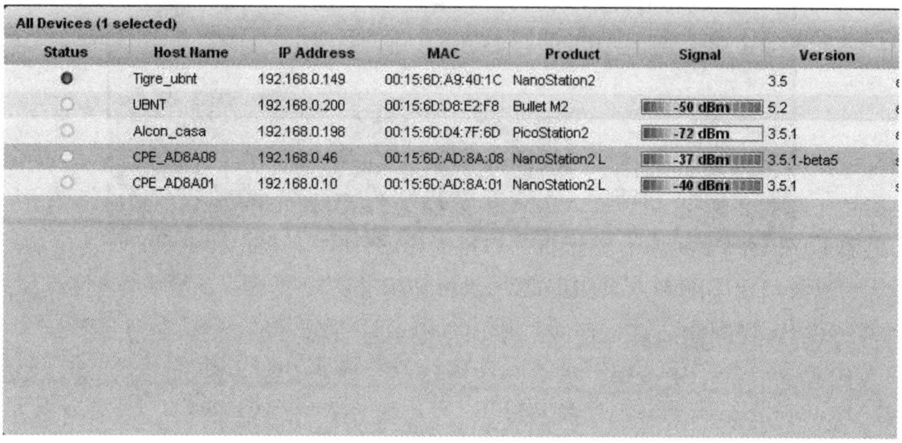

图 6-25　设备状态(动态运行参数)一览表

设备状态(动态运行参数)一览表显示的内容可以由用户自定义，具体方法如下：

(1) 在设备列表下单击鼠标右键，在弹出菜单下点击“用户显示列表”(Customize List)选项，出现如图 6-26 所示的对话框。

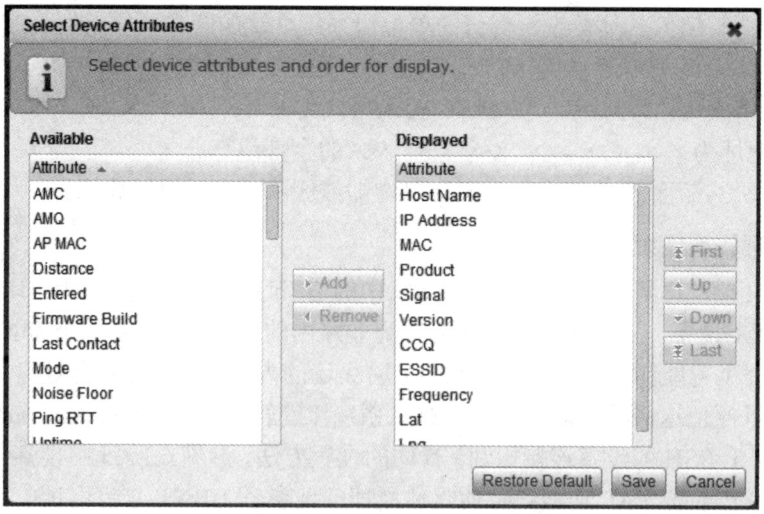

图 6-26　用户自定义设备运行参数显示

(2) 在对话框中左侧的备选队列选中需要显示的参数项，按“Add”键加入到右侧的显示队列中。当然也可以将不想显示的内容从显示队列中用“Remove”键去掉。右侧的四个按键“First”、“Up”、“Down”、“Last”分别表示“置顶、上移、下移、最后”操作，用于微调各个参数的显示次序。保存后可以看到最新的一览表显示。

如果觉得一览表显示的内容不够详细，还可以点击某个设备，用参数面板形式进行详细显示。

2. 单个设备的运行参数显示

单个设备的参数面板显示位于系统桌面的下方窗口。窗口面板还可以进一步细分为三个子窗口。可以按需求显示“产品图片(Product)、当前运行状态(Current Statistics)、事件消息(Events)、状态图形显示(Statistics Graph)”等四方面内容，其中产品图片默认为必选，其他三个内容由用户通过下拉菜单选择组合显示，如图 6-27 所示。

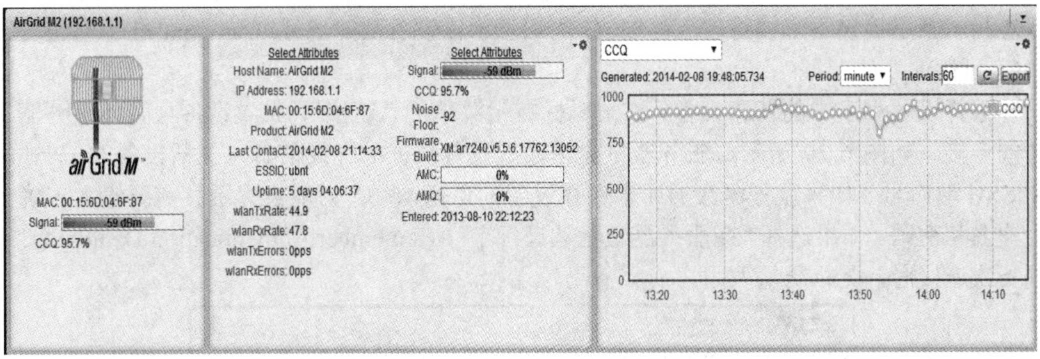

图 6-27　设备运行状态详细显示面板

其中，状态图形显示需要预先定义历史日志保存哪些参数的选项。在鼠标右键菜单中选择“属性配置”(Attribute Configuration)。在弹出对话框中单击“Enable History” 选中需要的参数项，保存后退出，如图 6-28 所示。这样就可以在状态图形显示窗口内选取对应的参数，并用图形显示。显示图形的横坐标可以用“整周”(Period)和“间隔”(Intervals)两个单位来调整。按“导出”(Export)还可以将图形导出。

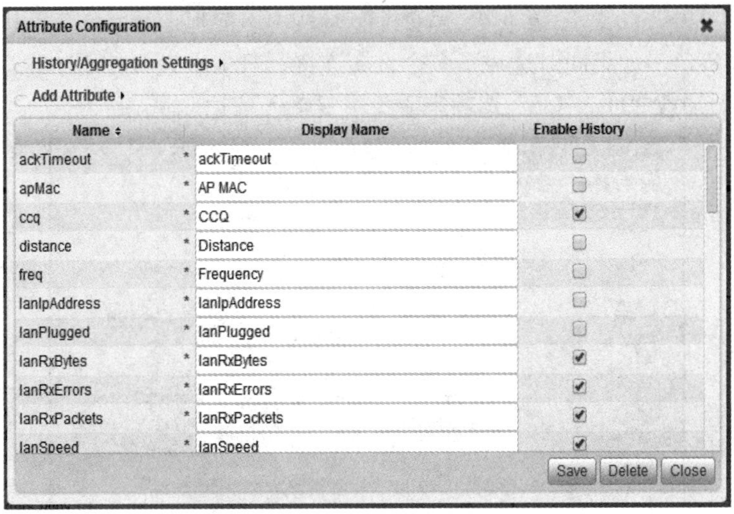

图 6-28　配置详细显示窗口属性

当前运行状态子窗口可以显示两列内容，具体内容也可以自定义，按子窗口上方的“Select Attributes”的超级链接可以弹出选择对话框，可根据显示需要自行加入或剔除。

6.3 利用 airControl 管理网络

6.3.1 连接与断开设备

系统与设备之间默认为自动连接。已经连接或者自动连接的设备在设备列表的第一列位置会有一个绿色的状态指示，表示设备正常与 airControl 连接并且数据报告正常。灰色的状态指示表示该设备未被管理或离线。红色则表示该设备故障离线或 airControl 不能与之连接(不可达)。

选择设备列表中的任意设备，点击鼠标右键菜单的“连接”，完成设备与管理服务器之间的连接。如图 6-29 所示，服务器将提示输入设备认证的详细信息，包括设备的 IP 地址和 SSH 端口号。如果服务器数据库未保存设备的访问密码，可能会提示并需要输入正确的用户名和密码。如果选择“在服务器记忆认证细节”(Remember Authentication Details)选项，则下次连接时，无需再输入用户名和密码。

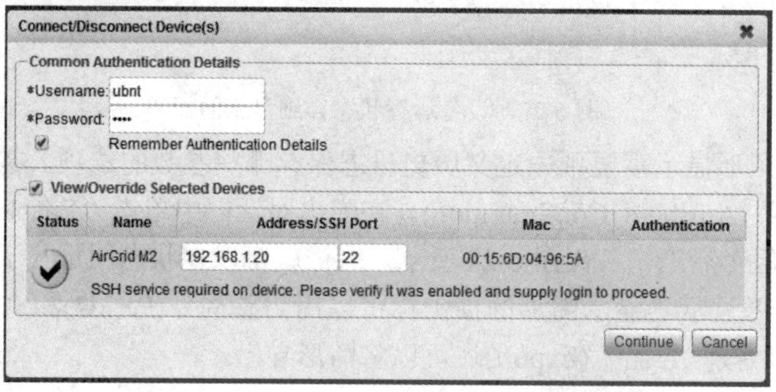

图 6-29　连接设备身份认证对话框

如图 6-30 所示，如果同时选择了多个设备连接，且多个设备使用的管理员密码相同，则可以选择统一加载“Override”选项来避免重复输入信息。

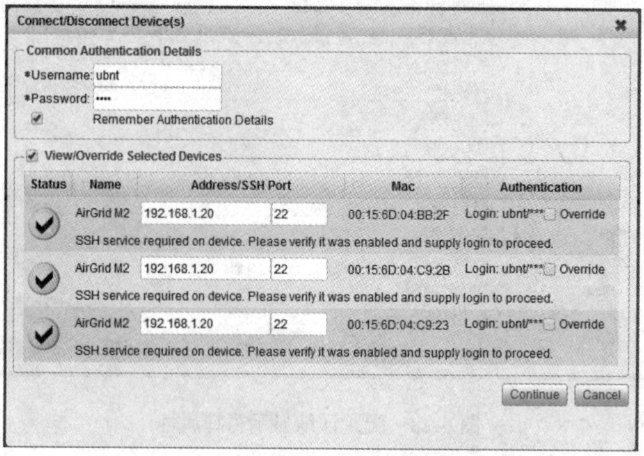

图 6-30　同时连接多个设备的身份认证对话框

airControl 只能通过 SSH 连接来完成固件更新或发出所需的操作控制指令。而设备与服务器之间周期性的设备状态数据刷新，则需要通过 HTTP 而不是 SSH 来实现。无论什么原因，如果扫描到的 IP 地址对应的设备与服务器无法通信，必须进一步查看其 IP 地址详细信息，尝试修改 IP 地址，或替换其主机名。

自动扫描发现的设备会一直保留在 airControl 服务器的设备列表中，即使它们不再上网。因为 airControl 不能区分设备是仅仅离线还是已经实际上不再存在。对于不再需要的设备，可以在设备列表菜单中点击鼠标右键，选择菜单中“删除选定设备”(Remove Selected Devices)来删除它们。但是，如果设备重新进入网络，如果被服务器自动扫描发现，则又会自动恢复到设备列表中。“删除选定的设备”功能仅删除不再在网络中的设备。

6.3.2　升级设备固件

1. 固件管理与固件镜像预加载

airControl 为了简化多种设备的固件升级，支持将预期升级的固件镜像上传到服务器。具体方法如下：

(1) 从 UBNT 官网下载固件映像到本地计算机。可以先尝试一台单独的设备镜像升级，看固件是否匹配，并在升级后能否正常工作。

(2) 在主菜单上点击“固件”(Firmware)快捷键进入固件管理界面。如图 6-31 所示，然后选择需要上传的固件文件，并将其上传到 airControl 服务器。

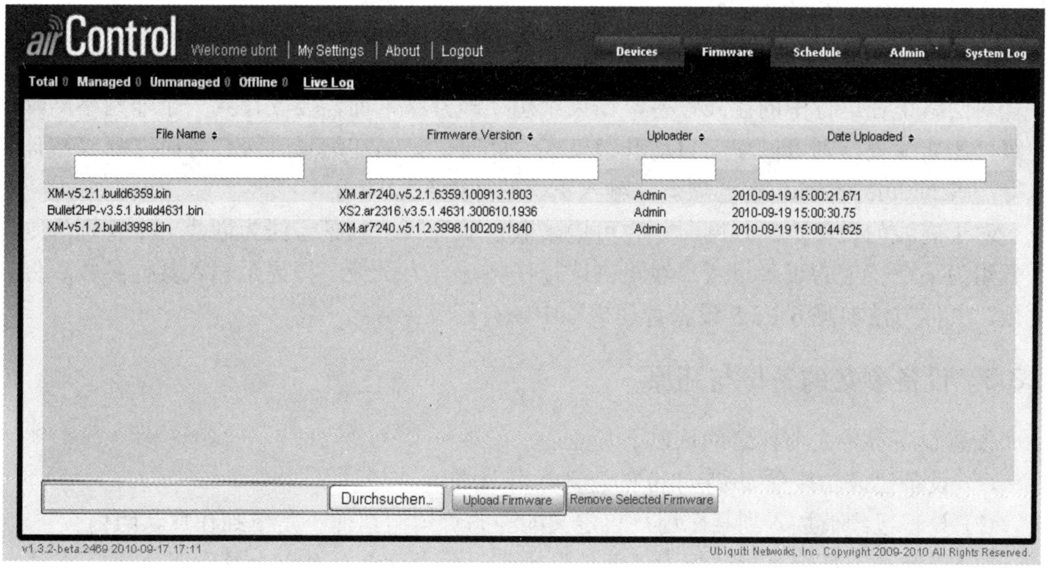

图 6-31　固件镜像管理与上传

(3) 手动升级固件。在设备管理列表中，选择准备升级的设备，并在表中单击鼠标右键，在弹出的工具栏上选择“升级”(Update)开始升级。如图 6-32 所示，会弹出一个对话框。在打开的对话框中，会显示已经选择的设备、目标固件版本。如果有多个版本可供选择，最高版本在下拉菜单中会显示为默认选择并置于最顶位置显示。也可以按一个批次同时升级同一组的所有设备或部分设备，或按预定的时间开始升级。

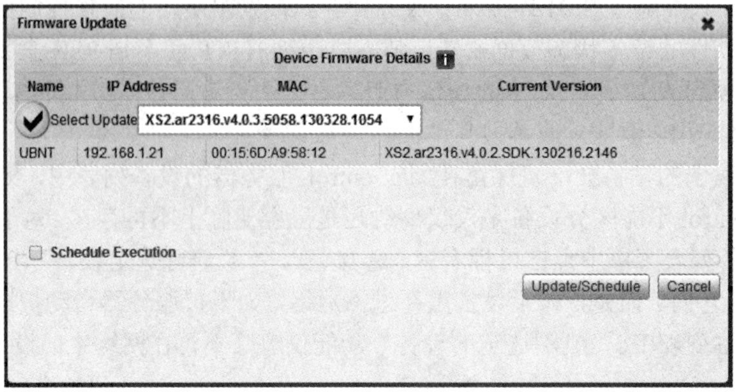

图 6-32　固件升级对话框

(4) 设备开始在后台执行升级。若要查看当前状态，选择“在建的”(In-Progress)设备组，可以看到所有正在进行升级操作的设备。要查看某个特定设备的详细状态，选择该设备，可以看到左侧面板中进度指示器和产品的图标，以及完成情况的百分比和完成的详细情况。用户在此可以观察到每个设备是否开始升级或是否完成升级。升级结束后，也可以在日志历史记录中看到相应的结果。如果一个批次升级了多个设备，全部完成后会显示一条情况摘要。

长期不用或不需要的固件，可以在固件管理列表中选择并按“删除固件”(Remove Selected Firmware)按键进行删除。

2. 固件自动升级

对网络正在运行中的在线设备，如果不想立即升级，而需要安排到一个非网络高峰期升级，比如深夜，则可以使用自动升级模式。此时，只需在编辑升级任务时选择“按计划执行”(Schedule Execution)选项，并输入正确的开始时间即可。

对于离线的设备重新入网时，也可以采取自动升级。具备方法为创建一个管理规则，任务组为某个特定的设备组或离线组，选择任务内容为升级。按提示输入其他参数后保存生效。具体方法参见 6.1.3.5 设备管理规则中的介绍。

6.3.3　设备参数的备份与还原

配置设备参数之前，请确认以下几点：

(1) 设备已成功接受 airControl 的管理，并且在线。

(2) 设备已经被加入到某个用户自定义的静态管理组，而不是单纯在默认组内。

(3) 曾经在用户组执行过配置“备份”操作，至少存在一个以上备份。

如果满足上述条件，用户就可以通过 airControl 来配置设备的参数。在设备管理列表中，先选中需要设置参数的设备，单击右键，在弹出菜单中选择“设备配置”(Device Configuration)项，会弹出一个对话框，其中会列出不同时期的参数备份，选择一个你要还原的备份，按“还原”(Restore)键则恢复曾经备份的配置。如果想保留一个独立的配置备份到你本地的计算机(注意，不是在服务器上)，则可以“下载”(Download)键保存一份到你的 PC 上。一般备份文件会以“MAC_日期-时间.cfg”的形式命名，比如类似“00-15-6D-××-××-××_

201×-0×-××-23-59-59.cfg”，你只需要将这个文件另存到一个备份文件夹即可。这个备份文件也可以用于进行本地批量配置新建的设备。比如所有的 airMAX 除 IP 地址不同外，全部使用相同的参数，你只需要将该文件用文本编辑器打开，修改其中的 IP 地址条目后另外保存，则可以快速设置新设备的所有参数，而不用来来回回重复保存和启动，这样会极大地提高工作效率。

6.3.4　测试网络速度

网络管理员经常需要监测某个网络节点的实际吞吐量或网络速度，airControl 提供了一个测试网络速度的工具。利用此工具允许在 AirOS 5 以上的设备之间或与 airControl 服务器上的 iperf.exe 程序进行速度测试，而无需登录到多个设备。其中，iperf.exe 为第三方工具软件，可以从互联网上随处下载。下载后请拷贝到服务器系统的“C:\cygwin\bin\”子目录下，airControl 在执行测速命令时需要启动它。这个工具在按顺序测试多个设备时特别有用。

在设备列表中点击鼠标右键，在弹出菜单在选择“测速”(Test Speed)，启动测速界面，如图 6-33 所示。通过定义客户端和服务器上的 iperf 程序调用参数，或者是远程设备上的(通过 SSH 连接)iperf 程序调用参数，可以启动一个两点间的速度测试。通常一个典型的应用场景是在 airControl 服务器主机和 AirOS 设备之间进行测速，主要为了测试本地网络与设备之间的链路是否正常。系统不支持一些老版本的 CPE(airOS 3.x)设备，因为早期版本的 airOS 内部无内置的 iperf 程序，但是 airOS 5 以上的新设备已经内置了 iperf 程序。

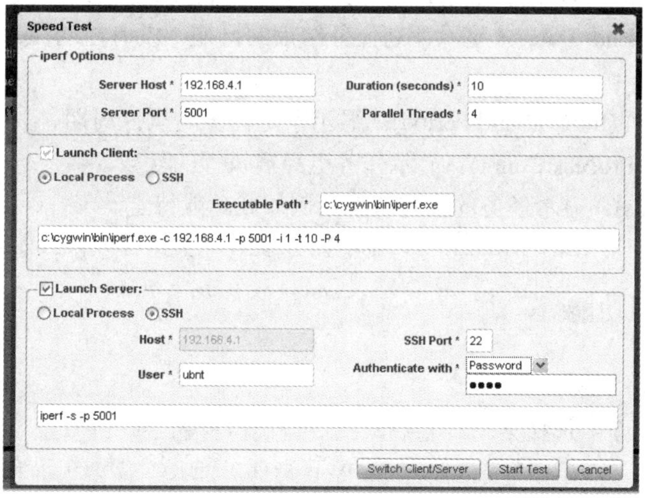

图 6-33　用 iperf 程序进行网络测速

事实上，airControl 自身并没有 iperf 程序，因而不承担速度测试。它只负责启动 iperf.exe 程序，测试程序的输出结果会重定向到一个用户界面。因此，设备与 airControl 服务器之间的通信，其控制台和测试结果的输出取决于 iperf 运行的情况，并且可以输入 iperf 运行参数来进行调整。iperf 的具体细节请参考百度百科的“iperf”条目。

另外，安装 airControl 服务器时，并没有随软件安装 iperf.exe，需要用户自己从互联网下载。设置参数时，可以选默认参数，但应注意以下几点：首先，被测设备的 IP 地址和端口必须正确，否则会出现一个“无效的客户端连接”的消息，快速测试默认的端口号是 5001；

其次，持续时间(Duration)的单位为秒，表示总共测试持续的时间长度；最后，选择合理的并行线程(Parallel Threads)数，即测试中使用的线程数。测试 IEEE 802.11n 等高性能网络时，这个值建议大于 3。

6.3.5 执行计划任务

一些日常性的管理规则和目前无法立即执行的任务，可以按预定任务在预定的时间或按特定的重复间隔来执行。例如，每三天备份一次设备的配置文件，或在半夜升级客户端的设备固件等。计划任务只能在设备管理页面中用鼠标右键菜单添加，我们已经介绍了很多快捷添加的计划任务。系统可调度的计划任务主要分为扫描、固件升级、设备操作等三类。在任务调度管理页面中可以查看、编辑和删除其中预先创建的一些任务。设备操作任务除备份参数外，还有 ping、重启、执行命令行等操作。与前面小节介绍过的内容很相似，在此不作重复。下面对一些重点参数和概念作一些解释。

(1) 过滤计划(Filter Schedule)。该参数项允许对计划任务按条件进行搜索过滤，包括按任务名称、计划类型(全部，设备扫描，固件更新)、定义起止项等条件。依据定义的参数，按“搜索”(Search)键后可执行搜索，否则，按“清除”(Clear)键可以将预先定义的搜索参数清除。

(2) 任务名称(Name)。显示任务名称，用于识别任务，通常取稍微有意义的名称。

(3) 开始日期(Start Date)。显示计划任务启动时的日期。

(4) 结束日期(End Date)。显示计划任务结束的日期。没有注明(保留空白)则表示任务将无限期执行。

(5) 间隔和时间(Interval and Period)。显示预定任务的执行周期。

(6) 进程计数(Process Count)。显示任务已经被执行的次数。

(7) 状态(Status)。显示任务的当前状态，例如成功或待定。

(8) 上次修改时间(Last Modified)。显示任务最后一次执行或修改的时间。

6.3.6 其他管理功能

1. 一键复位

在设备管理界面中选择某个设备后，按快捷键栏里的“一键复位”图标，则该设备立即执行硬件重启动，而不用登录到设备的 Web 管理界面。在需要大面积复位多个设备时，这个功能非常实用。

2. 登录设备 Web 管理界面

在设备管理界面选中设备后，选中鼠标右键菜单的“加载设备用户界面”(Launch Device Web UI)，可以直接登录到该设备的 airOS 管理页面，而无需输入用户名和密码。

3. TSV 数据导出

在设备管理界面和日志管理界面都有 TSV 数据导出功能的图标或选项，点击它们可以下载当前显示列表内的所有信息。一般导出的文件格式为 TSV，支持用 Excel 等软件作进一步处理，或由第三方软件进行处理。

6.4　利用 airControl 规划网络

无线网络规划包括的内容十分复杂，如何有效地利用工具，对提高规划工作的效率和设计精度、降低后期施工过程的风险有着重要的意义。在第 4 章中已经详细地介绍过无线网络规划的主要内容，其中站址的选择与优化、链路预算估计、天线选型设计等都可以利用 airControl 的地理信息系统工具进行预先计算，为后续施工提供有力的技术参考和理论支撑。

airControl 的地理信息系统工具借助 Google Earth 强大而精准的地理信息数据进行各种预算和估计，甚至可以借助超高清的卫星航拍照片来确定"真实站址"与"预期站址"位置的误差。这些辅助运算，能对施工中可能遇到的天线对准、功率裕度评估以及 MESH 中继点的优化等问题，提前做出正确的判断和预测，大大提高了工作效率，减少了施工过程中的盲目性。

6.4.1　设备的站址选择

在开始站址选择之前，首先需要将 airMAX 设备置于地图的某个预期位置，或者事先定义一些可能放置的区域，然后在这些位置上反复调整设备的摆放，观察模拟仿真与理论计算的结果。一般情况下，理论计算无法通过的假设，在现实中也基本不可能实现。用 airControl 做规划的好处在于，可以不用亲临现场，却随时能将设备"搬来搬去"；可以随意升高天线杆的高度或改变天线的增益，而不需要真的去架设天线。下面将通过一些案例来一步一步介绍如何利用 airControl 的地理信息系统工具进行站址选择。

1. 定义一个预期的区域

在地图上部署设备之前，并不需要急于将设备放置到地图上。首先需要在地图上对施工区域做详细的观察，选中可能或期望的区域，然后做标记或定义，并用不同的颜色进行标注，以便于下一步"摆放"设备。预定义区域的方法如下：

(1) 点击"在地图上显示设备"(Show Devices On Map)，加载 Google 地球。此时要求你的网络能与互联网联通。

(2) 在地址坐标栏上输入你要去的地名或地理坐标，并滚动比例尺进行放大显示。打开地图可能需要一些时间，这与你的网络带宽有关。请耐心等待地图开启。一般越清晰的地区可能需要下载的数据越多，等待的时间可能越长。

(3) 用鼠标漫游地图，找到你的兴趣点。这些点位的坐标可以由以前的测绘数据换算获得，也可以通过卫星地图对比寻找。确定兴趣点以后，可以开始编辑"已定义的区域"。如图 6-34 所示，在地图上点击鼠标右键，选择"Edit Defined Areas"后，弹出一个选择对话框，如图 6-35 所示。点击"新增区域"(Add)，开始定义区域。一般一个区域可以用连续点位组成一个多边形，在地图上连续点击鼠标左键，当全部选择结束后，单击鼠标右键完成定义，如图 6-36 所示。此时，可以为该区域定义一个有意义的或者施工规定的统一编号作为名字，并可以在 Note 栏内标注一些说明文字，便于以后查阅。

(4) 点击对话框中的颜色图块，可以为该区域选择一种便于记忆和区分的颜色。可以按自己的预期来安排颜色。比如，将期望较高的区域设置为蓝色，备选的区域设置为黄色，存在疑虑需要后期实地验证的区域设置为红色。也可以按设备的类型来安排颜色。比如，将预期放置 MESH 基站(MAP)的区域设置为蓝色，放置 CPE 网桥的地方设置为绿色，可能增加补点的纯 MESH AP(MP)区域设置为红色。使用颜色的好处在于进行全屏显示时可以直观地看到所有站点的分布及类型。

(5) 待全部输入完毕，且检查无误后，可以按“Save”键保存此区域。

(6) 按上述步骤(3)、(4)、(5)依次输入多个兴趣点。

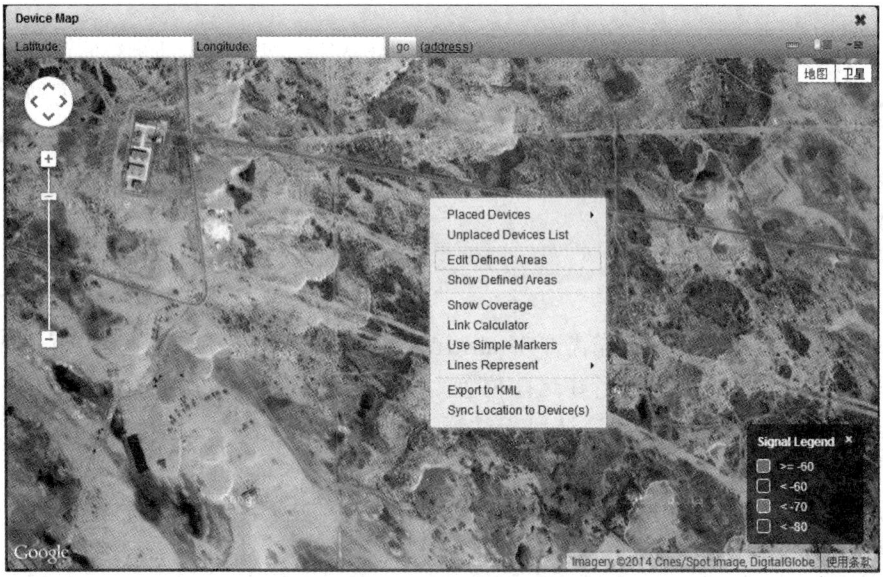

图 6-34　开始编辑已定义区域

图 6-35　用户自定义区域工具对话框

图 6-36　用鼠标圈点一个感兴趣的区域

2. 将设备置于已定义区域

已经定义的兴趣点位置，只是规划设计时假想的站址，是否合理以及具体坐标是否与实际测绘的地理数据吻合，还需要进一步计算。此时可以加入一个或若干个设备来进行“沙盘模拟”，这是军队作战时常用的方法。这种方法可以直接在地图上进行模拟规划。比如，在地图上测量两点间的直线距离，测量两个位置之间是否通视(LoS)，或者观察一下架设不同增益天线时的链路质量，升高天线后覆盖范围的改善情况等。要完成上述功能，首先需要将一个设备放置到感兴趣的区域。具体步骤如下：

(1) 在地图上点击鼠标右键，选择弹出菜单中的“未放置的设备列表”(Unplaced Devices List)，如图 6-37 所示。

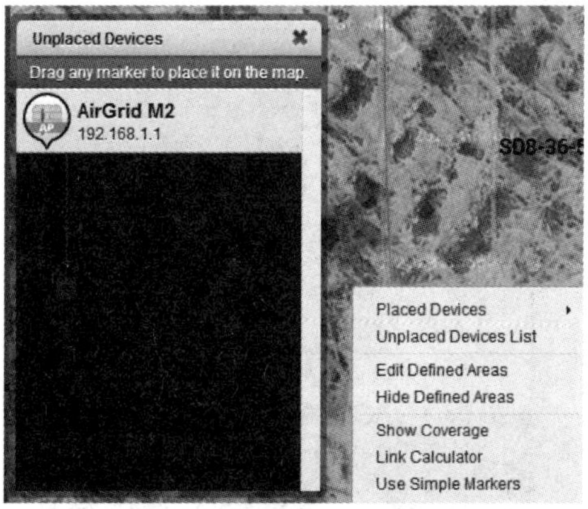

图 6-37　未放置设备列表显示

(2) 在菜单中，如果选择开启“使用简单标记”(Use Simple Marks)时，只会再地图上显示一个“图钉”状的标记；而选择“使用详细标记”(Use Details Marks)时，则会以设备的外形作为图标显示在地图上。

(3) 选中放置后会弹出一个对话框，显示有尚未加入地图的设备列表。选择其中一个，用鼠标拖动至地图，再仔细调整位置，如图 6-38 所示。

图 6-38　将未放置设备置于地图

3. 在当前位置显示设备状态

当设备位于地图时，鼠标划过设备图标会显示设备名称和 IP 地址。此时单击设备图标，会弹出一个详细参数面板，如图 6-39 所示。详细参数面板可以显示设备的很多细节参数，如设备的名称、IP 地址、MAC 地址、ESSID、启动后的总运行时间、当前数据收发速率、丢包率等。地理信息有一个专栏进行显示，可以用于查看和比对已经定义过的兴趣点地理坐标。具体步骤如下：

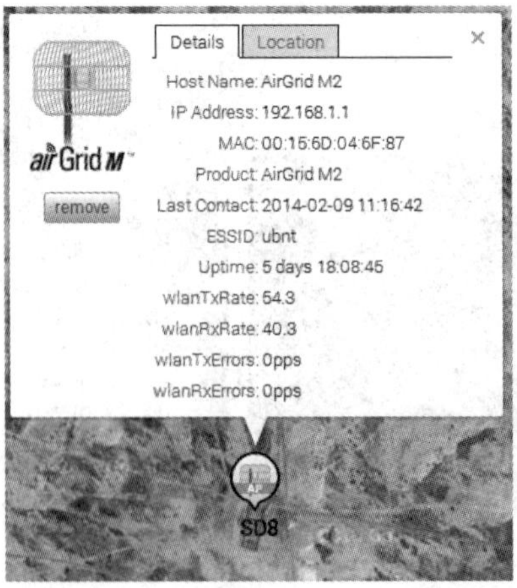

图 6-39　设备详细参数面板

(1) 点击详细参数面板上的"位置"(Location)，可以看到设备当前位置对应的 GPS 地理坐标，如图 6-40 所示。

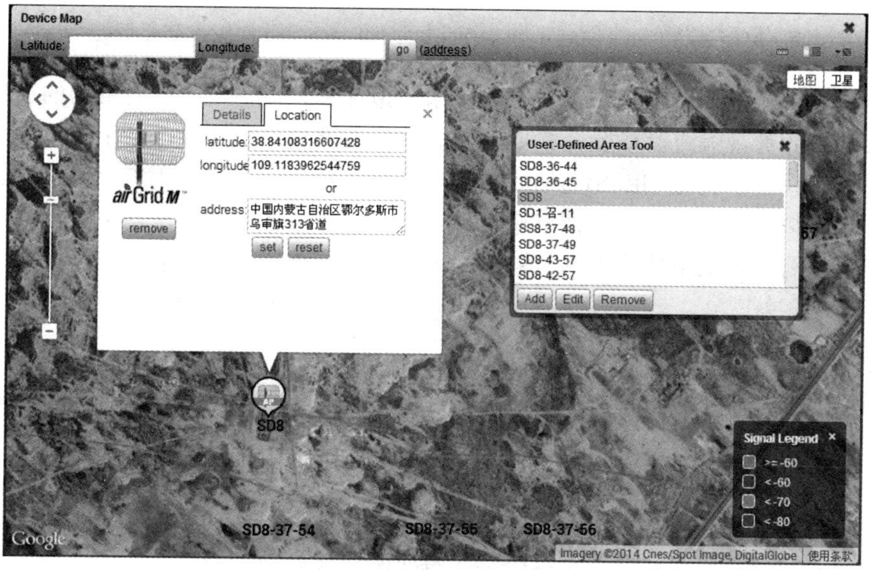

图 6-40　显示设备当前位置地理坐标

(2) 此时可以对比已有的测绘数据，如果面板上显示的数字与测绘值吻合，证明该点位勘定正确，可以进行下一步工作。依次移动设备到所有点，逐个进行检查。另外还有一种离线检查方式，就是下载 airControl 服务器中用户自定义兴趣点对应的地图覆盖文件。用文本编辑器打开后，可以人工核对数字，但是不如在地图上检查直观。地图覆盖文件的位置一般在 airControl 安装目录下的 data 子目录下，文件名为 mapOverlays.json。下载并编辑该文档，可以看到按次序排列的兴趣点名称和大括号内的具体点位坐标。

4. 显示所有定义的区域和设备

待局部兴趣点全部检查完毕后，可以放大比例尺整体检查兴趣点的分布情况。此时既可以按卫星实景显示，也可以按地图道路背景显示。点击窗口右上角的“地图”或“卫星”可以切换不同的显示背景，如图 6-41 所示。

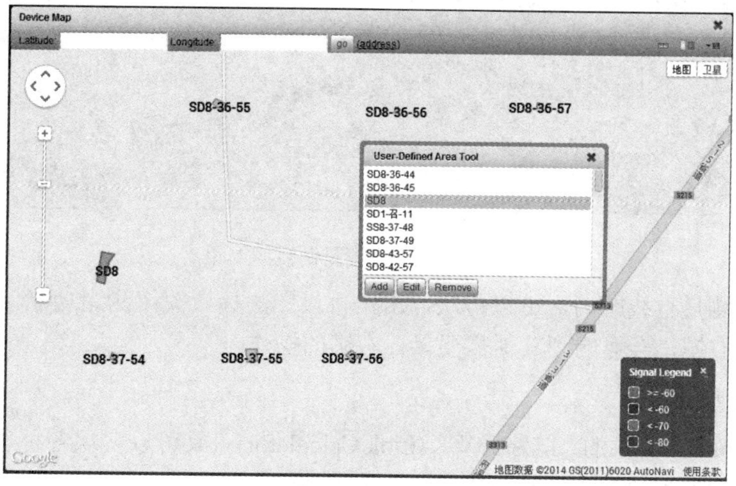

图 6-41　多个兴趣点以地图街道背景显示

6.4.2　站址测量与调整

规划选定的站址是否合理，需要进一步用模拟计算来评估，同时对链路的通信距离、信号强度、是否通视等进行检验。必要时还要移动或调整站址位置，甚至需要增加一些中继“跳点”来保证非视距(NLoS)通信。另外，按扇区覆盖时，到底用三个扇区还是四个扇区合理，也可以通过站址测量与调整来实现。比如，尽量地将多个基站位置都部署在一条直线上，这样有利于采用最简单的“链式”MESH 拓扑结构，也有利于使用定向天线来提高增益、避免干扰。

1. 两点间的距离估计

规划设计时，经常需要对两个站址间的距离进行估计。airControl 提供了一个有效的测量工具。点击地图框右上方的“直尺”图标，可以在地图上进行“距离”(Distance)测量。测量的单位可以是千米或英里。测量时，先用鼠标右键点击第一点位置，按住鼠标右键不放，移动至需要测量的第二点。此时会拖曳出一条蓝色的直线，如果松开鼠标右键，在距离显示框内可以看到一个数字，表示实际的直线距离，如图 6-42 所示。

图 6-42　在地图上测量两点间的距离

如果不再测量直线距离，可以再次点击“直尺”图标，关闭测距功能。因为测距功能需要占用鼠标右键，会影响到其他需要鼠标右键的操作。

2. 设备选型估计

利用 airControl 提供的“链路计算”(Link Calculator)工具可以实现各种理论计算，并可以在地图上模拟实际情况进行设备选型。具体步骤如下：

(1) 如图 6-43 所示，在地图上点击鼠标右键，弹出菜单中选择“链路计算”(Link

Calculator)，会出现一个新的对话框。

(2) 按提示在地图上某处点击鼠标左键，在如图 6-44 的对话框中选择第一个需要设置的设备型号(Product)、天线类型(Antenna)、天线高度(Tower Height)等参数。然后点击“选择该设备”(Select this Device)进行下一步。

(3) 再点击鼠标左键，确认第二点需要设置的设备型号、天线类型、天线高度等参数。

(4) 如图 6-45 所示，在地图上拖曳两个设备到预期位置，可以观察到两者之间的距离、信号强度、链路质量(CCQ)、最大收发速率、AMQ\AMC 估计等。在拖曳过程中链路的信号强度会以不同的颜色表示。如果链路之间因地形关系不能通视，则参数面板会变成红色，并提示“链路阻塞”(Link Obstructed)不可通视，如图 6-46 所示。

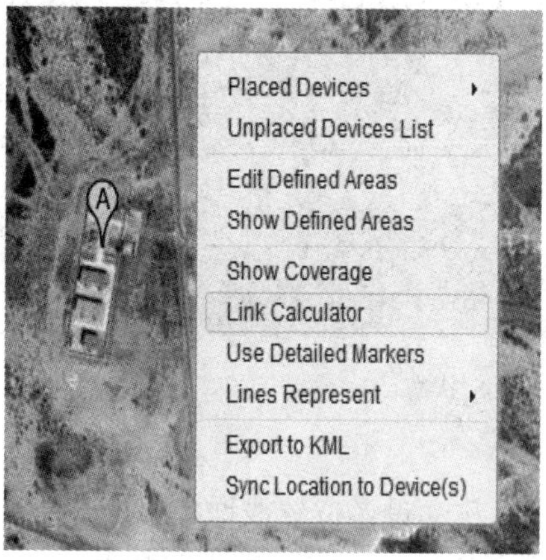

图 6-43　使用链路计算工具进行理论估计

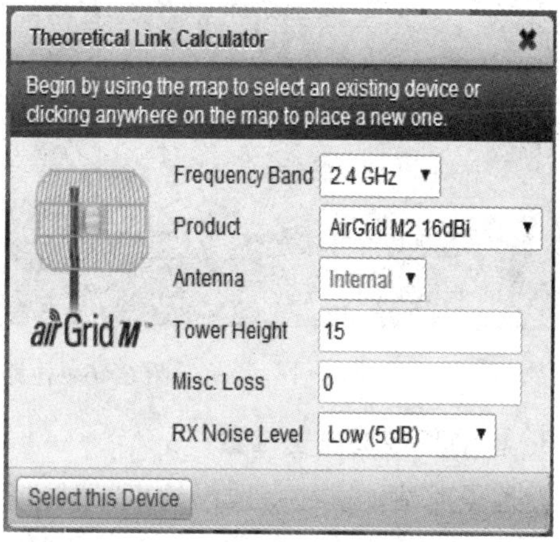

图 6-44　选择设备和参数

图 6-45　链路质量与 LoS 状态

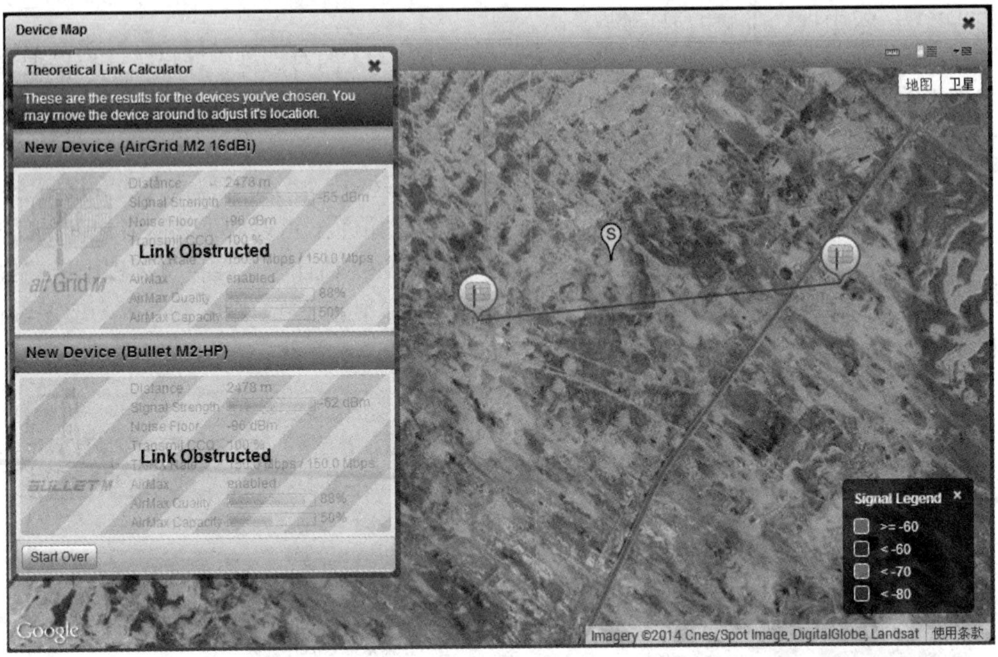

图 6-46　链路阻塞或 NLoS 状态

3. 移动和调整设备位置

设备预期站址往往受地形约束，经常不能通视。移动设备位置或增补站点是常常采用的优化方法，具有施工简便、效费比高的特点。下面通过一个案例来说明利用 airControl 进行网络规划时的优化方法。某油田集气站厂区需要实现无线覆盖，覆盖半径范围大约 3～5 km，同时需要将位于公路两侧的厂区 LAN 通过无线连接起来，预期采用全无线 MESH 网。具体地形分布如图 6-47 所示。其中，SD8 位置为厂区内的一个 MPP 落地站点，通过光纤与企业内部网连接，现在需要在 SD8-37-54 区域至 SD8-37-56 区域进行有效覆盖，同时还需要将公路东侧(图的右边)的一个厂区 LAN 通过 CPE 联入内网。原有的网络规划设计是，计划采用 airMAX Grid M2 作为网桥直接与 SD8 站点做桥接进入网络。通过实际勘测和地图模拟，两点之间存在一个 30 m 高的沙丘遮挡，无法实现 LoS 通视，因此无法采用桥接方式接入。虽然两点间直线距离仅有不足 3 km，链路预算裕度也很宽裕(接收信号都在 −60 dBm 以上)，但视线遮挡成为主要障碍。两边厂区均为一级防火区，无法进行施工改造或另外架设增高的天线塔。因此，用提高天线高度的方法不可行。考虑到全网本身使用混合式 MESH 网络构架，建议使用 MESH 站址优化来解决这个 NLoS 问题，在不增加成本或尽可能小的代价下实现网络覆盖。具体优化过程如下。

(1) 考虑到原计划在在 SD8-37-54 区域至 SD8-37-56 区域一线建立下行覆盖，使用 Bullet M2 设备，用于巡井工作人员动态接入，具体站址位置考虑了 SD8-37-54、SD8-37-55、SD8-37-56 三个区域，最初的设计将靠近公路一侧的 SD8-37-56 区域作为优选。

(2) 经过 airControl 链路估计，在 SD8-37-55、SD8-37-56 区域两个位置设置站点，两者对同一地区的平均覆盖效果十分相似，其 EIRP 等效功率相差不大，只有 3～4 dBm 的抖动。实地勘测时，SD8-37-56 区域位于低洼地势，与公路东侧厂区之间通视效果不好，而

SD8-37-55 区域地势相对较高，较前者海拔高出 21 m。建议将原设计的站址移动至 SD8-37-55 区域，如图 6-48 所示。

(3) 利用 airControl 重新进行链路估计，发现 SD8 厂区与 D8-37-55 区域之间、D8-37-55 区域与公路东侧厂区之间均能实现 LoS 通信，且预期的链路质量非常好。因此，只需将位于 D8-37-55 区域的 Bullet M2 设备设置为 MAP(MESH AP)工作模式即可满足上述要求，问题得到解决。

(4) 效益分析。由于只移动了一个站址，整个工程在成本上无任何增加。相对原设计可能在施工和部署上节约巨大的成本。如果在两边厂区楼顶各增加一个半高塔，每个塔的工程造价大约在 5000～10 000 元；使用高塔还会带来额外的避雷问题，高塔位于厂区最高处，原来的避雷设施还需要另外进行避雷改造，成本无法估计。另外，厂区为一级防火区，即便能申请施工改造，也会因为审批过程复杂繁琐延误工期，时间成本剧增。

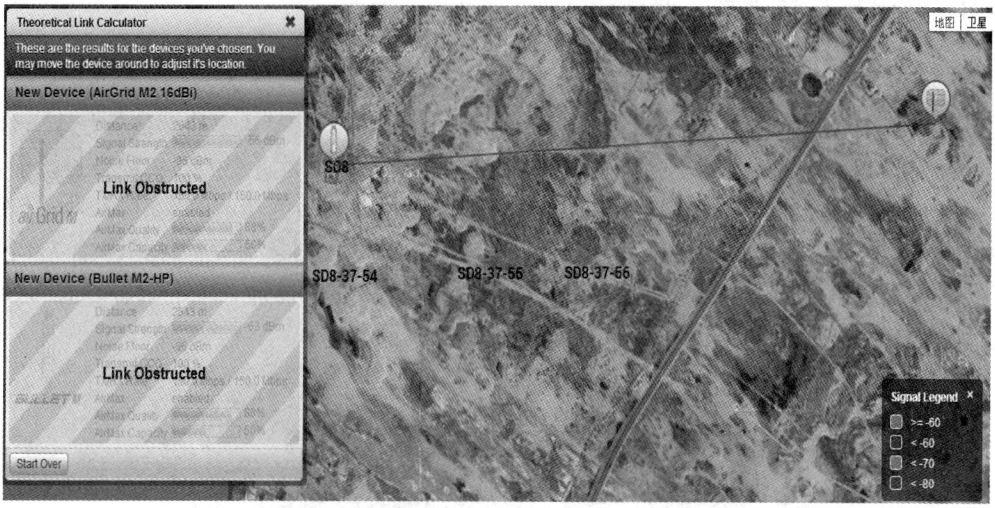

图 6-47　通视受阻的两个厂区无法直接桥接

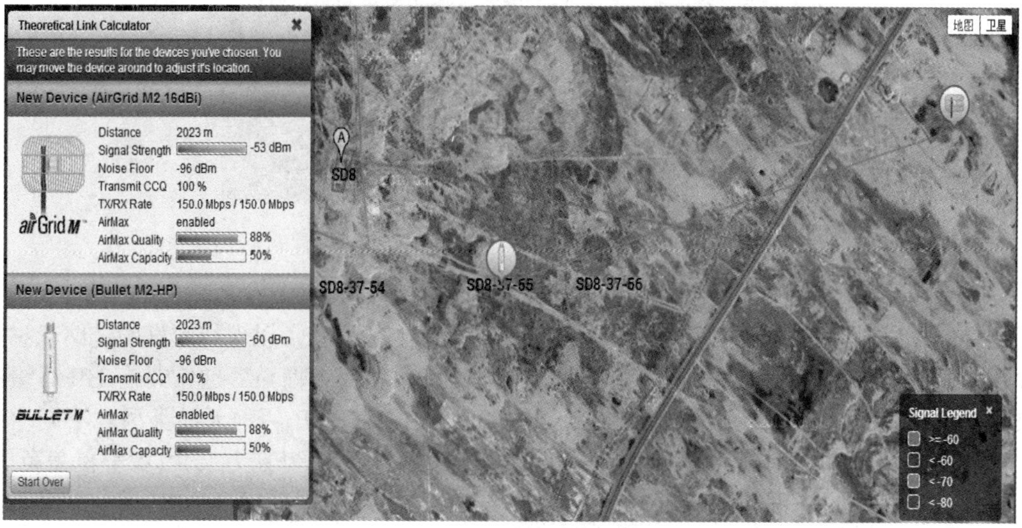

图 6-48　通过设备位置移动利用 MESH 中继站点实现桥接

4. 将新的站址地理信息写入设备

airControl 强大的管理功能甚至允许将在地图上设计好的位置和地理坐标直接预写入设备管理参数中。设备带有地理坐标对某些工程有极大的帮助。比如油田生产和管理用的无线网络，大部分设备都散落在茫茫无际的戈壁滩上，只能凭借 GPS 导航和管理系统的地理信息才能迅速地找到设备的位置。

将新的站址地理信息写入设备的具体操作方法是，只要简单地单击鼠标右键，在菜单中选择“将位置同步到设备”(Sync Location to Devices)即可。这一步骤可以在施工前的设备检测和老化阶段直接写入到设备中。

如果实际施工位置有所调整，可以在施工完成后按竣工信息重新在地图上进行位置调整，然后再同步写入一次即可。

6.4.3 链路预算与功率裕度估计

1. 通过颜色观察链路预算裕度

通过两点间距离，利用无线电波传播公式来计算链路损耗和功率裕度估计是十分低效的。好在 airControl 已将这一计算程序内置，并将计算结果用更为直观的彩色线条进行显示，用户体验良好。通常冷色调的颜色表示信号更好，暖色调的颜色表示信号较弱。如图 6-49 所示，在鼠标右键菜单下，选择“Lines Represent->Signal”，则系统所有运算都会以彩色表示链路裕度。同时在地图右下方一直会提示一个信号强度对照色谱。选择“No Details”时，会关闭颜色显示。所有链路的连接也会显示为黑色线条。

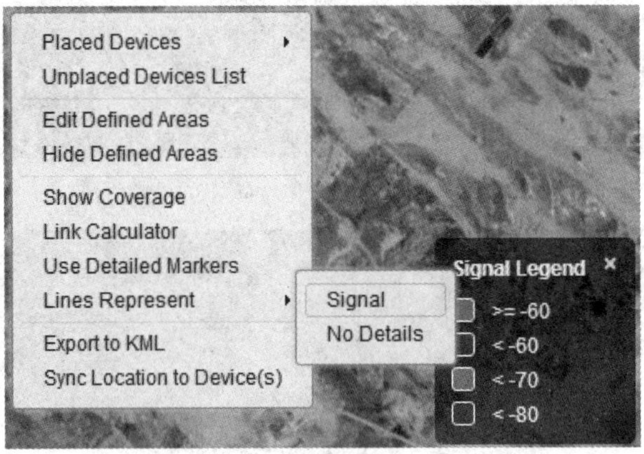

图 6-49　用不同颜色表示链路预算裕度

2. 采用不同天线增益时的功率裕度

在同一站址上可以选择不同的设备类型、不同的天线增益，以保持较好的链路状态。如图 6-50 所示，在理论预算时，可以选择不同的设备和天线增益。通常带有 HP 后缀的设备是大功率的 AP 基站，而 AirGrid M2 也有 16 dB 和 20 dB 两种天线类型。不同增益的天线覆盖距离和方向角会有所差异。在理论预算估计时，可以在方向角(水平覆盖范围)和最大传输距离二者间作适当的权衡。如图 6-51 所示，分别采用 16 dBi 和 20 dBi 的 AirGrid M2 在传输质量上并无明显差异，总功率裕度增加为 8 dBm(69～61 dbm)，与天线贡献的(20 − 16) × 2 = 8 dB 相符。

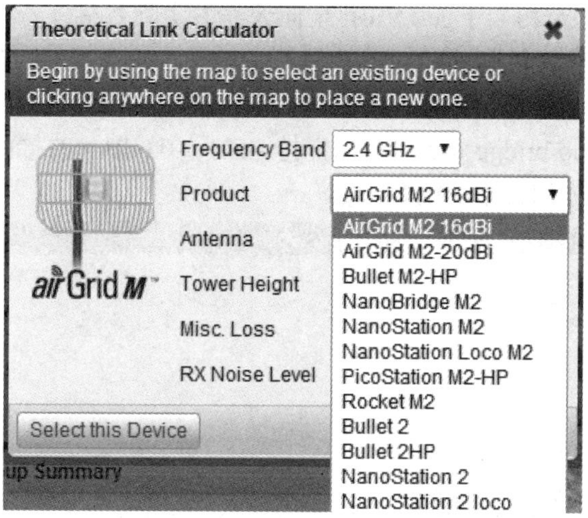

图 6-50　选用不同的设备和天线增益

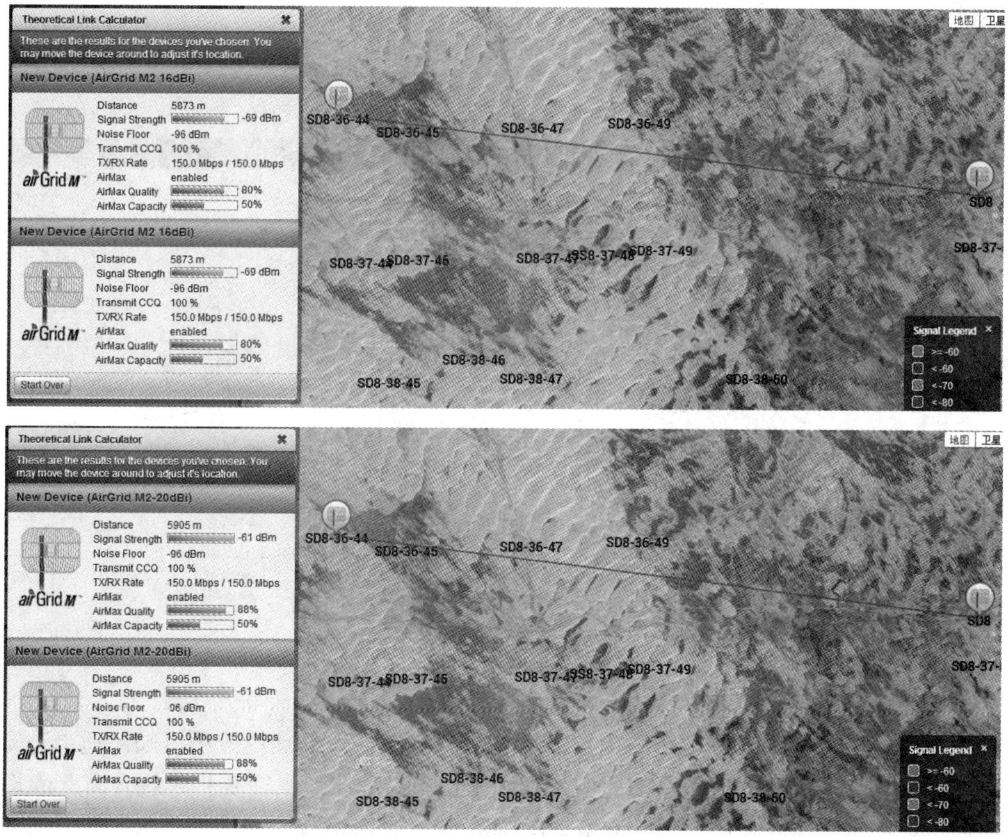

图 6-51　选用不同天线增益时的链路质量对比

方向性和增益的选择，不能走向极端。因为它们并无好坏之分，增益低了，但是方向角大了，水平覆盖范围也会增加。图 6-52 所示，分别为 airGrid M2 的两种天线覆盖图。左侧是水平方向图，右侧是垂直方向图。可以观察到，在 16 dB 天线方向图上有一个非常大的水平第二旁瓣，位于 75° 左右的位置；另外在 30° 位置有一个较窄的第一旁瓣。在该方向上，这两组旁瓣的增益相当于 3～5 dBi 全向天线的实际效果，若在此方向上接入带有中等增益天线的 CPE 完全可以胜任。如图 6-51 中，SD8-37-44、SD8-37-45、SD8-37-47 三个区域，正好处于这个位置上，距离 SD8-36-44 区域分别为 1.2 km、1.27 km、2.1 km。即便是采用非常简易的 Nano bridge M2 也可以保持 –62～–63 dBm 的接收效果。通过这样的优化和合理选择，可以使工程成本大大降低。

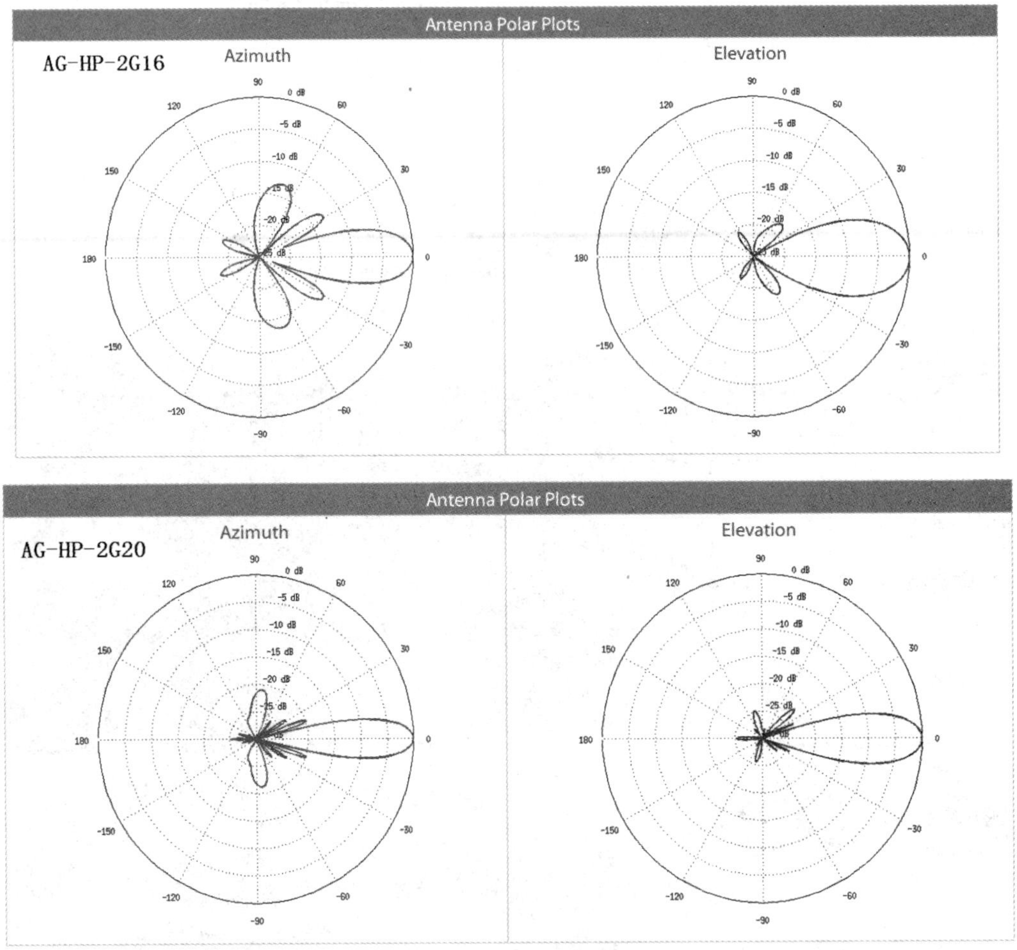

图 6-52　选用不同天线增益时的方向图

3. 采用不同天线高度时的覆盖

由第 4 章的规划设计中关于“天线升高获得覆盖增益”的理论分析可知，适当升高天线高度，可以克服很多覆盖相关的问题。实际工程中，有时仅仅需要将天线升高 5 m 即可解决问题。常常仅需要使用一根长 6 m、直径 20 mm 不锈钢管就能满足要求。是否需要升高天线，升高天线的成本与代价如何估计，airControl 依然为我们提供了强有力的手段。只需要在理论预算时，在天线塔高度一栏内修改默认的天线高度即可。默认的天线高度为 5 m，如图 6-53 所示的案例 SD8-37-62 与 SD8-37-65 区域的距离约 2 km，使用默认的 5 m 天线时，两点无法通视，其中在 SD8-37-64 区域位置有一个沙丘挡住了视线。一种方案是在 SD8-37-64 区域增加 MESH 中继点，但是此处取电不方便，增加太阳能和蓄电池组成本过高。通过 airControl 计算，只需要将 SD8-47-62 区域的天线从原来的 5 m 提高到 10 m，问题即可解决，如图 6-54 所示。仅需要在原来的抱杆位置接续一根 6 m 的不锈钢管，而成本只有 100 多元，相对于 MESH 中继解决方案，效益更高。

图 6-53　天线高度为 5 m 时两点无法通视

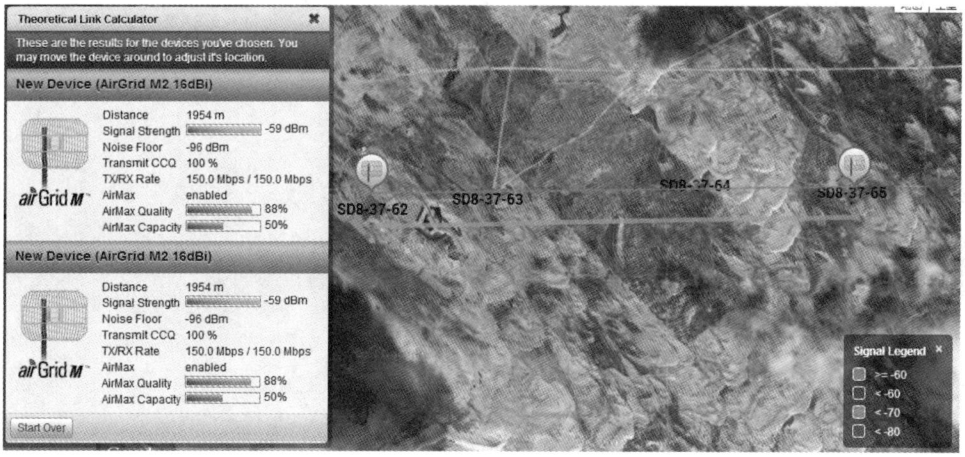

图 6-54　天线升高至 10 m 可以通视

升高天线也不是万能的举措，因为天线升高的代价随高度增加会剧增。过高的天线安装位置还需要考虑新的防雷措施，从效费比方面考虑往往得不偿失。一般情况下，除非是供电和施工限制等问题，升高天线的办法只能使用局部增高的方式。否则过高的成本和代价，不如通过增加设备来补点的方式经济高效。

当然，天线升高、提高增益、适当补点都是可以组合运用的办法，使用任何一种极端的方法都不值得推荐。正所谓“寸有所长，尺有所短”，在实际工作当中，应该合理运用每一种方式的优点。

6.4.4　导出施工数据

严谨有序的工程承建商，在网络工程竣工验收时会根据合同要求提交大量的竣工验收文档，其中包含大量的施工测绘资料。如果手工完成这些数据图表，可能是一件非常辛苦的工作，细微的错误都可能导致将来维护使用时的困难。

airControl 的数据导出功能为我们提供了一个不会出差错的数据整理工具。在系统管理界面中看到的列表，使用右键菜单的“TSV Export”功能，都可以用 TSV 文件方式导出。导出后的 TSV 文档，可以用 Excel 进行再编辑处理，如图 6-55 所示。

剪贴板 字体 对齐方式 数字 样式

J3

	A	B	C	D	E	F	G	H	I
1	Status	Host Name	IP Address	MAC	Product	Signal	Version	Lng	Lat
2	1	UBNT	192.168.1.20	00:15:6D:04:C9:8B	AirGrid M2	-64	5.3.5	109.1284653	38.84455957
3	1	AirGrid M2	192.168.1.1	00:15:6D:04:6F:87	AirGrid M2	-64	5.5.6	109.1183607	38.84122225

图 6-55　用 Excel 打开 TSV 文档

第 7 章　airMAX 网络部署与安装

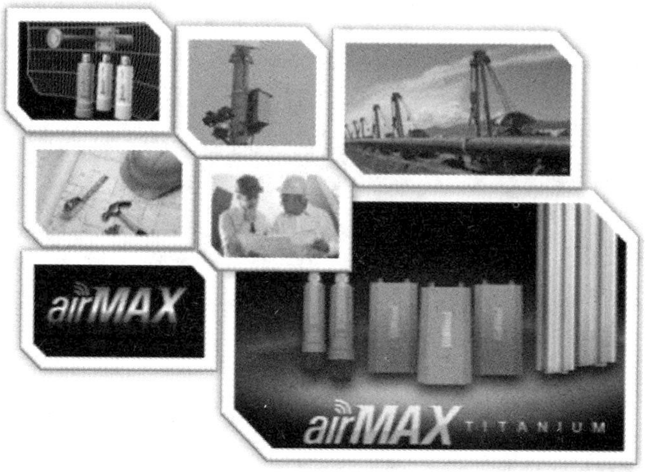

“工欲善其事,必先利其器”。理论联系实际是通往成功的捷径,而奇迹的创造者往往是那些最普通的人。

网络部署时涉及的问题远比网络规划时要多得多，“变化总比计划快”，说的就是这种情形。如何在施工过程中尽可能将意外情况减少到最低程度，取决于施工前的准备和施工人员的经验、素质。当然，凭借良好的测试设备、施工器材工具可以取得事半功倍的效果。施工时对供电、接地、避雷等环节进行精心部署，将为网络长期健康稳定运行提供必要的保障。总之，施工的细节决定了工程的质量，好的设备若没有好的安装，其性能将大打折扣，甚至出现意想不到的错误。加强工程目标管理的效能，降低施工的人力成本、时间成本，严格遵守相关法律和操作规程，有效防范各种风险也是施工过程中需要注意的重点。

7.1 施工前准备

“工欲善其事，必先利其器”。万事开头难，施工前做好充分的准备工作，将为后期的施工节约大量的时间，极大地提高工作效率。施工前准备主要包括了解相关法律、法规，准备必要的安全生产防护器材、施工用的安装工具、测试仪器和记录施工过程的施工日志等。

7.1.1 安全生产相关的法律问题

为了确保安全施工，施工前必须组织全体施工人员学习安全生产相关的法律、法规，如《中华人民共和国安全生产法》。如果施工场地涉及易燃易爆和危险物品、建筑楼宇内部装修用电的，还需要学习《消防法》等有关法律规定。进入石油、天然气、煤矿、化工品等特种行业生产单位施工的，还需遵守企业内部的相关规定，提前学习安全生产的注意事项。进入厂区施工前，必须办理各种安全作业审批手续，如危险作业区出入证、用电许可证、攀登许可证等。施工管理人员要提前做好安全救援预案，搞好安全常识教育，进入施工现场后，要全程监控施工安全。

对于施工组织及管理人员、技术人员等要求被审查工程资质的人员，要提前进行资格和身份的形式审查。将审查所需的人员名单及职称、学历、岗位证书(或培训证书)复印件留存备案，不符合要求的人员和施工单位在未进行培训并取得相关资质前，不得开工或进行相关的工作。

除此之外，频率使用方面也存在一个基本的法律问题。虽然 ISM 频段为免执照频段，但是其最大发射功率和 EIRP 等效峰值功率也必须满足法律规定范围和要求，某些频率可能与即将推广的 4 G 频段有较大的重合，5 GHz 频段使用可能是免执照的，但作为基站使用却不一定是免费的，还需要交纳一定的频率占用费。

7.1.2 安装固定用的器材与工具

1. 安全防护装具

安全防护装具主要包括具有鲜艳颜色的工作服、安全帽、固定大绳、小绳、手套等。在厂区作业时，穿戴特定颜色和颜色艳丽的工作服有利于区分工位，观察人员作业情况。

佩戴安全帽，能有效防止空中坠落物体造成的意外身体损伤。攀登或高空作业时，配备固定大绳、小绳(一般劳保市场有成品背带式攀登衣销售)可以有效防止高空坠落事故发生。不同作业时，可以穿戴纱线手套、绝缘手套等进行防护。夜间或井下作业时，还必须配备安全灯、信号指示灯等。

2. 攀登器材与工具

攀登工具主要有云梯、攀登脚套、吊绳。大型作业采用车载式升降云梯，能有效提高作业效率。户外小范围攀登作业，一般采用直梯、八字梯等。野外作业，可以使用便携式折叠“快梯”，其形状与体积类似普通工具箱大小。从楼顶垂降作业时，还需要配备滑轮吊绳和升降平台。为确保安全，吊绳和平台必须按期限进行年检和更换。高空作业时，必须配备地面安全监视人员，随时注意施工动向，必要时可配备对讲机等相应的通信工具，进行协调与指挥。

3. 工具箱与零件箱

根据安装设备的需要，配备各种型号规格的零件箱和工具箱。工具箱尽可能优选各种自动工具，如自带电池(充电式)可更换作业部的电动螺丝刀。

零件箱应配备常用规格尺寸的螺丝、螺母。户外使用的螺丝、螺母尽可能使用不锈钢材质。尽可能采用镀锌或镀铬等表面处理过的耐腐蚀的丝杆、丝扣等紧固件。如果使用尼龙锁扣，必须选用防老化的航空级产品。根据需要还可以配备各种型号的电源、信号、天线等的转接头。

工具箱内一般配备有各种型号规格的定、活扳手；套筒、内六角、自动扳手；断线钳、老虎钳、斜口钳；十字形、一字形螺丝刀；美工刀、锉刀、剪刀、钢锯、铁锤；万用表、2 米标准网线、压线钳等。

4. 其他器材与工具

施工中可能用到的其他辅助器材还包括：矫正位置用的水平垂直仪、激光测距仪、坡度仪、直角拐尺、50 米皮尺等；防锈用的黄油、防锈漆、银粉漆、绝缘胶带等；还有对讲机、望远镜等侦观通信器材等。

7.1.3 调试用的器材与工具

1. 定位器材

主要常用的定位器材有指北针、GPS 手持机等。指北针，也叫指南针，是一种用于指示方向的工具，广泛应用于各种方向判读，它是野外作业不可或缺的方向指示工具，基本功能是利用地球磁场作用，指示北方方位，它必须配合地图或地理坐标寻求相对位置，才能明了站立点与其他位置的相互关系。GPS 即全球定位系统，是一种利用卫星广播信息进行全球、全天候、三维立体导航定位的系统，定位终端通常有手持 GPS、车载 GPS 等，专业的 GPS 手持机，具备测时、测距、测向等功能，能精确地指示当前实时位置的地理坐标、实时航迹、方向等。利用定位器材主要完成两点间的相对位置和方向角确定，以便于天线的方向对准。

无线电寻向仪，用于确定和对准天线方向。对于 2.4 GHz 频段的无线网络，一般可以利用无线网卡和定向天线进行自制，配合 Network Stumbler 等一些专业的无线信号指示软件可以很轻松地定位想要的无线信号方向。一般使用市场上销售的 USB 无线网卡配合一支方向性较强的八木天线，在便携式计算机上安装 Network Stumbler 无线信号监测软件即可实现。当转动天线的方向时，会发现很多无线信号，并显示其 ESSID、MAC 地址、频道频率、信号强度等信息。进一步细调天线方向，当某个接收信号最强时，表明天线所指方向即为该 MAC 地址对应基站信号的方向。方向调整，一般可以采用指北针或 GPS 粗略估计，然后用无线电寻向仪精确测定。

2. 调试工具

现场制作网线，需要用到网线钳、网线测试仪等工具。现场制作的网线需要仔细检查后才能与设备连接使用，特别是使用 PoE 供电的网线，必须确保线序正确无误，接触良好。

为了方便调试，还需要配备集成式供电以太网交换机。为便于现场进行参数设置，经常需要连接 PC 终端和 AP 基站，大多数 AP 基站都采用了 PoE 供电，当需要调试多个设备时，使用集成式供电以太网交换机不用单独为 AP 设备配备 PoE 电源和转换器，可直接接入到该交换机同时实现供电和联网。集成式供电以太网交换机可以直接选用直流供电的 PoE 以太网交换机，或者用 PSE 供电器与普通以太网交换机级联构成，野外长期作业时，可以配备相应的电池组或连接车载点烟器电源。

测量外接电源电压、极性时，还需要用到数字万用表。测量接地电阻时还需要用到接地电阻测试仪。

7.2　施工组织和实施

7.2.1　工程协调会

开工前应召开第一次工程协调会，会议由建设单位主持，参加单位应有建设单位、承建单位、施工单位(施工队)、监理单位(必要时有设计单位)等单位。参加会议人员有承担本工程建设的主要项目负责人、专业技术人员、管理人员。

第一次工程协调会的主要内容应该包括：

(1) 建设单位简介工程概况。如：组网方案、规模容量、总工程量、工程时限。

(2) 建设单位根据委托监理合同宣布对监理工程师的授权。

(3) 建设单位、承建单位和监理单位分别介绍各自驻现场的组织机构、人员分工、驻地及联系方法。

(4) 建设单位介绍工程开工条件的准备情况。如：设计文件、设备材料到货进场情况等。

(5) 施工单位介绍施工准备情况，如施工队驻地，人员、车辆调遣计划，机具仪表到场等情况。

(6) 建设单位和监理工程师对施工准备情况提出质询、意见和要求。

(7) 监理工程师介绍监理规划的主要内容。

(8) 涉及工程的其他约定。如：研究确定各方参加今后协调会的主要人员及主要议题，包括协调会召开的时机或周期。

第一次工程协调会各方应有文字发言稿，并提交会议。会议纪要应由监理负责起草并经与会各方代表会签生效，并作为工程历史资料存档。

7.2.2 工程设计交底

施工安装前，指导施工的工程设计文本(文书)应到位。设计单位(或建设单位)应负责介绍工程设计情况，以透彻了解设计原则及质量要求。考虑到实际情况，每期工程施工前至少应向监理和施工方提供由设计人员签名的或建设方工程负责人签名的书面材料，包括基站平面布置图、天线位置及方向图等，并标明测绘或预算的方位角、下倾角等重要参数。

现场施工与设计有较大偏差，设计需重大更改的，应及时办理设计变更，必要时，应请设计人员及时到现场办公，解决问题。合议后的结论应形成书面文字，并由各方负责人签名。

7.2.3 施工力量报告与检验

施工安装前，施工单位应按要求向监理单位报送相关文件并作如下情况汇报：

(1) 施工单位(施工队)资格报审表和有关资料(含单位营业执照、企业资质等级证书、业绩证明材料等)。

(2) 施工组织方案报审表及施工组织设计方案。方案应含：质量、进度、安全目标及保证措施；施工组织及管理、技术人员资质，附名单及职称、学历、岗位证书(或培训证书)复印件；工机具仪表进场报审表和工机具仪表清单等。

(3) 工程开工报审表。

监理工程师收到上述报审文件后应及时对照检查并签署意见。批准后的施工组织方案和主要技术人员未经监理同意不得随意改变。施工队的技术力量(含技工数量、施工方案、车辆、工机具)应满足施工质量和进度要求，每个施工队必须指定一名质量和安全责任人，关键部位的操作(登高操作，线缆制作、连接等)必须是有许可证、有经验的熟练技工担任；新手必须经过培训入场，且只能做辅助工作。

7.2.4 设备器材的送货与验收

开工前，建设单位、供货商、施工单位和监理单位代表要对需安装的主要设备、主要材料、配件及辅助材料点验。设备器材必须全部到齐，数量、规格型号应符合工程设计要求，包装完好，无受潮和损伤现象。施工队质量责任人应作好点验记录，不合要求的设备器材，应要求供货商限时解决。户外使用的电源电缆应用阻燃耐火型或满足户外应用要求。

7.2.5 示范站的安装

开工时，为统一质量标准，便于检查验收，可以选择一至二个有代表性的基站作为示范站，进行示范性安装。示范站安装由施工单位组织，监理、督导和建设单位参加。必要时，设计人员和设备供货商代表也应参加，安装示范站的主要目的是：

(1) 检验现场安装条件是否完全具备开工条件。

(2) 检验设备、器材的品种、质量、数量是否满足工程要求。

(3) 检验施工技术力量(含人员、组织方案、现场管理、投入施工的工机具仪表)是否符合工程质量和进度要求。

(4) 检查施工工序、工艺、质量是否符合规范要求。

示范站安装完成后由监理工程师召集第一次工地例会，例会由参建各方参加。会上各方应对示范站情况做出评价，明确提出不合要求的地方；对不合要求的地方，要明确责任人，明确措施，明确完成的时限。监理工程师应起草例会纪要，并会签。

作为惯例，每个施工队入场安装时，都应先做一个示范站。通过示范站检验施工队的实际工作能力和水平。

7.2.6　工程质量的责任和检查

需要注意的是，工程施工质量是在施工过程中形成的，而不是最后检验出来的。工程一旦完成，其质量基本上已经确定，除非推倒重来。为确保工程质量，应建立质量责任和检查体系。

施工单位对所承担工程项目的施工质量直接负责，是施工质量的直接实施者和责任者，必须建立健全的质量管理体系，落实质量责任制。必须有明确的项目经理、技术负责人和施工管理负责人。质量责任人应对安装质量特别是关键部位进行质量自检。

监理单位代表建设单位对工程质量实施监理，对工程质量承担监理责任。监理单位责任主要有违法责任和违约责任。监理工程师的质量监督与控制就是使承包单位建立起完善的质量自检体系并运转有效，监理工程师的质量检查与验收，是对承包单位作业活动质量的复核与确认。监理工程师的检查决不能代替承包单位的自检，而且，监理工程师的检查必须是在承包单位自检并确认合格的基础上进行。现场监理工程师应履行职责，严格把关，不合格的地方应当及时纠正。

7.2.7　施工日志

施工日志是记录工程进展、事后区分责任的历史凭证，也是生产与监理的主要质量控制文档。施工进行中，施工单位必须对项目进行合理分解，形成施工进度甘特图、人力资源控制甘特图，填写《施工进度安排表》；当安装固定用的通信塔、抱杆、支架等或室内的机房、配线箱等安装完毕后，及时填写《安装条件检查记录表》；基站安装完毕并自检测试后，填写《安装质量检查表》；独立的项目点全部施工完毕后，由监理单位检查确认后，填写《监理质量检查审核表》，并由双方责任人签字。

7.3　设备安装与固定

在整个网络施工过程中，设备的安装占据工程工作量的主要部分，也是设计规划付诸实践的重要环节。每个环节的质量都会影响到整个工程的质量。

7.3.1　独立抱杆的施工

独立抱杆作为最常见的楼顶或户外安装方式之一，应用十分广泛。施工内容包括基础承台的筑基和抱杆选用两个主要部分。基础承台筑基有预制和现场浇筑两种。楼顶施工通常采用预制承台，野外多采用现场浇筑。

1. 现场浇筑基础承台

野外基础承台施工顺序一般包括：挖基坑、砍桩头、清理桩头、验坑、筑垫层、绑扎钢筋、支木模、地脚螺栓埋设、浇筑混凝土、土方回填等。

开挖土方前，必须精确确定站址位置，必要时可以使用通信测量车，通过升高天线桅杆实测来确定最佳站址，确保施工后站址不再移动或更换站址。

土方开挖施工时，先用白灰在地面画好定位线，确定基础开挖尺寸后再进行土方开挖。较大较高的独立抱杆基础承台一般采用机械开挖土方，较小的场地或在不便机械施工的位置可以改用人工挖土。开挖土方按以下步骤进行：

(1) 确定基础开挖尺寸。按设计检查混凝土垫层尺寸，周边预留 300 mm 作施工操作面开挖基础。

(2) 基础开挖放坡。应根据实际情况适当确定坡度并报请监理认可。

(3) 土方开挖至设计标高 20～30 cm 时复核开挖位置，确定其正确后继续开挖至垫层底标高，及时会同监理单位验坑；签字认定后及时浇筑垫层混凝土封闭，防止地表水浸泡土质发生变化。

(4) 土方开挖至设计标高后，及时浇筑混凝土垫层。遇雨天或有地表水时，在基坑周边设集水槽，必要时还必须用水泵排水。

(5) 基础垫层混凝土施工。基坑挖到设计标高后立即报验，并及时铺 80 mm 厚碎石垫层再浇筑 C10 混凝土垫层。

(6) 做好浇筑前的各施工准备和材料准备，用搅拌机将混凝土搅拌均匀，浇筑混凝土在垫层四周砌好砖胎模，植入预先绑扎好的钢筋，采用人工逐步加入混凝土，继续用搅拌机搅拌，平板器振捣。

(7) 筑基如果存在地面外漏部分，还需要使用木模做基础模板，模板配制根据施工现场基础的设计尺寸精心支模，模板刚度强度要足以承受施工荷重及混凝土侧压力，接缝严密防止漏浆，确保基础外观尺寸；基础上部地脚螺栓的埋设标高、位置要符合设计要求，误差不得超过规范。为使地脚螺栓位置准确无误，可以自制制式的限位卡具用于地脚螺栓的定位。

筑基固化阶段，冬天应防止混凝土受冻，夏天及时浇水保持一定的湿度。

2. 抱杆的选择

抱杆材质一般采用镀锌钢管，直径和壁厚根据实际承载的设备质量灵活掌握。对于高度较低、承重较轻的应用，也可以采用不锈钢钢管。立杆前，镀锌钢管需要用防锈漆和银粉漆各粉刷一次，安装后，对剐蹭部位和螺丝位再进行补漆。每年维护时，进行一至两次补漆。维护时，螺丝位可以使用沥青涂刷，防止锈蚀。

独立抱杆可以采用单段式结构或多段式结构。抱杆的垂直度要求误差小于 2°。根据抱杆高度不同，还需要用人形支架或钢缆进行侧翼加强，以确保抱杆垂直和稳定。采用多段式结构，底端和顶端的抱杆直径可以大小不同。有电池预埋的站址，抱杆预制时要在顶端和底端预留电源引线出口孔位。

每个抱杆可以在水平方向延伸 1～4 个支撑副杆，用于固定天线。

抱杆顶端一般设置有避雷针，采取独立放电工作模式的避雷针，避雷针支架要与抱杆之间用橡胶垫绝缘，一般通过在抱杆上包裹绝缘材料并固定避雷针支架。如图 7-1 所示。避雷针接地采用 4 mm × 40 mm 热镀锌扁铁，并与避雷针底部四面焊接，确保接触良好。

图 7-1 抱杆与避雷针的绝缘连接

airMAX 设备大多数体积和质量都较小，采用 40～50 mm 的镀锌钢管制作 6 m 独立增高抱杆十分方便，可以直接将多段钢管套丝后用活接连接，在不使用避雷针时，是成本最低的一种抱杆。采用 50 mm 钢管制作的 9 m 抱杆，安装 airGrid M2-16 设备时有较好的抗风扰性能。更高的独立抱杆，需要用钢缆侧翼加强。

7.3.2 通信塔

通信塔一般分为建筑物附属半高塔和独立全高塔两种类型。全高塔因为占地面积大，造价昂贵，一般只有部队、电信部门和专业企业建设使用。建筑物附属半高塔，也称为轻型通信塔，建设成本相对较低，在 airMAX 无线网络应用中较为常见，如图 7-2 所示。

图 7-2 建筑物附属半高通信塔

半高塔多用优质角钢或钢管组成四棱形或三棱形结构，通过螺栓或焊接而成，自身高度一般不超过 25 m。多位于建筑物顶部，或作为建筑物的附属部分。因为接电方便，通常作为主要接入站点使用。为了方便设备部署，高度较高的半高塔还可进一步分层，层高一般 10～15 m。

通信塔建设主要考虑成本、风压、建设周期等主要因素。其中成本除人工外，分为基础成本和钢构成本。钢构成本相对固定，但采用角钢结构或钢管的成本相差很大，施工周期也不同，一般而言，钢管施工周期短、成本低、技术难度相对较低。据专业资料论证，在风压不大或塔身高度较低、地基状况较好的地区，采用三管塔相对于角钢塔在总造价对比上，高度越低其优势越明显。因此，对建筑场地受限，建三管塔和独立的单管塔是性价比最高。单管塔在国外移动通信领域已广泛使用，近几年在国内也开始推广应用。单管塔最大的特点是采用大型机械加工安装，底部直径可以达到 1 m 以上，对人工要求极低，有利于批量生产安装。机械化加工安装时能有效降低成本，控制质量。并且易于新建和拆除。

7.3.3 利用既有设施固定设备

在小区、街道利用既有建筑设施进行设备安装部署是一种省事省力的办法。通常可以利用的资源包括路灯杆、电线杆、房顶、灯箱等。这些地点具有安装简单、取电方便、四周开阔利于无线电波传输等特点。

利用屋顶来部署设备，只需要简单的支架即可完成设备的安装。在灯箱、广告牌(非金属)等位置部署无线基站，可以不影响美观而且十分隐蔽。

电信部门还可以利用“小灵通”站址改造安装设备。随着电信“小灵通”退市，各大城市遗留有大量的“小灵通”站址，包括其抱杆、支架、接地、线路和供电等，如果能充分利用这一资源，将极大地降低建设安装成本。由于“小灵通”基站的形象已经广为人知，airMAX 设备微型化的外形在此基础上安装会显得十分隐蔽。而且这些站址以前都是通过广泛的调研和测绘得到，并且周围都是无线网络的潜在用户，完全符合基站建设选址条件。另外，“小灵通”采用 1.9～1.92 GHz 频段，与无线网络采用的 2.4 GHz 频段十分接近，空中传输性能也较为接近，“小灵通”室外基站常用的 500 mW，与 airMAX 采用全向天线时的发射功率相当，接收灵敏度也比较接近，二者的覆盖范围类似。因此，这是一种十分值得电信尝试的部署方案。而且有线网络上行线路除可以利用“小灵通”原有的大多数电缆外，还可以通过 PLC 电力线载波调制在供电的同时实现网络落地。

7.3.4 常见 airMAX 设备的安装

1. Bullet 系列安装

打开包装后可以见到如图 7-3 所示的设备外形，检查外观无误后，记录下设备的 MAC 地址，后续调试可能需要用到该 MAC 地址码。

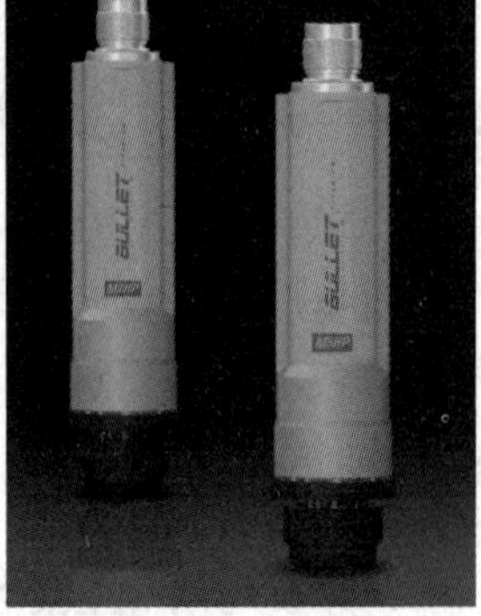

图 7-3　Bullet 设备外形

所有 Bullet 系列设备在顶部都内置有一个 N 型射频连接器，这样可以直接拧到任意天线座上，安装起来非常方便。设备本身无需单独固定，只需要先将天线在抱杆上固定好，然后将网线连接到设备底部的 RJ45 插座，拧好后盖，最后将设备拧到天线上，并在 N 型接口处缠绕防水胶带即可，如图 7-4 所示。

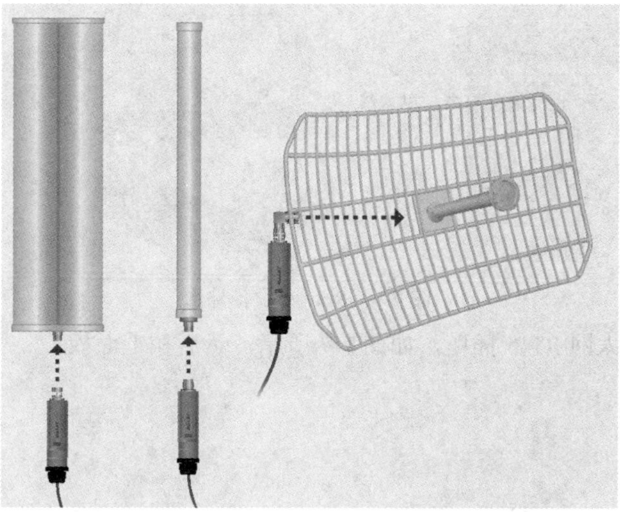

图 7-4　将 Bullet 设备与天线连接

设备底部是 RJ45 网线接口，UBNT 建议使用特制的 TOUGHCable™ 连接电缆来连接设备，这样，在 PoE 供电的同时还可以实现防雷接地，如图 7-5 所示。

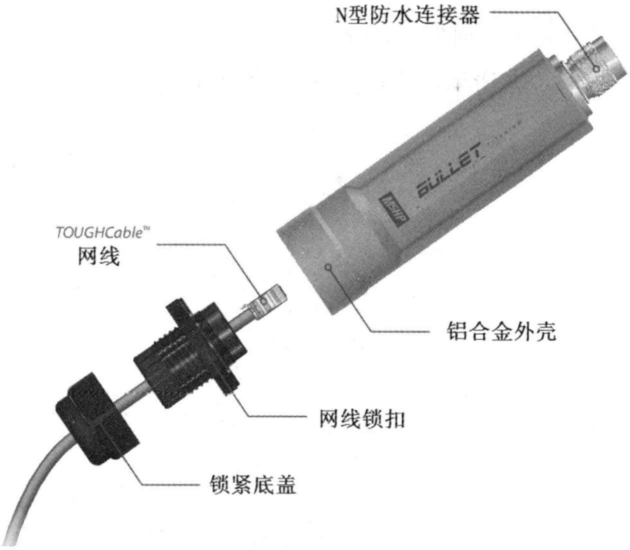

图 7-5　将 Bullet 设备与网线连接

2. Rocket 系列安装

打开包装后可以见到如图 7-6 所示的设备外形，检查外观无误后，可以打开前面板。露出接口部位。

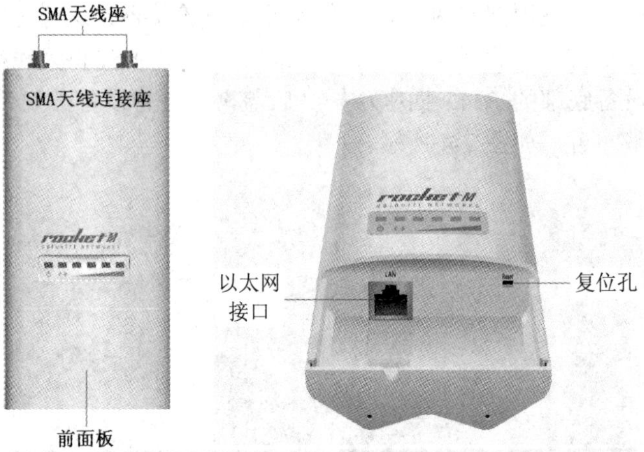

图 7-6　Rocket 设备外形

将网线插入以太网 RJ45 插座，如图 7-7 所示，然后扣上面板。

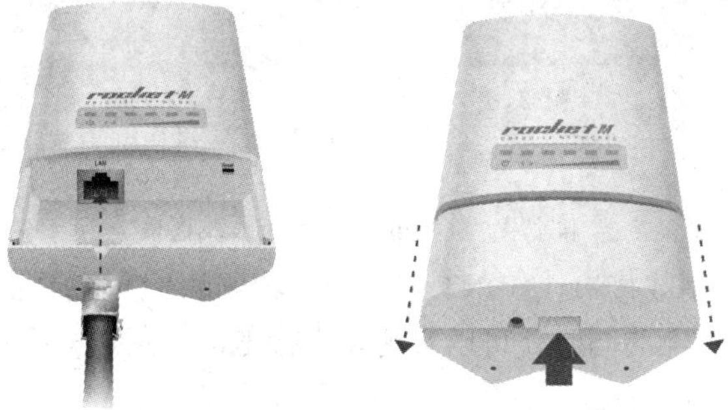

图 7-7　Rocket 设备与网线连接

连接射频电缆，如图 7-8 所示，注意区分 1、2 两个链路。

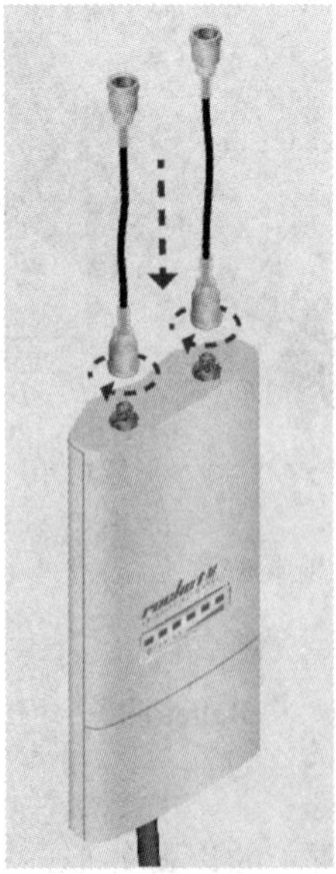

图 7-8　Rocket 设备与 RF 电缆连接

将设备插入天线后座卡口，如图 7-9 所示。根据选用天线不同，继续将 RF 射频电缆与天线连接。因为 Rocket 为 2 × 2 双通道系列设备，选用的天线也必须是 2 × 2 双极化的天线。可以是碟形或扇区天线。

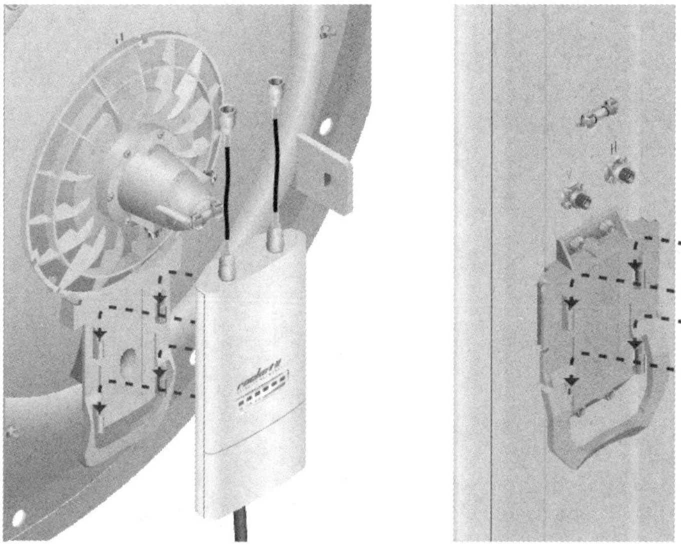

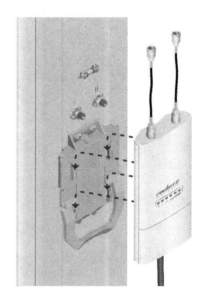

图 7-9　Rocket 设备与天线底座连接

注意 RF 天线接口上标注的水平(H)、垂直(V)标记，不能接反，如图 7-10 所示。

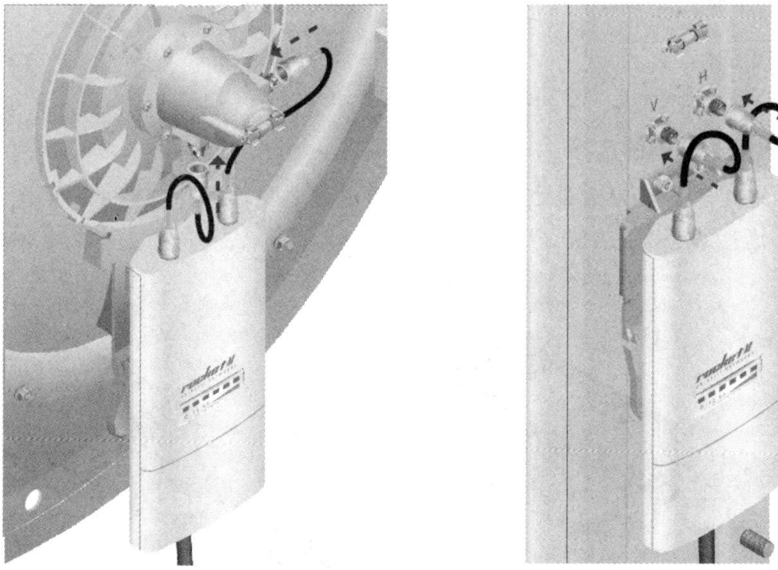

图 7-10　RF 电缆与天线连接

检查无误后盖好天线接口防水后盖，如图 7-11 所示。将天线固定到抱杆即完成安装与固定。对于自选天线类型或者设备需要独立于天线之外安装的，可按以下方式安装。先找到如图 7-12 所示的不锈钢抱箍，松开锁紧螺丝，然后将抱箍套入设备后面的安装孔位。将抱箍固定到抱杆后锁紧抱箍，并拧紧螺丝后完成安装与固定。

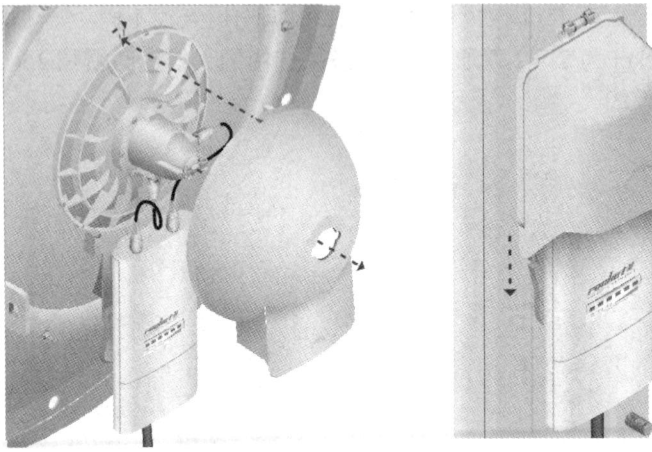

图 7-11　盖好天线底座防水后盖

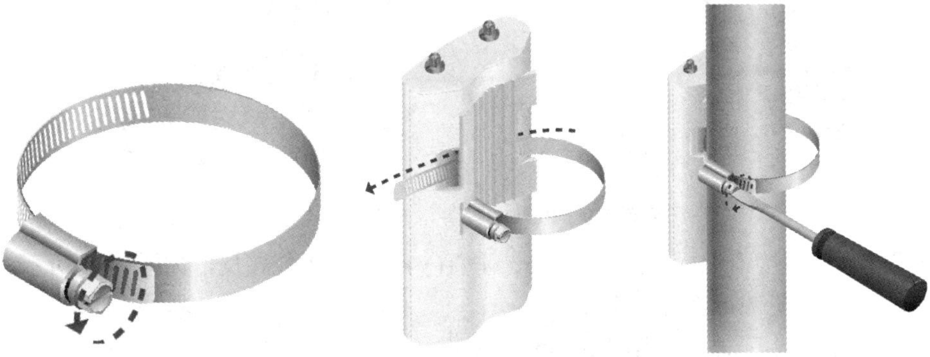

图 7-12　独立安装的 Rocket 设备固定

3. PoE 电源适配器的连接

PoE 电源适配器的安装相对比较简单，注意电源适配器底部的标示，如图 7-13 所示。其中 PoE 口连接设备，LAN 口连接网络交换机。若只需要对设备供电，仅需要连接 PoE 口。

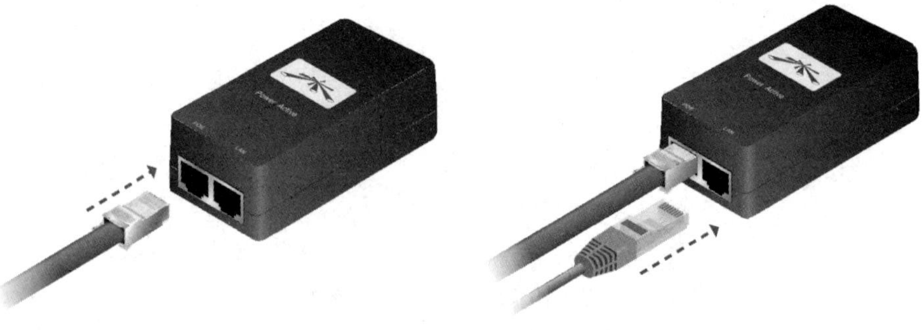

图 7-13　连接 PoE 电源适配器

检查连接无误后，再连接电源输入线，如图 7-14 所示。独立 PoE 适配器可以直接用尼龙扎口固定到机架或户外设备防护箱内，需要使用 PoE 供电的设备较多时，应该选择集中式 PoE 供电设备，如 PSE 电源适配器或自带 PoE 的以太网交换机。

图 7-14　连接电源适配器电源

7.3.5　电池组(槽)的安装

airMAX 设备户外安装时，大多数采用风光互补发电配合备用电池来供电。电池组容量较大时，重量也非常重，一般安装在抱杆底部，而不是直接和设备一起固定到抱杆上。此时，电池组需要设置合适的安装位置，进行必要的防护。通常在开挖抱杆筑基时，需要开挖一个电池槽位，用水泥红砖砌好后，用沥青或防水材料在内侧涂布，寒区还需要增加 EPS(发泡塑料)保温层，以提高电池在冬季使用时的效能。电池槽的槽口需要与地面平齐或略高于地面，盖板密封后，呈稍微凸出状，以免雨天积水。电池组大多数采用 12 V 免维护铅酸蓄电池，电池数量根据需要采取 N 串 M 并方式增大容量，但电池正负极连接线接头处必须密封，可以采取涂布沥青等简易密封方式。在电池组引出线到设备安装箱之间，可以安装用于检查监视的电压表，当按下检查按键时，电压表 LED 可显示当前电源电压。

对有交流供电的楼顶设备安装，需要电池作为备用电源时，也需要妥善安装电池组，并作必要的防护，避免雨淋日晒。电池组采用直流浮充方式，通常 12 V DC 的免维护铅酸蓄电池使用 14.24 V DC 电源浮充。

7.3.6　天线调整

天线调整步骤分为粗调和细调两个步骤。

粗调使用地图或地理数据将需要对准的两点提前在地图上进行标绘估计，或利用计算公式进行测算，获得当前安装点位置天线相对于磁北方向的夹角。粗调按以下步骤进行：

(1) 以抱杆为原点，沿指北针夹角位向前步测 5～10 m，立杆或放置参照物作为标记。

(2) 将天线固定至抱杆预置位，天线方向调整到刚才标记的参照物方向，将螺丝稍微拧紧至可以左右偏转天线方向的程度。

(3) 天气条件或距离许可情况下，利用望远镜观察对端远程节点周围的参照物，并与当前方向和参照物比较，确定最终概率方向。

细调主要依靠仪表测试数据，既可以利用 airOS 提供的天线对准程序，也可以利用自制的无线电寻向仪。使用寻向仪时，先将天线馈线与无线 USB 网卡天线接口连接，然后将 USB 延长线与 PC 电脑连接，开启 Network Stumbler 软件，找到对端 MAC 地址对应的信号源，开启信号指示窗口，慢慢转动天线方向，左右多转几次，确定信号最强位置即为天线正对方向。

细调第二步为俯仰角微调，同样监视信号强度，反复改变天线俯仰角度，找到信号最强点，逐步拧紧抱箍螺丝，直至信号最强位置，完成天线方向调整。距离特别远，且两边落差较小时，可以不用调整俯仰角，直接继续设备的下一步安装。待全部安装完毕，通电检查无误后，将所有螺丝位刷好防锈油漆或涂布沥青。至此，设备的户外安装基本结束。

7.4 供电系统

无线网络部署过程中，供电系统的配置和优化是一个很重要的部分，应根据网络设备的数量、功耗、阴雨天概率及持续周期等实际情况来确定备用电池的容量。再好的设计、质量再好的设备，如果供电出现问题，则其他优势将全部归零。因此，供电系统的部署不能轻视。

7.4.1 airMAX 系统功耗估计

在部署供电系统前，应该对设备的用电情况和断电后的续航期望作一个基本估计。主要对设备功耗和供电期望(裕度)两个方面进行计划。

设备的用电估计可以直接使用 U-I 法测算，在实验室可以将设备接入带电压与电流显示的稳压电源，观察正常工作时的电压(U)和电流(I)，将二者相乘即得到设备的功耗。

供电裕度按照昼夜 1∶2 比例假设，备用续航时间按 3 天(72 h)计算，则供电能力估计如下：

设备功率假设为 1，昼夜合计为 3，即 1 份供电，2 份充电。如果要留出续航时间，考虑晴天和阴雨天概率 1∶1，则供电指数还需要加 3，合计总数为 6。即设备用电为 1，则供电至少满足 6 倍。举一个简单的例子，假设 airMAX 设备功耗为 5 W，则带电池浮充时，电源供电能力至少要达到 30 W。续航能力要求更高时，这个指数比例还要加大。这对采取太阳能和风力发电的户外供电系统非常重要。如果设计容量仅能保证白天供电或者昼夜正常工作，则没有续航充电的余量。考虑到充电时的电能转换损耗，可能备用指数还要进一步加大。因此，即便只有 5 W 左右的微小功耗，也要用到数十瓦的发电功率。

7.4.2 PoE 供电

PoE 的全称为 Power Over Ethernet，是指通过 10BASE-T、100BASE-TX、1000BASE-T 以太网网络供电，其可靠供电的距离最长为 100 m。通过这种方式，可以有效地解决 IP 电话、无线 AP、便携设备充电器、刷卡机、摄像头、数据采集等终端的集中式电源供电，对于这些终端而言，不再需要考虑其电源系统布线的问题，在接入网络的同时就可以实现对设备的供电。在通用性方面，目前的 PoE 供电也有了统一的标准，只要遵循已经发布的 802.3af 标准，就可以解决不同厂家设备之间的适配性问题。airMAX 无线网络安装，大多数采用 PoE 供电，即通过网线富余的双绞线充当电源供电线路，省去了另外单独布线的麻烦。在塔顶或楼顶安装多个 airMAX 设备时，通常需要多路 PoE，此时可以使用集中式 PSE 供电设备或 PoE 以太网交换机。

1. PoE 供电原理

PoE 是指在现有以太网布线基础架构不作任何改动的情况下，在连接 IP 终端传输数据信号的同时，还能为此类设备提供直流供电的技术。PoE 因此被称为以太网供电系统，有时也被简称为以太网供电。IEEE 为此颁布了 IEEE 802.3af 和 802.3at 两个 PoE 标准。

IEEE 802.3af 标准使用 48 V DC、350 mA 满足 15.4 W 供电，是首个以太网供电标准，也是现在 PoE 应用的主流实现标准。为了遵循 IEEE 802.3af 规范，受电设备(PD)上的 PoE 功耗被限制为 12.95 W，这对于传统的 IP 电话以及网络摄像头而言足以满足需求，但随着视频电话、PTZ 视频监控系统，甚至 PAD 和其他个人网设备等高功率应用的出现，13 W 的供电功率显然不能满足需求，这就限制了以太网电缆供电的应用范围。为了克服 PoE 对功率预算的限制，并将其推向新的应用，IEEE 成立了一个新的 IEEE 802.3at 任务组，旨在探求提高该国际电源标准的功率限值的方法。IEEE 802.3 工作组于 2004 年 11 月创立了 PoE Plus 研究小组，之后又于 2005 年 7 月批准了建立 IEEE 802.3at 调查委员会的计划。新标准称为 Power-over-Ethernet Plus(PoE+) IEEE 802.3at。它将功率要求高于 12.95 W 的设备定义为 Class 4(该级别在 IEEE 802.3af 中有描述，但留作将来使用)，可将功率水平扩展到 25 W 或更高，在兼容 802.3af 的基础上，提供更大的供电需要，以满足新的需求。

一个完整的 PoE 系统包括供电端设备(PSE，Power Sourcing Equipment)和受电端设备(PD，Powered Device)两部分。PSE 设备是为以太网客户端设备供电的设备，同时也是整个 PoE 以太网供电过程的管理者。而 PD 设备是接受供电的 PSE 负载，即 PoE 系统的客户端设备，如 IP 电话、网络摄像机、AP 等许多其他以太网设备。实际上，任何功率不超过 13 W 的设备都可以从 RJ45 插座获取相应的电力。

标准的五类网线有四对双绞线，但在 10M BASE-T 和 100M BASE-T 中只用到其中的两对，即 1、2 和 3、6 脚。IEEE 802.3af 供电允许使用空闲脚或数据脚两种用法。PoE 早期应用没有标准，多采用空闲供电的方式。现在的标准不允许同时应用以上两种情况。当应用空闲脚供电时，4、5 脚连接为正极，7、8 脚连接为负极；当应用数据脚供电时，必须将 DC 电源加在以太网传输变压器的中点，这样不影响数据的传输。通常在电源供电和受电两端都接有二极管全桥，在这种方式下 1、2 脚线对和 3、6 脚线对可以为任意极性。

按照现有 PoE 标准，电源提供设备(PSE)只能提供一种管脚用法，但是 PD 端设备必须能够同时适应两种情况。该标准规定供电电源通常是 48 V(不能高于)和最大电流小于 350 mA，最大功率为 13 W。PD 设备从 48 V 通过 DC-DC 变换到低电压比较容易实现，但同时要求有 1500 V 的绝缘安全电压。

airMAX 设备采用空闲脚供电方式，为非智能型 PD 接口，即所谓的“傻终端”。其供电级别默认为 0，上电时不需要与 PSE 设备之间通信协商确定供电级别，但也是兼容 IEEE 802.3af 的一种标准供电类型。

2. PoE 供电方法

PoE标准为以太网传输直流电到PoE兼容设备定义了中间跨接法和末端跨接法两种方法。

1) 中间跨接法

中间跨接法(Mid-Span)，使用独立的 PoE 供电设备，跨接在普通以太网交换机和具有 PoE 功能的终端设备之间，一般是利用以太网电缆中没有被使用的空闲线对来传输直流电。

Mid-span PSE 是一个专门的电源管理设备，通常和交换机放在一起。它对应每个端口有两个 RJ45 插孔，其中输入端用短线连接至交换机(此处指传统的不具有 PoE 功能的交换机)，输出端连接远端设备，并提供电源。必要时，为断电后能连续工作，在 PSE 设备中还可以合并一个直流 UPS，并配备相应的电池组。

如图 7-15 所示为中跨式 PSE 原理图，图 7-16 为多路中跨式 PSE 设备实物图。

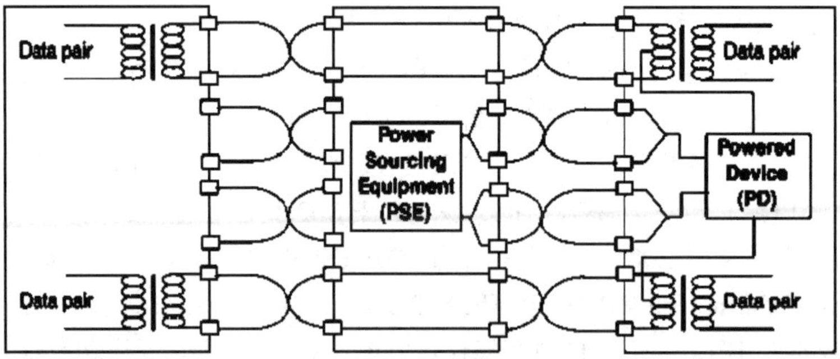

图 7-15　单路 PSE 原理图

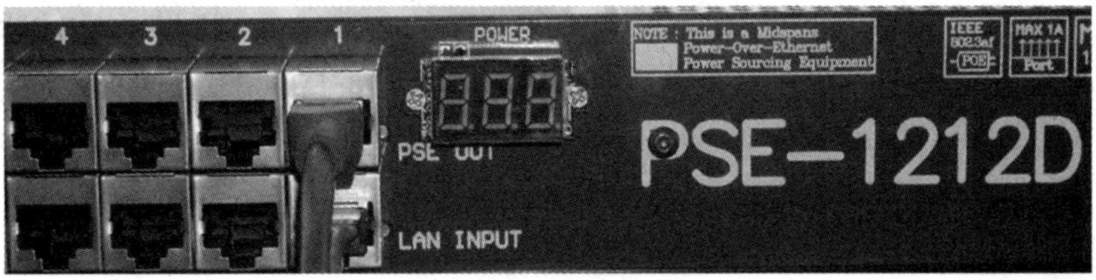

图 7-16　多路 PSD 设备图

2) 末端跨接法

末端跨接法(End-Span)，是将供电设备集成在交换机中信号的出口端，这类集成设备一般都提供了空闲线对和数据线对“双”供电功能。其中数据线对采用了信号隔离变压器，并利用中心抽头来实现直流供电。这种以太网交换机通称为 PoE 以太网交换机，简称 PoE 交换机。目前 PoE 交换机的价格还很昂贵，但可以预见，在 End-Span 迅速得到推广后，价格将进一步平民化。末端跨接的另一个好处是，对很多老的线路只提供了 1、2 和 3、6 线对的应用而言，无需对线路做任何改动即可实现 PoE 供电，因此意义特别重大。

3. PoE 供电注意事项

采用 PoE 供电时与平常供电有较大的差别，需要在以下几个方面引起重视：

(1) 确保以网线质量。电力通过网线传输，在网线上会产生一定的损耗。损耗的主要原因是网线相对于电力线比较细，有较大的内阻，特别是当电源电压小于 48 V 时，电源的末端压降会较大。采用 0.4 的康铜网线能满足大多数应用的需求，但是一些比较伪劣的网线采用了铜包铝的芯线，甚至是铁芯线，这将极大地影响 PoE 的供电效果。当外接设备功耗越大时，线路损耗压降越明显。电源不稳将带来严重的后果，甚至是经常性的死机。按 IEEE 802.3af 的标准，cat 5 类线每 100 m 的直流电阻不得超过 10 Ω。简易的测量方法是在一端将两个线对的接头完全短接，在另外一头用万用表测量总电阻。

(2) 设备峰值电流和最大功率限制。IEEE 802.3af 规定的 15 W 最大功率是指在 48 V 供电最大电流为 350 mA 时的极限值。如果正常的设备供电只有 12 V 将意味着 PoE 供电的功率仅有不足 5 W，因此采用低压供电时，要特别注意峰值功率或突发用电带来的电源纹波和浪涌。如果设备经常自己重新启动，则注意检查 PoE 电源供电是否充足，必要时适当提高 PoE 供电电压，airMAX 设备最大可以使用 24 V DC 电源。标准 PoE 最大功率及应用要求，参见表 7-1。

(3) 与其他 IP 设备公用 PoE 供电设备时，还需要注意电源隔离保护，即 PSE 多路电源输出必须采用自恢复保险丝等必要措施，避免因为某一路 PSE 短路造成全部 PoE 供电中断。采用多路 PSE 设备时的总功率应该满足所有 PD 设备用电总和。

表 7-1　PoE 标准主要供电特性参数表

类　别	802.3af(PoE)	802.3at(PoE plus)
分级(Classification)	0～3	0～4
最大电流	350 mA	600 mA
PSE 输出电压	44～57 V DC	44～57 V DC
PSE 输出功率	≤15.4 W	≤30 W
PD 输入电压	36～57 V DC	42.5～57 V DC
PD 最大功率	12.95 W	25.5 W
线缆要求	CAT-5e	CAT-5e 以上
供电线缆对数	2	2

7.4.3 集中供电

以太网供电分为分布式供电和集中供电两种形式。集中式供电，即电源都引自同一处；分布式供电，即各子设备在安装位置就近获取电源。从抗干扰效果的角度讲，集中式供电可以基本消除各处参考电位不等的影响。分布式供电方式的整体停电风险比较分散，但存在着管理不便、维护不容易、故障率高、成本高等缺点。集中供电不但有利于设备管理，而且方便采用高质量的供电系统，降低综合成本。同时也方便 UPS 不间断电源的部署。表 7-2 给出了两种供电方式的比较。

表 7-2　供电方式特点对比

供电方式	成本	抗干扰效果	维护	停电风险	管理	故障率
分布式供电	高	差	不方便	分散	不方便	高
集中式供电	低	好	方便	集中	方便	低

常见的集中供电方式主要采用 PoE 以太网交换机和多路 PSE 设备两种方式。PoE 以太网交换机是集 PSE 供电和以太网交换于一体的综合集成设备。外观与普通以太网交换机相比，几乎没有差异。由于目前 PoE 交换机与普通以太网交换机在价格上相差很远，单独采用 PoE 交换机不是特别经济。工程上多使用多路 PSE 设备结合普通交换机来实现 PoE 交换机功能，其总价格约为 PoE 交换机的五分之一，而且端口数量配置更灵活。这样当系统出现故障或设备损坏时，只需单独更换 PSE 或以太网交换机即可修复故障，具有较好的性价比。如图 7-17 所示，为某酒店无线网络使用 PSE 集中供电的拓扑结构图。

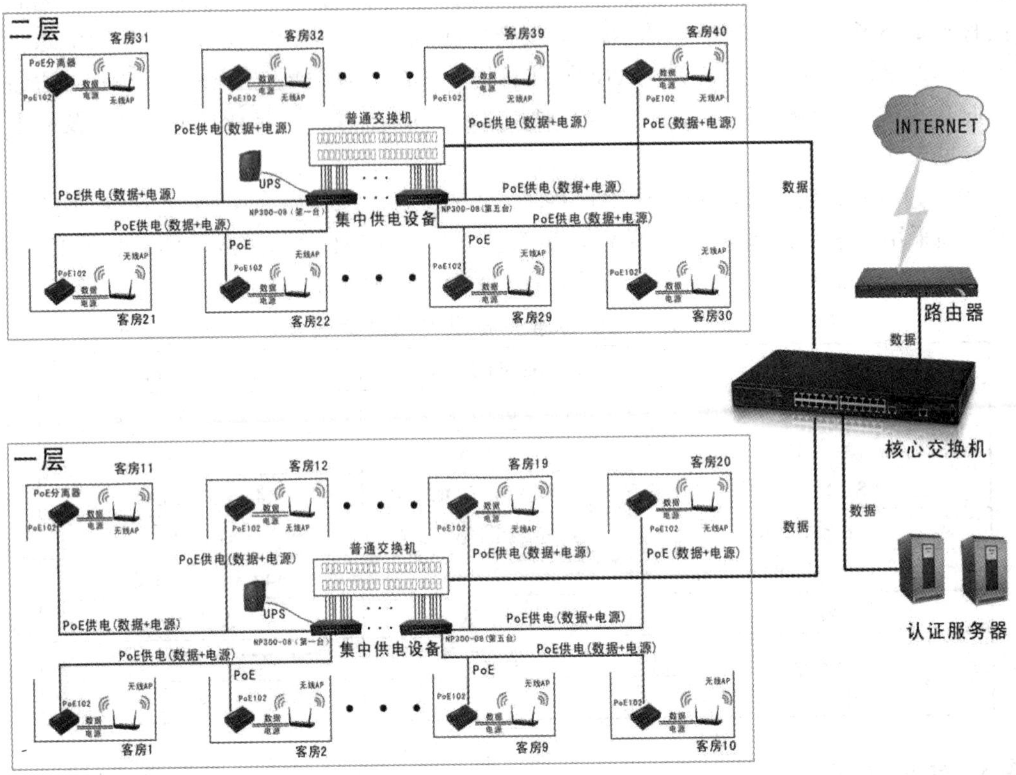

图 7-17　某酒店无线网络 PSE 集中供电拓扑结构图

无论采取哪种方式进行集中供电，在末端都需要使用兼容的 PD 设备支持，否则需要配备兼容的 PD 分离器将电源和数据线分开。如图 7-18 所示，为一种简易的 PD 电源分离器，其输入端为 RJ45，输出为 RJ45 和电源插头。

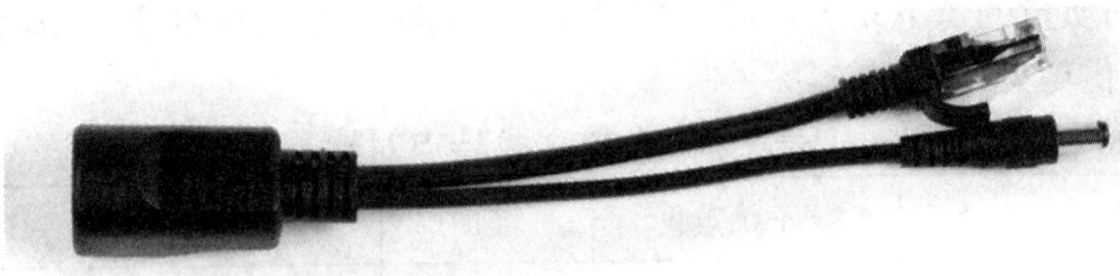

图 7-18　一种简易的 PD 分离器

7.4.4　野外供电

airMAX 无线网络可以广泛应用于农业、牧业、种植、养殖业、旅游业、广告业、服务业、港口、山区、林区、石油、部队、公路和铁路信号站、地质勘探和野外考察工作站等场合的网络覆盖，但是这些应用大部分都存在用电不便或完全无电的情况。airMAX 无线网络在野外部署时，如果没有市电供给就需要利用蓄电池和风光互补发电来实现不间断工作。通常利用太阳能作为主要发电手段，风能作为辅助发电进行补充，蓄电池多采用性价比较好的铅酸免维护电池组。如图 7-19 所示，为某油气田野外供电设备安装图。

图 7-19　某油气田野外供电设备安装图

1. 风光互补发电

风光互补发电系统主要针对无人值守通信基站、微波站、边防哨所、边远牧区、无电户地区及海岛等野外作业场所。在远离市电电网，人烟稀少，用电负荷低(几十瓦以内)且交通不便的情况下，利用取之不尽的风能、太阳能发电，能满足大部分地区野外设备供电的需求。airMAX 无线网络需要使用能充分利用昼夜微弱风力和阴雨天微弱光线进行连续互补发电的改进型发电设备。

图 7-20　风光互补发电系统结构示意图

风光互补发电系统主要由微风启动风力发电机、单晶硅太阳能电池方阵、风光互补智能充电控制器、蓄电池组及其他支撑和附件等组成。夜间和阴雨天及无阳光时由风能发电，太阳能作为补充；晴天由太阳能发电，风能作为补充；在既有风又有太阳的情况下两者同时发挥作用，实现了全天候的发电功能，比单用风机和太阳能更经济、更科学实用。如图 7-20 所示为一个实际的风光互补发电系统。

2. 太阳能发电系统

太阳能发电系统，又称为太阳能光伏发电系统，是利用太阳能电池阵列将太阳的光能转化为电能，通过控制器调整后，一方面直接提供给相应的电路或负载用电，另一方面将多余的电能存储在蓄电池中，在夜晚或太阳能电池产生的电力不足时提供备用电源。

由于太阳能电池板安装于室外，要求其支架应具有较高的抗风能力，一般要求达到抗 12 级风以上。此外，支架还应达到相应的防腐、防锈要求，特别是在一些沿海或岛屿地区，还应有相应的防盐雾要求。太阳能系统控制器是整个发电系统的核心部分，用来控制太阳能板的发电、蓄电池的充放电、负载的管理和保护。目前先进的太阳能系统控制器具有自动最佳功率点检测与智能充放电管理功能，即便是在阴天光伏功率不够时，也不会浪费任何可能利用的能源。

太阳能发电系统的性能与光伏材料、使用季节、日照强度、环境温度、安装位置等密切相关。太阳日照强度对太阳能板阵列的扇出能力有直接影响，取决于太阳能板阵列表面所接受的太阳辐射强度。然而太阳能是一个自然能，太阳辐射强度是随时间不断变化的。即便是一天之内，太阳照射的角度也完全不同，其对应的能量峰值也不同。而在绝大多数情况下，太阳能板阵都是以一个固定倾角放置的。太阳能系统设计中，常常会用到“日照小时数”的概念，其含义是日照强度超过 1000 W/m^2 时的日照时间，也称为峰值日照时数。这与气象台提供的日照时数不是同一个概念。太阳能板阵列的最佳倾角不能简单地根据建设地所在的纬度加上一定度数来确定。确定最佳倾角应通过分别计算太阳能板阵列处于不同倾角时的发电量并对其进行比较，最终使各月接受到的日照强度尽量均匀，以适合系统常年运行的需要。一般来说，我国境内大部分地区最佳倾角要大于本地区纬度。

3. 其他能源

除太阳能和风能以外，可以利用的自然能源还包括热能、水利能、潮汐海洋能。这些自然能源大都处于试验性应用阶段，仅有热能可以利用半导体温差效应进行发电，但需要的温差环境和受体面积较大才能有足够的功率输出。在周围存在较大热能或温差的环境下可以考虑用温差发电作为太阳能发电的补充。比如利用白天太阳暴晒使水温升高，夜间利用水温与环境温差进行发电，这样可以弥补某些风能资源不足的地区夜间持续供电的问题。

4. 蓄电池(组)

蓄电池作为野外电源系统的重要组成部分，应特别对待。由于野外蓄电池组安装地点偏僻，运行条件恶劣，蓄电池每日都要充放电，因此应选择充放电特性强的蓄电池产品。目前在通信领域中使用最多的是阀控式免维护铅酸蓄电池。阀控式密封蓄电池一般分为超细玻璃纤维隔膜和胶体电解液两种，这两种蓄电池在通信站中都有广泛应用。在 airMAX 无线网络建站时，选用蓄电池(组)需要注意以下几个方面：

(1) 注意太阳能系统与普通通信机房蓄电池容量配置的区别。大多数通信机房用蓄电池的事故放电时间一般为 1～10 h，风光互补发电用蓄电池的事故放电时间一般都设计为 72 h(3 天)以上。由于二者对放电时间要求不同，因此应根据负载大小以及放电时间分别选用不同类型和容量的蓄电池。

(2) 注意蓄电池的运行环境。普通通信机房蓄电池运行在一个 20～25℃的恒温环境中，且大部分时间处于浮充状态。而野外太阳能系统中的蓄电池，其运行温度随周围环境温度的变化而变化，并且随站点安装位置不同，温差范围很大。因此要求太阳能系统中的蓄电池应选用高低温特性好的蓄电池。一般密封铅酸蓄电池可在 -40～60℃之间使用，请不要在超过该环境下安装蓄电池。最佳使用温度为 25℃。

(3) 选择合理的浮充电压。当电池放电后，应立即进行恢复充电。平时使用浮充充电。浮充电压一般高于额定电压标称值 2.23 V～2.25 V，不应高于或低于推荐此值，否则会减少电池容量或寿命。一般 12 V 电池的浮充电压为 14.24 V 左右，串联电池组按此值类推。

(4) 不要在有可能进水的地方安装蓄电池，否则应做好防水措施。

(5) 尽可能使用同一品牌同一批号的电池来组成蓄电池组。如果使用容量不同、新旧不同、厂家不同的电池时，由于其特性值不同，有可能使蓄电池组的性能急剧下降(短板效应)。比如，在串联起来的电池组中，存在某一个电池性能下降，则整个电池的性能就同样下降。试验证明电池寿命和串联的电池数量有关，电池串联数越多，电压就越高，老化得越快。设计时应尽可能让电池电压最低，airMAX 设备全部都可以在 12 V DC 电压下工作。因此，增加电池容量时尽可能采用并联方式，这样电池组寿命会更长一些。现实中，某些厂家 UPS 的电池电压比较高，这是因为当输出功率和电池容量一定时，电压越高，电流就越小，就可选用较细的导线和功率较小的半导体，从而降低 UPS 成本。并联的数量也不宜过多。采用浮充电时，最多只能并联三列，数量过多反而容易造成发电不足，可能使某些存在特性差异的电池长期处于“饥饿”状态，导致电池组整体性能下降。

7.4.5 供电系统优化

在相同或接近的工程造价前提下，进行优化设计的供电系统可能具有更长的待机时间和更加稳定的性能。通过实践经验证明，供电系统可以进行很多看似不起眼，但是非常有效果的简单优化方法。

1. 尽可能减少电能转换环节

尽量避免交流直流电源反复变换。比如，在工程上为了省事或省钱，大量使用了原厂配置的 PoE 交流供电器。而在某些地点安装时，需要数量众多的 AP 进行中继或覆盖，此时需要采用 PSE 集中供电方式来优化供电系统。但往往很多工程师采用了一种最简单、最直接的解决方案，即使用一个电源插排将这些使用交流电的 PoE 供电器并联起来，然后与市电 UPS 连接起来，再配上几组大容量电池保障断电后的持续供电。这一看似简单省事的方案其实是效费比最差的供电方案。在交流供电时可能看不出任何问题，但是断电后的电池续航时间要远远低于优化设计的时间。大量的电能在 DC-AC-AC-DC 转换过程中被损耗掉了。AC-DC 的转换效率是非常低下的，多次转换后的效率更低。可能 1000 W • h 的电能中能有效利用的不到 300 W • h。

优化的方法应该是采用 12 V DC 直接给 airMAX 设备供电，多路供电采用 PSE 集中供电方式，PSE 电源采用直流 12 V 供电，蓄电采用 12 V 蓄电池组，再配合一个 120 W 左右的交流转直流开关电源做供电和浮充。这样，同样需要 72 h 后备续航，却只需要原来三分之一的电池容量即可满足要求。

2. 提高终端用电的稳定性

采用 PoE 供电时，因为电源需要经过较长的线路传输，电源纹波和稳定性都会恶化，严重时会影响终端的正常工作，造成死机、重启等软故障。如果在终端使用一定的稳压措施可以极大缓解这种情况。比如，提高 PoE 供电端的输出电压，然后在设备末端使用 DC-DC 稳压装置降压和稳压，虽然会损失 10% 左右的效率，但会极大地提高末端电源的稳定性。另外，也可以采用一种更简单的稳压滤波方法，对使用非 PoE 标准设备供电时，在电源分离器输出端并联一个较大容量的滤波电容，可以有效降低直流电源的纹波系数，起到净化电源的作用。特别是当 airMAX 还要与其他 IP 设备一起供电时，能抵抗用电遇到的“浪涌”，如 IP 摄像机红外灯启动时造成的瞬间电压突变。

3. 使用智能化的控制器

使用太阳能和风力发电时，当阳光强度不够时太阳能电池板输出的电压值可能不能达到给电池充电最佳值；同样，风力发电机在低速运转时发出的电能，也不能达到足够给电池组充电的门限电压。另外，太阳能发电的单晶硅或多晶硅材料，其 U-I 输出特性随光照强度不断变化，如果采用固定的输出电压或电流，可能无法获得最佳“峰值功率”输出。

针对独立太阳能发电系统中光伏电池利用率不高和蓄电池极易因充电不当而损坏的问题，很多厂家根据太阳能电池的输出特性和蓄电池的充放电特性，采用最大功率点跟踪(MPPT)技术和同步整流技术，设计出基于单片机智能控制的太阳能充电控制器。比如采用基于同步 BUCK 电路(一种 DC-DC 升压电路)的太阳能充电控制器，通过带有温度补偿的自动控制方法对充电全过程进行控制，以实现蓄电池在恒流、恒压、MPPT 等不同充电方式之间的智能切换。研究结果表明，这些智能控制器在充分利用太阳能的基础上照顾了蓄电池本身的充电特性，避免了蓄电池意外受损，将太阳能利用率提升到了 96% 以上，即便是阴天也能最大限度地输出电能，最终达到了优化能量管理的目的。这类控制器同样也支持微风时的风力发电应用，达到了只要是电就不能浪费的目的。

7.5 避雷与接地

在了解雷击发生原理之前，请记住一点：雷击是不可能防止的，只能尽量降低雷击的概率和减少遭受后的损失。真正意义上的防雷应该理解为避雷，工程上避雷的措施常采用避雷针和良好的接地来实现。

7.5.1 雷击发生的原理

在地球静电场的作用下，强烈对流的积雨云发生电离，形成带电云团。当带电云团之间或带电云团对大地放电时便形成了雷击。雷击的放电时间一般不会超过 60 μs。雷击通常伴随闪电发生，在我们生活中常常会看到闪电。闪电带来的雷击有令人难以置信的能量，单次雷击产生的能量相当于数十万度电。在人类尚未具备能力对雷电能量进行有效利用之前，雷电是防不胜防的。因此，不要抱有任何防雷的设想，人类目前能做的只有两件事情，一是避免雷击产生，二是阻断雷电传递的途径，进而在能力可及的范围内进行防护。无线通讯设备大多数暴露在户外，容易受到雷电灾害是不言而喻的，这直接威胁到带有天线设备的使用安全和寿命。如何将雷击中的损失降到最低概率，确保无线通信网络安全和质量具有非常重要的意义。

7.5.2 雷击的分类与防范措施

雷击可以大致分为直击雷、传导雷、感应雷三种。不同雷击对设备和人体造成的危害和作用的范围可能不同。直击雷就是雷电直接击中建筑物、树木、地面或人体。传导雷也叫雷电波侵入，是指雷击中电力或通信线路后，沿线路传导到设备。其中，地电位反击是传导雷的一种，当雷电泄放到大地后，导致地电压升高，在周围形成巨大的电场，在人体的双脚之间形成巨大的跨步电压；如果周围有其他设备的接地系统，则可能沿接地系统到达设备。这就是为什么设备接地不能直接与避雷针连接的原因。感应雷就是由于电磁感应和静电感应的作用，在距离雷击中心几百米到几公里范围内的金属导体内感应出巨大的电动势(也就是电压)和电流，从而对金属导体附近的电器或人体造成伤害。位于雷击区中的导体越大、越长，其感应雷也越大。

当人们知道雷是一种电的现象后，对雷电的崇拜和恐惧就逐渐消失，并开始以科学的态度来重新审视这一神奇的自然现象，希望能有效利用或控制雷电活动以造福人类。防雷设备就是通过现代电学以及其他技术来防止被雷击中的设备。防雷设备从类型上看大体可以分为：电源防雷保护器、天馈线保护器、信号防雷器、防雷测试工具、地极保护器等。

常见的防雷避雷措施除避雷针以外，应用最多的就是各类防雷保护器。防雷保护器应用的前置条件是在雷击有效释放后，对串入某个电器的残留能量进行保护。空气的击穿电压很高，约 500 kV/m，而当其被高电压击穿后就只有几十伏的低压了。在应用避雷针对雷击进行放电后，仪器设备中的防雷电路才可能起到保护作用。

(1) 电源避雷保护器。根据统计分析表明，通信站 80% 的雷击事故是由雷电波侵入电源线造成。因此，低压交流避雷器发展非常迅速，而以 MOV 材料为主的防雷保护器在市场上占有统治地位。MOV 避雷器动作有短路和开路两种形式。起保护作用时，串入电源系统的雷电高于 MOV 启动电压，MOV 瞬间发生短路，形成一个电流巨大的放电回路，从而保护后续电路的安全；当更强大的雷电流入侵时，可能将保护器击坏，形成开路故障，这时避雷器模块的外形往往会被破坏。如图 7-21 所示是一种常见的电源防雷保护器。

图 7-21　电源防雷保护器

(2) 通信线路避雷器。通信线路避雷器的技术要求较高，因为除了满足防雷技术要求外，还须保证传输指标符合要求。加上与通信线路相连的设备耐压很低，对防雷器件的残压要求严格，因此在选择防雷器件时较困难。理想的通信线路防雷器件应是电容小、残压低、通流大、响应快。显然任何器件都不能完全满足上述理想条件。比如，放电管几乎可以用于所有的通信频率，但其防雷能力较弱；MOV 的电容较大，只适用于电源和音频传输；TVS 管耐雷电流的能力较弱只能起辅助保护作用。不同的防雷器件在电流波的冲击下其残压波形也不同。根据残压波形的特点，可将避雷器分为开关型和限压型，也可以将两种复合在一起，扬长避短。解决的方法是采用不同器件组合成两级避雷器，其原理与电源的两级避雷器同。只是第一级用放电管，中间隔离阻抗用电阻或 PTC，第二级用 TVS，这样可以发挥各器件之所长。但这种避雷器只能工作在几十兆赫兹的频率。如图 7-22 所示为以太网线路防雷保护器。airMAX 设备上天线馈线部分的频率更高，除放电管以外，几乎没有理想的线路避雷保护器。因雷电的能量频谱集中在几千赫兹到几百千赫兹之间，相对于天线的频率很低，滤波器制作较容易，某些产品采用高通滤波器的原理来进行保护。最简单的电路是在高频芯线上并联一个小磁芯电感，就可以构成高通滤波的避雷器。很多独立安装的全向直立天线内部就采用了该方式。

图 7-22　以太网线路防雷保护器

7.5.3 接地

接地是防雷的基础，标准规定的接地方法是采用金属型材铺设水平或垂直地极，在腐蚀强烈的地区可以采用镀锌和加大金属型材的截面积的方法抗腐，也可以采用非金属导体做地极，如石墨地极和硅酸盐水泥地极。更合理的方法是利用现代建筑的基础钢筋做地极，由于过去对防雷认识的局限性，片面强调降低接地电阻的重要性，导致一些厂家推出各种接地产品，声称能降低地电阻，但多数都是以牺牲地极寿命为代价的。

其实从防雷的角度讲，对接地电阻的认识已有变化。通常对防雷地网的布置形式要求较高，对阻值要求放松。这是由于在等电位原理的防雷理论中，地网只是一个总的电位基准点，并不是绝对的零电位点。要求地网形状是为了等电位的需要，而要求阻值就不符合逻辑了。另外供电和通信对接地电阻也有要求，但那已超出了防雷技术的范围。因此，在条件许可时，获得低的接地电阻总是有好处的。

接地电阻主要受土壤电阻率和地极与土壤接触电阻有关，在构成地网时与形状和地极数量也有关系，降阻剂和各种接地极无非是改善地极与土壤的接触电阻或接触面积。但土壤电阻率起决定作用，其他的都较易改变，如果土壤电阻率太高就只有工程浩大的换土或改良土壤的方法才能有效，其他方法都难以奏效。事实上，在很多“石漠化”的山区，想获得理想的接地电阻已经完全不可能。

1. 接地的种类与概念

接地是在电气设备和大地之间实现确实的电气连接。接地的种类通常包括机器接地、系统接地和防雷接地几种。机器接地是指对连接在低压系统的电气、机械设备等的金属外箱或铁台等实施接地，如电源插座上的接地，有时该接地方式也称为箱壳或筐体接地。机器接地的特征是在非电器部分(指不通电的部分)接地，有接地点。系统接地也称为电器接地，指配电或电路的接地。防雷接地特指将用于防雷避雷的设施设备接地。在实际工程中，三者不能混为一谈。图 7-23 所示是一个典型的机器接地示意图。

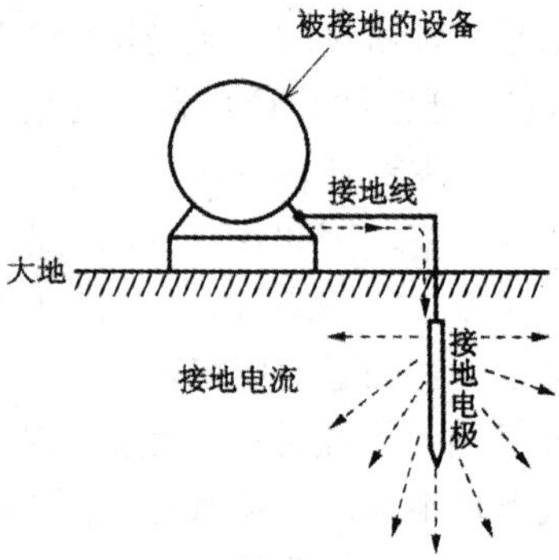

图 7-23 典型的机器接地示意图

2. 接地电阻

接地电阻由接地线导体的电阻、接地电极自身的电阻和接地电极的表面及与其接触的土地之间的接触电阻三部分构成。其中影响接地电阻最主要的因素是接地电极周围大地的电阻率。影响接地电阻的因素中仅次于大地电阻率的是接地电极的形状和尺寸。在大地电阻率一定的场合，如果形状变化，接地电阻会明显变大变小。这也是为什么改变接地电极形状可以减小接地电阻的基本原理。

接地电极的接地电阻，与施工进行地点的大地电阻率成比例。大地电阻率低的地点，易得到较低的接地电阻。因而，当接地电极设计和施工时，知道施工地点的大地电阻率是非常重要的事。几乎所有的土地，如它完全干燥，就不通电，是绝缘物。但是，自然界的土地很少是完全干燥的，即便在戈壁和沙漠中的土地也一定会含有某些水分。

接地电极的材料和形状也会直接影响到接地电阻。接地的材料一般会有以下形状：

(1) 棒状电极。是最简单的接地电极形式，在单独使用的场合一般可采用直径 14 mm 左右、长度 1.5 m 左右的铜棒或涂铜钢棒。采用连接式的场合，可以把多个串联连接使用。如图 7-24 所示。涂铜的厚度是 0.5 mm 至 1.0 mm，应尽可能用厚的。特殊的还有涂覆不锈钢钢棒和涂炭钢棒。

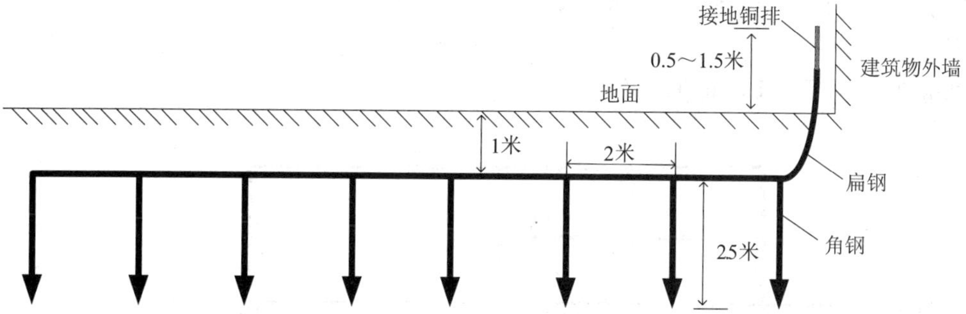

图 7-24 采用多个电极串接使用的接地形式

(2) 钻孔电极。直接钻孔并垂直地把电极埋设起来的一种方式。考虑工程上的可行性，也有把线状电极或细带状电极多根束起来埋设的施工方法。这个施工方法必须设计连接部分，这对独立埋设地线的站点是十分便利的。但钻孔电极原则上应采用铜管，并在管子连接部分焊接有螺栓连接，并保持必要的机械的强度。铜管直径一般为 38～66 mm，长度为 2～5 m。

(3) 线状电极。把线状电极预埋作为接地电极使用。另外，线状电极可布置成网状进行预埋接地。

(4) 板状电极。与线状电极类似，一般是用铜制正方形板，尺寸是 90 cm × 90 cm～100 cm × 100 cm。板的厚度有 1.5 mm、2.0 mm。因与其他电极相比板的表面积较大，特别是在水平埋设的场合，能与土壤可靠紧密的接触，具有较低的接地电阻。但如果电极表面存在空气层就容易被腐蚀。

(5) 带状电极。适合布设成环形接地形态的场合应用，有较好的接地电阻性能及抗雷电冲击的特点。材料采用铜条，规格尺寸一般为厚度 1.4 mm，宽度 20～30 mm。因材料成卷盘状，因此可使用任意的长度。

3. 接地电阻的测量

接地电阻直接反映了地线对雷击的吸收能力，接地电阻越小，防雷击能力越强。一般通信基站对接地电阻的要求小于 4 Ω。接地电阻的测量需要使用专业的接地电阻测试仪，简称地阻仪。地阻仪种类有机械式(手摇式)和电子式两种，二者的区别仅仅是测试用交流电的产生方式不同。如图 7-25 所示为 4102A 型电子式地阻测试仪。下面以 4102A 型电子式地阻测试仪为例介绍地电阻的测量方法和地阻仪的使用。

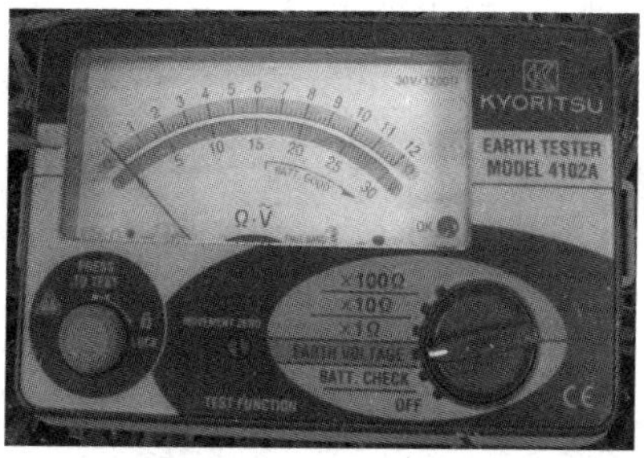

图 7-25 4102A 型电子式地阻测试仪

地阻仪由主机、黄红绿三根测试线、两个地钉等三部分组成，测量原理如图 7-26 所示。地阻仪内部恒流源产生交流电流 *I*，流经电阻仪红线、地钉、大地、接地体和地阻仪绿色形成电流回路，地阻仪电压表检测到黄线(电压线)连接的地钉和接地体之间的电压 *U*，由欧姆定律 $R = U/I$ 计算出地电阻。测试时，先进行地阻仪调零，然后将绿色测试线夹到接地体引线露出地面的螺丝上，再分别将黄线地钉和红线地钉沿垂直于接地体埋没方向展开到 5 m 和 10 m 的位置，黄色测试线和红色测试线夹到两个地钉上，将地钉完全打入地下。如果地面比较干燥，可将一盆水浇到地钉处；如果遇到混凝土地面，可以把地钉平放到地面上，将地面浇湿，再用一个湿拖把压在地钉上。

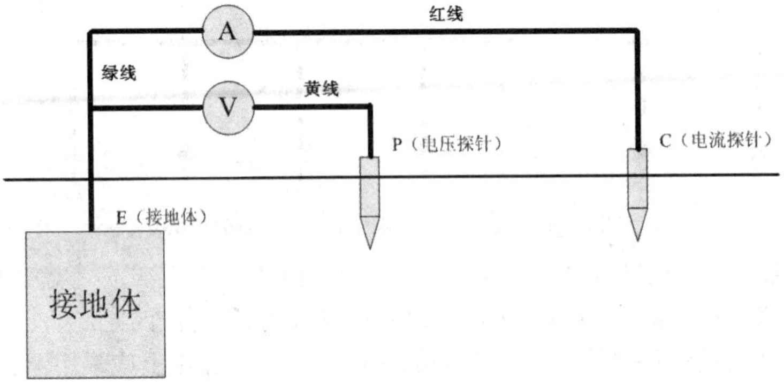

图 7-26　地阻测量原理图

测量时，把量程放在地电压(EARTH VOLTAGE)挡位，按下测试按钮，确保地电压不高于 10 V。否则，请检查地电压的来源，并设法排除。然后按照从高量程到低量程的顺序(×100 Ω，×10 Ω，×1 Ω)测量地电阻。按下测试按钮，如果“OK”灯亮表示测试正常，此时指针的指示值便是所测接地体的地电阻值。如果指针指示值过大，请检查测试线连接是否松动，地钉是否全部打入地下。实际测试得到的接地电阻与测量位置和方式有一定的关系，单次测量值只能作为参考。为确保测试结果正确，可以在同一区域不同方向展开多次测量，将测量结果进行综合以后得出实际的接地电阻。

总之，防雷与接地是一个老话题，但技术手段仍在不断发展中，虽说目前尚无万试万灵的产品和方法。但防雷产品也在不断发展，新型防雷技术还是有许多值得借鉴的内容。对待一些防雷产品所声称的新效果，需以科学的态度在实践中检验，在理论上发展完善。由于雷电本身是小概率事件，需要大量长期的统计分析才能得到有益的结果，这需要各方的通力合作才能实现。

第 8 章　airMAX 的应用

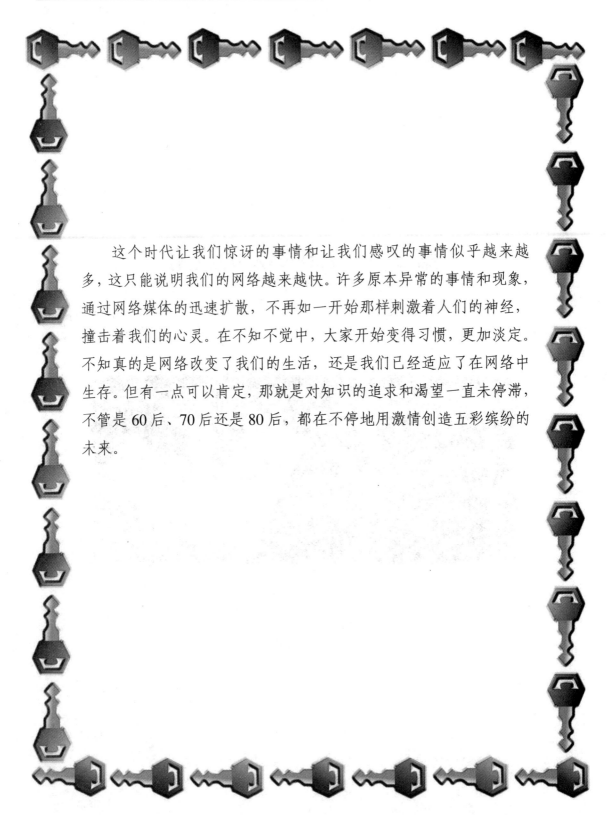

这个时代让我们惊讶的事情和让我们感叹的事情似乎越来越多，这只能说明我们的网络越来越快。许多原本异常的事情和现象，通过网络媒体的迅速扩散，不再如一开始那样刺激着人们的神经，撞击着我们的心灵。在不知不觉中，大家开始变得习惯，更加淡定。不知真的是网络改变了我们的生活，还是我们已经适应了在网络中生存。但有一点可以肯定，那就是对知识的追求和渴望一直未停滞，不管是60后、70后还是80后，都在不停地用激情创造五彩缤纷的未来。

经常会有人问，什么是好的解决方案？在行业内可以被反复克隆推广的解决方案就是最好的方案。airMAX 无线网络以其独特的优势已经被各行各业所认识，其商业价值和技术价值被反复证明。作为本书的最后一章，作者希望本章内容和应用案例能够为读者开启一些思路，主要以介绍案例的设计思想为主，省略了大部分的技术细节。这样可以使读者能融会贯通、举一反三，将这些好的思路结合到自己的实际工程应用中去，充分发挥 airMAX 产品在技术和商业价格上的优势，从而获得更大的商业价值和社会应用价值。本章中的所有案例为了便于理解和便于介绍，可能在内容上有所删减或进行改编，如有雷同和不妥之处，敬请谅解。

8.1　airMAX 在石油系统的应用

8.1.1　行业特征及无线网络需求

石油行业是一个以油气生产为主，集科研(物探院、地质院、采油院)、勘探(物探、钻井、地质录井、测井)、开发(采油、油水井作业施工、注水)、油气集输、后勤辅助生产(供电、供水、物资采购及供应)、银行投资等多种经营、物业管理、社会化服务为一体，专业门类齐全的行业，对无线网络的需求也有其特殊性。

1. 石油企业对无线网络的需求

石油行业油气田的工作区域跨度大，分布广，有线网络难以到达每一个角落，对无线网络的需求旺盛。野外作业应用需求多样，如油田的勘探、钻井行业流动性强，多在野外，现场施工人员无法以有线网络与总部进行数据交流；油田生产的油、气井分布点多面广，运行环境恶劣，野外没有市电，主要依靠太阳能和风力发电，要求系统设备能耗低，管理及维护难度大；与油气田生产相配套的油气集输管网纵横交错、四通八达，有线网络难以解决数据的源头采集问题，即数据接入问题。因此，石油行业通常采用无线网络传输为主，实现单油气井的数据接入。

从石油行业信息系统的组织特点来看，油气田内部实行分级管理，一般根据行业类型、地域分布等因素分成若干个采集区，各区单位根据自身业务需要下设若干个中心站和接力站。各中心站负责约 10 km 范围内的单井管理，全部单井数据通过中心站汇集后，接入内部光纤专网，汇总至采集区管理中心，最后所有数据汇集到厂内的信息中心或指挥调度中心。网络管理和组织结构基本呈典型的带层级的树状星型拓扑。

从通信业务需求来看，油气田的作业区域跨度大、点多面广，内部单位和机构设置往往大而全，因而行业应用需求多样。但归纳起来，对无线数据业务的需求主要表现在以下几个方面。

1) 野外数据上报与数据查询

油气田的物探、钻井、录井、测井等行业流动性强，多在野外，野外施工队伍与公司总部之间的信息交流主要通过对讲机和手机，不仅通信费用高，而且容易造成口误，效率低下，对施工现场的数据回传与数据查询需求更为强烈，目前大多数采用较低数据率的数传电台来解决数据上报问题。

2) 生产数据的源头采集和远程监控

油气田的采集、油气集输、供电、供水等行业区域跨度大、环境恶劣，生产人员需定期从偏远而分散的地点获取生产数据，不仅需花费大量的人力、物力，且难以保证资料获取的及时性和准确性。如设备出现故障或人为损坏，不能及时发现，易造成较大损失。因此，急需解决数据的源头采集和远程视频监控问题。目前油田的中心站大多数已经建成自己的光网专线，能较好地满足上述需求，并且大多数中心站开始实行无人值守化，但野外单井一直没有较好的无线通信覆盖方式，无法实现“横向到边、纵向到井”的全数字化网络生产。

3) 石油企业网的边缘接入及移动办公

由于油气田区域跨度大、点多面广，油田企业网通过有线方式难以到达每一个地方，油田企业网的边缘接入，油田偏远单位的网络接入只能依靠无线方式，如大多数的职工休息区和永久宿营地都远离中心区，这些区域接入办公网也只能靠无线接入。

从石油行业现状来看，野外单井的生产数据上报与数据查询、油田企业网的边缘接入及移动办公等应用需求是油田行业比较普遍的应用需求。这些应用都是基于标准 IP 网络协议的应用，对网络的速度及实时性等要求不高。这些问题之所以难以解决，其问题的实质就是企业有线网络的覆盖范围有限，无法铺设到每一个角落。无线网络正好可以填补这一空白领域。更重要的是，单井数据的源头采集和远程监控是提高油气田生产和管理水平的必要条件，数据传输网络模式的选择一直是困扰油气田自动化系统和数字化建设的瓶颈。

2. 对无线网络需求的主要特点

利用无线网络实现油气田自动化系统面临诸多挑战和困难。除环境恶劣以外，这些困难呈现出的特点可以归纳为以下几点：

(1) 通讯节点分布极其分散，且通讯距离较长，一般几千米至几十千米。

(2) 单个节点通信数据量需求不统一，小到几十 b/s 的井控数据，大到几 Mb/s 的视频监控数据。

(3) 可靠性差、造价高、扩容难、信道维护工作量大。基站和终端通信设备长期暴露在野外，风吹日晒、昼夜温差极大，要求设备可靠性高，使用专业设备成本高。

(4) 缺乏有效的电能支持，在野外主要依靠风光互补发电。

长期以来，为解决自动化系统的数据传输通道问题，具有野外作业的油田企业有不少单位投资建立了一些特高频(UHF)通信系统、扩频通信系统、微波接力传输系统，应用于油气井生产调度自动化系统、配电自动化系统、智能抄表系统、油井监控系统、集输管线监测系统、供水监控系统等。但由于系统的建设成本高，而且由于覆盖面有限，专用性太强，资源往往不能得到充分的应用，造成巨大的浪费，更由于维护水平差，系统的稳定性和实用性普遍较低，从而对油气田的生产效益生了许多不利的影响。特别是单井生产自动化系统等对生产运行密切相关的系统，更由于数据传输量小(一般为几百个字节)、分布广、可靠性要求高等特点，一直不能有很好的数据传输方案。对于实时性和数据带宽要求更高的单井视频监控更是望洋兴叹。

3. 无线网络的主要应用途径

通过对多数油田生产企业进行调查摸底，无线网络应用的主要途径(数据业务的切入点)可大致归结为以下几个方面：

(1) 石油天然气田的勘探。应用单位主要是物探公司、钻井公司、地质录井公司、测井公司。其主要的数据业务是期望通过无线网络实现现场施工数据的传输及查询，如井队数据上报、地质录井实时数据采集等。

(2) 井控数据上传。应用单位主要是各单井、中心站、采集区、油气集输公司等。井控数据回传是油田油气生产最主要的业务之一，主要是实现单井开采数据的实时上传和各种气压、管压、设备运行与报警信息的及时上传。油气单井和油气集输管线的无线监控是一个很好的应用项目，但目前没有解决供电和带宽问题。

(3) 生产保障。为保障生产正常运行需要的数据传输业务，如生产区、中心站等单位的门禁、对讲、报警、监控等。需要在 IP 网络基础上捆绑其他 IP 增值业务，如 VoIP、RS232/485 over IP 等业务。

(4) 后勤辅助。主要实现油田生活小区、休息点的无线监控、办公或娱乐等网络应用。

4. 无线网络建设的决策流程

对油田行业而言，影响决策的关键部门是油田各单位的信息管理部门，特别是油田信息管理归口单位，如油田的信息中心等。这些单位往往担负着各种项目实施的审批权，他们采用何种无线传输解决方案，主要会考虑以下几个因素：

(1) 网络覆盖率。是否能达到或接近 100%；当覆盖率达不到 90% 时，还可以采用哪些替代性方案，其成本代价如何。

(2) 网络带宽和传输速率是否能够满足行业应用的实时性、稳定性、安全可靠性要求。

(3) 无线数据终端的产品稳定性如何，生命周期是否足够长，是否耗电。

(4) 多点接入速率是否会造成网络瓶颈，是否存在无线频率干扰，如何排解。

(5) 是否有成功案例借鉴。

(6) 项目实施成本。油田单位相对而言经济实力比较雄厚，项目实施成本在条件允许的前提下并不是主要因素，但技术改造项目会纳入生产成本，因此实施成本会变得间接敏感。

(7) 系统的可扩展性。未来是否能够依据企业信息化需求，加入更多的数据传输应用。

8.1.2　单井数据一体化解决方案

根据上述需求分析和油田企业实际情况，某油田采用了基于 airMAX 的无线 MESH 网络覆盖方案，实现了单井数据接入和油田管理信息系统综合解决方案，如图 8-1 所示。

1. 网络覆盖

由于油气井为了输送方便，都是以管线为基础形成管理关系，在一条管线上分布有若干单井，可以将位于同一个干管方向的单井群形成一个链式 MESH 或点对多点 MESH 通信集群。然后通过最优的 LoS 路径与中心站 MPP 实现无线桥接落地，最后经过中心站 AC 与油气田内部专网汇集到采集区或厂内指挥中心。施工时可以打破单井与中心站之间的上下逻辑或隶属关系，将所有单井在整个油气田区域整体考虑，就近形成 MESH 路由关系，使用最佳路径或路由进行综合集群，这样大多数路径缩短至 3～5 km，链路预算变得十分富裕。考虑到距离较远，接入端位置相对固定，为避免隐藏终端问题，全网开启 airMAX 功能，普通 WiFi 设备无法直接接入网络，进一步提高了系统的安全性。

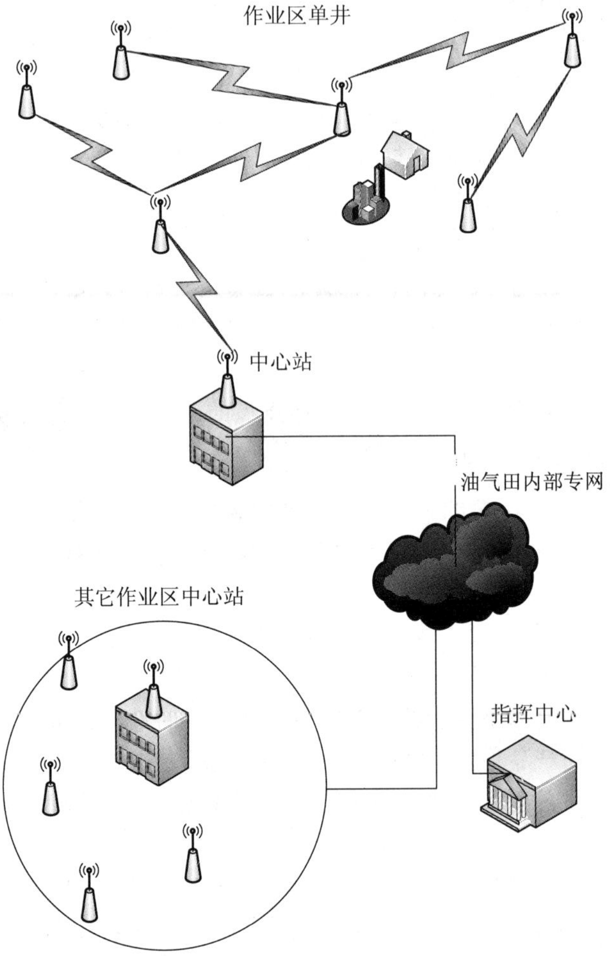

图 8-1　基于 airMAX 的无线 MESH 网络油气田单井覆盖

对于低洼地势的单井，需要充分利用 MESH 网络多跳中继功能，将低洼处无法与中心站 LoS 直射通信的所有单井站点，互相之间形成 MESH 链路，单井与单井之间建立无线中继关系。可以按某个油气输送主干管方向设置主 MESH 路由，直至最近一个可以与中心站视距通信的单井与之连接。单井集群内部可以设置一条或多条 MESH 冗余路由，并开启生成树协议(STP)，尽可能保障接入网络的鲁棒性，提高系统可靠性。位于本中心站边缘的单井如果无法找到与其他单井形成 MESH 的路由途径，则可以跨区跨中心站加入别的区站形成另外的 MESH 路由，只需在汇聚点通过 IP 地址或 VLAN 标示做区分即可。

所有无线 MESH 网内的 MP 和 MAP 都使用 M2 系列 airMAX 产品(2.3～2.7 GHz 频段)。防水等级到达 IP66/67，能在 −35～70℃的恶劣环境下稳定工作，采用扇区天线和定向天线，实现 7～10 km 的远程桥接。中心站基本汇聚点使用 6～8 路扇区天线作空间分集接收，提高无线信道的接收质量，抑制同频背景噪声。在各中心站或网管中心配置有 airControl 服务器管理软件，实时监控各站的运行情况，如信道质量 CCQ、网络吞吐量、网络延时、路径损耗等通信参数，确保网络不间断健康运行。

2. 业务承载

基于 MESH 无线自组织网形成的接入网建成后，网络数据承载全部使用 IP 传输，原有基于本地总线的设备，如 RS485/232 串行接口的 RTU、PLC 等设备，都通过 IP 虚拟串口实现汇聚。语音、监控视频等直接采用市场成熟的 IP 电话或 IP 高清网络摄像机。单井设备拓扑如图 8-2 所示。

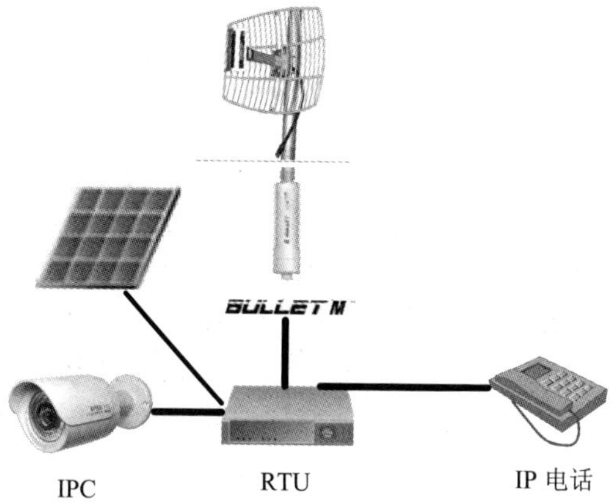

图 8-2　油气田单井设备组成

单井无线网络主要实现以下几大业务功能。

1) 野外单井数据自动化采集

野外单井数据自动化采集系统是油气田生产的命脉，所有生产动态数据都来自于单井获取的数据，并通过网络传输到自动化生产管理系统。

由于油气田集输线路跨度大、点多面广、位置偏僻等因素，无线数据采集、抄表自动化一直难有好的解决方案。虽然可以通过数传电台实现远程无线抄表及井控数据的自动传输，但因为戈壁、沙漠等特殊地形和地理环境限制，依然存在较多的单井盲区，个别单井还存在通信时断时续等现象，严重制约了油气田信息系统的数字化和自动化进程。如果增加中继设备，建立专门的通信铁塔，不仅需要投入大量的人力、物力、财力进行改造，而且受数传电台带宽限制，未来无法满足更多的其他数据业务，效费比相对较差，经济效益不明显，目前油气田公司对该类技术改造积极性不高。

采用 airMAX 无线 MESH 网实现单井 IP 化接入以后，所有的生产数据都可以通过无线宽带 IP 网络进行传输。例如，原有的 RTU/PLC 设备都具备网络 IP 接口，可以直接与新建系统无缝连接，无需再做专门的改造，经济、可靠、方便。主要实现单井生产现场的各种源头数据的采集与传输，如即时的生产动态、工作动态、日报数据等的上报，包括井压、井口温度、管网湿度、流量、流速等，并以此为基础，实现油气井生产的信息化组织指挥。

2) 对讲系统

通过 VoIP 实现巡检工人在油气井巡井时的电话、语音对讲等功能。车载配置 airMAX

兼容的 CPE 和 IP 电话，当巡检车辆位于井口覆盖区域时，可以随时接入无线网络拨打企业内部电话。IP 电话基于 SIP 协议软交换技术，在指挥中心建立 IP-PBX 软交换服务，终端用户安装电话软件或使用 IP 固定电话。

3) 井口高清视频远程监控系统

利用低功耗、高性能、抗恶劣环境的网络高清摄像机与 airMAX 设备的有线接口连接，实现了单井现场的视频监控与报警，使单井不再是一个信息孤岛。可实现昼夜高清视频监控、周界报警、对讲喊话、门禁控制，并具有故障自动报警、远程遥控开关等功能。为油气田生产智能化、自动化提供了新的技术手段，彻底打破了远程监控系统高造价、高功耗、难覆盖的神话。利用 airMAX 无线网络，视频传输轻松达到 HD720P/25 帧以上质量，而造价却是同类解决方案的三分之一，受到业界同行的极力追捧，并迅速成为石油行业的技术标准。

3. 设备选型

为了降低建设和管理成本，方便售后服务，减少运维库存，系统在设备选型方面作了进一步的简化工作，使用了最少种类的 airMAX 设备型号和三种主要的天线类型。考虑到单井数据业务量比不密集，所有网络设备采用了单极化单通道的 1×1 产品系列。其中，MAP 节点主要使用 Bullet M2-HP，便于安装使用和维护。CPE 主要使用 airGrid M2-20，保障了足够的功率裕度。为了降低成本，所有天线均采用国产品牌健博通优质产品，中心站天线主要采用 TDJ-2400BKC-Y 型扇区天线实现 3 扇区全向覆盖，该天线水平方向角为 110°，垂直方向角为 30°，增益为 10 dB；采用 TDJ-2400JHW 型扇区天线实现 4 扇区全向覆盖，该天线增益为 16 dB，水平方向角为 60°。当中心站的覆盖区域较小，接入单井站点较少时，也可采用单支 TQJ-2400AT 全向天线实现 3～5 km 的覆盖，该天线增益为 12 dB。作为中继的 MAP 站点也采用该全向天线。反射式中继的 MAP 还可以根据实际情况，采用两种扇区天线中的任意一种。airGrid M2 因为自带天线，安装起来更为简单。

airMAX 设备与 IP 摄像机总功耗小于 10 W，根据当地日照强度和日照规律，采用单一太阳能发电足够满足应用需要，系统采用了 55 W 的单晶硅太阳能阵列作为供电系统。如图 7-19 和图 8-3 所示。IP 高清网络摄像机采用 TI368 方案产品，视频采用 H.264 编码，解析度为 720P30 时的最大带宽为 3 Mb/s，具有低照度、最大 1080P 解析度等特点。

图 8-3　太阳能电池阵列与 IP 高清摄像机

4. 方案的优势与特点

本方案从规划设计、实验验证到落地实施仅用了半年时间，完成了数百个井口的设备部署与安装。在前期规划与设计过程中，得益于 airControl 强大的理论计算。几乎所有的链路预算都能通过软件提前估计，且实际测试的结果与理论值十分接近，为后续工程带来了极大的方便。整个工程和解决方案有如下特点。

1) 使用扩展频率，干扰小

综合考虑安全因素和专网隔离需求等因素，设计时采用了 2.3～2.7 GHz 扩展频率，考虑到传输距离都在 2 km 以上，整个无线网络全部开启 airMAX 功能，避免了不必要的频率冲突和多用户接入冲突。从实测的 CCQ、AMQ 和网络吞吐量观察，整个网络受到的干扰极小，工作十分稳定。即使在信号十分微弱的情况下，仍能保持较好的 CCQ。

2) 功耗极低，满足野外太阳能供电要求

通过选用功耗较低(<4 W)的 UBNT M2 系列 airMAX 设备来节约电能，配合健博通高增益天线保证了较大的功率裕度和较远的通信距离，IP 高清摄像机也使用了极低功耗(仅 2 W)的 TI368 解决方案，整个单井的整体平均功耗保持在 6 W 左右(DC 12 V，0.5 A)，用代价低廉的 55 W 太阳能发电系统配合一个 100AH 的铅酸免维护电池就完成了野外供电支持。

3) 利用 MESH 优势，实现了复杂地形非视距网络传输

大部分单井处于戈壁延绵起伏的沙丘之中，地形相对复杂，利用 MESH 网络的中继功能完成了链式 MESH 组网，利用较高地势的沙丘作为 MESH 中继站，较低地势的单井作为 MESH CPE 接入，几乎完全消灭了盲区。

4) 利用 airControl 软件进行规划设计，成本控制精准

在沙漠和戈壁上展开施工，其人力和交通成本代价昂贵。利用 airControl 配合需求方提供的地理信息数据，能精确地进行各种预算，所有设备安装和调试几乎都是在最短的时间内完成，极大地提高了施工效率。并且通过预算估计对 MESH 无线组网的可能性提前进行了论证，没有采用传统的大区制方案，省去了多个 50 m 高的通信铁塔，极大地降低了成本，且通信质量也远远高于超远距离的点对点传输。

5) 实现了无线网络设备运行的集群监控与管理

单井无线接入网是整个系统的血液，是油气田生产的生命线。其安全运行是系统建设中最关键的部分，但对系统集成商和使用单位来说，这往往是被忽略的一个环节。当网络某个接入点发生故障时，或者某个路由出现断路时，如何及时发现和排查将是一个严峻的挑战。油气田单井数量大多数在几百上千节点的数量级，没有一套完整的站点管理系统是无法快速诊断系统故障的。而且上千站点的管理也需要一个统一的管理平台对系统设备进行维护、升级，包括详细的工作参数信息，如信道或链路的通信质量、速率、信号增益、站点地理坐标等。如果出现故障需要在第一时间报警显示，并及时派人维修。airControl 可视化的管理元素极大地方便了 airMAX 无线网络的管理，即便是对 airMAX 使用经验极少的应用单位，其网管人员也能在很短的时间内迅速上手。

6) 较好的风险控制

施工单位虽然没有长期从事无线接入网建设和管理的经验，但是通过简单的培训，就能轻松应付各种类型无线接入网络的施工规范、站点无线覆盖范围仿真测量、链路损耗估

计、施工前期管理、施工过程控制和竣工后的网络管理等任务。凭借 airMAX 价格上的优势和优异的性能，使整个工程在金钱成本上得到了有效的控制，质量控制关注点主要集中在施工过程而不是设备本身。通过 airOS 完善齐全的参数设置实现了规划设计中大量的 MESH-WiFi 混合式无线中继、远距离传输、安全访问控制等应用要求。利用具有可视化界面的 airControl 无线网络集群管理系统，在网络的设计、施工和竣工验收过程中，强调用数字、数据说话，确保了工程质量，有效降低了工程的时间风险和质量风险。通过用户体验极佳的 airControl 软件系统，可以显示 AP 或者 CPE 站点的地理位置、GPS 坐标，显示多个站点间的位置关系，在线测量距离方向、实时信号强度，为施工和后期网络管理提供强有力的手段，实现了可视化的远程自动故障诊断。

8.2 airMAX 在智能小区的应用

科技服务生活。智能小区的概念以已被社会广泛接受。传统基于本地总线的智能小区解决方案在上万人的社区已经显得捉襟见肘，力不从心。由于网络技术的普及，智能小区将进一步朝技术含量更高的智能家居方向发展。智能小区的功能要素也由管理控制逐步向综合信息服务方面发展。现代智能小区建设普遍采取了统一传输网络、统一管理平台、统一技术标准的设计理念，使得智能小区的建设迅速发展，其成本也越来越平民化。系统中所提供的功能除了安全、可靠、便捷外，更进一步强调系统间的互联和信息服务的共享，从而使智能化小区、家居智能系统更突显其人性化的一面，让现代科技能真正提升人们的生活质量。

8.2.1 应用需求与设计思路

1. 应用需求

智能小区首先不仅仅是一种概念，而是基于现代化生活需求与物业智能化管理需要的综合产物。在强调系统功能多样化、完整性的同时，建设方更关注系统的成本控制，完善的系统并不全是靠金钱堆积起来的。合理的系统配置、技术的创新是控制成本的最佳手段。建设方对于投资的每一分钱都希望能体现出其价值的所在。因此，无线网络在智能小区的应用一定要体现出其技术先进性和高效费比的优势与特点。

智能小区对无线网络应用的需求主要包括物业管理控制和小区信息服务两大方面，未来条件成熟还可以接入各家庭的智能家居系统。

物业管理控制包含门禁控制与对讲、电梯监控、小区周界监控与报警、停车场管理、保安巡更、自动抄表、消防联动报警、灯光控制、楼宇供暖监控等。在以往的设计和应用中，这些控制系统往往采用大量 RS485 类型的本地总线网络，存在前期施工复杂，后期维修困难等诸多问题。这些设备使用总线串联起来后，因为没有故障隔离能力，系统故障率明显提升，遇到单点短路故障则影响到整个系统的正常运行。如果线路损坏，几乎无法维修，只能更换新的总线。大量的有线电路给很多应用带来了巨大的麻烦，比如，原有的电梯控制系统采用了有线传输方式，但出厂时并未考虑智能小区需求，内部没有视频监控、联动报警、远程对讲系统和更高级的楼层平层检测、坠落预警等高级运行监控系统，后续智能小区改造安装若继续采用本地总线将带来巨大的困难。而采用无线传输，尤其是采用无线 IP 网络，则可以有效地克服上述矛盾。另外模拟视频监控系统中几乎全部都是采用有线传输，在前期施工中必须挖沟部署大量的同轴电缆，工程造价昂贵，且信号质量随距离增加越远越差。因此，在智能小区应用中，以无线网络替代有线网络将是最主要的手段之一，通过合理的无线网络设计，在节约成本和降低施工难度两个方面将获得较大的收益。

小区信息服务体现在社区公告系统、社区内部电话系统、小区广播和背景音乐系统、小区及时消息系统等应用领域。社区信息服务建立在社区局域网系统之上，局域网除传统的有线网络外，无线网络因为其灵活便捷、无终端数量限制的特点，在智能小区将占有主要地位。采用 airMAX 设备进行 MESH 组网，在确保覆盖范围的前提下，将进一步提高网络质量和接入终端的数量，具有其他设备不可比拟的优势。因此，小区信息服务的建设重点应该集中在无线网络覆盖和拓宽传输带宽两个方面。后续的智能化应用在网络已覆盖的前提下存在无限拓展的可能。

未来 UBNT 的 UAP 和 UniFi 系列产品进入智能小区领域能有效解决楼宇内部无线 WiFi 整体接入和小区内漫游覆盖的问题。利用 UBNT 的 miFi 还可以进一步实现家庭内部的设备间联网，实现所谓的“物联网”等扩展功能。

2. 设计思路

airMAX 无线网络在智能小区的应用中主要实现无线网络覆盖、接入和业务承载三个方面的功能。

1) 覆盖

利用 airMAX 实现无线覆盖具有其他无线网络设备无法比拟的优势。利用 WDS 功能组成纯 airMAX MESH 或者 airMAX+WiFi 混合式 MESH 是 UBNT 设备的主要优势之一。采用 airMAX 方式可以容纳更多的终端节点而不用担心网络吞吐量下降和无线隐藏终端、弱终端影响网络服务质量等问题；利用 2 GHz 和 5 GHz 的扩展频谱可以确保在城市 WiFi 高密度区域的频谱不受干扰；利用 airOS 内置的超强软件可以轻松进行网管，实现流量整形、带宽聚合、接入安全控制等高级功能而不用花任何其他费用；airMAX 系列众多的产品线可以满足点、面、线等多种覆盖的应用需求，其单极化和双极化产品为用户在成本和带宽选择两个方面提供了弹性而灵活的途径；免费的 airControl 集成管理与控制软件为网络后期管理提供了强有力的手段。

小区内覆盖主要考虑主干和客户端两个层面。主干主要实现各楼之间的无线中继，以部分替代户外需要光纤的区域，主要是楼顶、绿化带、地下室、电梯井等光纤铺设比较麻烦的区域；客户端主要满足社区移动用户接入和专用设备接入。移动用户接入兼容 WiFi，信号质量满足 PAD、PC 等无线网络接入要求，带宽通过 QoS 管理实现弹性分配；专用设备接入主要采用 airMAX 方式，并在内部划分 VLAN，确保网络访问的安全可靠。两者根据带宽需求和部署位置，都可支持 MESH 或有无线混合接力方式。

2) 接入

接入主要考虑信号强度和访问控制两个方面。提高信号强度是减少网络弱终端数量，有效提高网络整体吞吐量的主要措施之一。基本方法是，首先，占领小区有利地形确保主干节点的 AMQ、CCQ 质量；其次，通过减小覆盖半径增加 AP 数量来提高频率复用度和网络容量，因为主干采用的频谱不能与普通 WiFi 通信，大多需要通过 WiFi 进行二次转发，将覆盖半径距离缩小到百米以内，以确保接入的信号电平，减少隐藏终端数量。WiFi 设备可以采用价格极低的 Nano Station Loco M2 或 Pico Station M2，在总成本不变的情况下，极大地提高了用户接入的数量和密度。

接入控制支持使用第三方的 RADIUS 认证系统、MAC ACL、VLAN 等多种组合手段并用。一般普通的移动用户使用 RADIUS 认证系统或 WEB Portal 认证接入网络。其他专业设备属于固定接入客户端，如无线网络摄像机、门禁系统、广播系统、LED 动态显示等，采用 MAC ACL + VLAN 方式接入。因此，动态用户和固定用户采用不同的接入控制方式有利于提高系统的安全性和管理效率，也便于后续的增值业务的计费和管理。

3) 业务承载

智能小区需要承载的业务类型五花八门，而且随着技术进步会不断地拓展。因此，主要采取统一传输协议、整合业务类型、强化资源共享等手段来提升小区的智能化水平。

统一传输协议。为了便于业务拓展和接口兼容，所有业务全部采取 IP 协议承载。对于某些非 IP 类型的设备接入，可以通过接口转换设备或协议转换设备接入网络。如灯光控制、LED 显示屏等设备可以使用带 IP 接口的 RS232 或开关量转换器二次转接联入网络。

整合业务类型。对同类业务尽可能进行整合，并采用标准的 IP 业务承载。比如小区内所有与语音相关的服务或功能，全部采用 SIP VoIP 软交换系统完成。这样门禁对讲系统、业主住宅电话、电梯报警电话、小区广播系统、保安对讲系统全部可以融为一体。可以使用不同的特服号码将其中某些业务固定下来，比如小区的报警电话、故障维修电话、物业查询电话等。视频业务采用标准的 H.264/ONVIF 编码方案，支持高清视频显示，用户在获得授权条件下，原则上可以看到小区内的任意摄像机图像，包括门禁、电梯、安防在内的所有摄像机，而不用在几个小系统之间来来回回切换。甚至在未来还可以在业主的智能电视机上实现可视对讲或视频会话功能。其他报警信息、门禁开关信息、小区控制信息等都可以通过 SIP 协议的消息扩展自定义具体功能，在报警或控制的同时，实现联动对讲或视频显示。

强化资源共享。智能小区的一个显著特征就是各种信息能够快速共享。小区建立有互联网接入控制服务器、社区内部服务网站、广告推送服务器、用户认证服务器等。通过强化信息资源共享，实现更多的扩展功能。比如，用户在家通过身份认证可以查看小区幼儿园班级内部的视频，浏览当日的教学安排和配餐食谱，通过网络远程旁听教学情况等。又如，通过小区服务网站订购绿色蔬菜和新鲜牛奶，查询各种费用，给物业提交建议或反映意见等。IP 电话、社区视频点播等服务为加强邻里间联系、丰富娱乐生活等提供了有力的保障。将心脏病人或需要特殊照顾的老人携带的健康监控系统与小区报警系统实现互联，则可以在紧急情况下为病人救治赢得宝贵时间。

8.2.2 智能小区一体化解决方案

1. 安防监控与报警系统

包含电梯监控、安防视频监控、周界报警、住户报警、消防联动报警等几部分。在小区局域网主干基础上采用 airMAX 无线接入。通过 VLAN 和不同的 IP 网段建立一个独立的逻辑网络来隔离非授权用户。在有线可达区域充分利用楼内有线网络，在广场、绿化带、地下室等无法使用有线的区域，通过 airMAX 客户端(站模式)接入。

智能安防报警系统是为了保证业主人身财产安全，通过在住宅内安装各种探测器进行昼夜警戒。业主可以利用手机或一卡通对自家住宅进行布防和撤防。在布防状态下，当监测到警情时，住宅内的报警主机将报警信息通过 IP 网络传输至物业保安中心。接收端将自动提示保安人员迅速确认警情，及时赶赴现场，以确保住户人身和财产安全。

视频监控全部采用 HD-IPC 高清摄像机实现，包括门禁对讲视频、电梯监控视频、小区周界监控视频等，在此不作详细介绍。

作为一个实例，下面对住户报警功能进行简要介绍，便于读者在今后的系统应用中参考学习。如图 8-4 所示，为智能安防报警系统网络拓扑图。图 8-5 所示是智能安防报警系统管理软件控制界面的平面监控示意图。

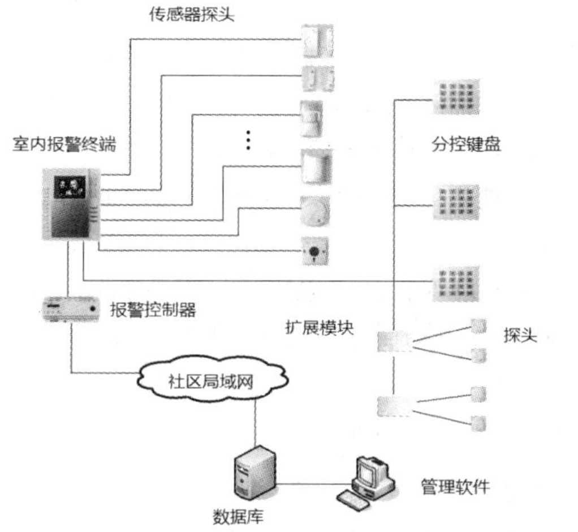

图 8-4　智能安防报警系统网络拓扑图

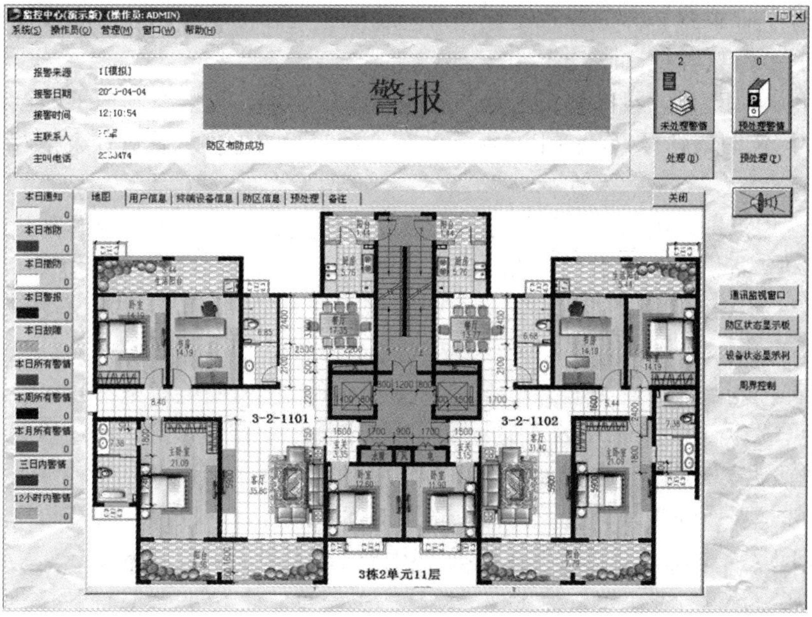

图 8-5　智能安防报警系统控制界面示意图

下面将各组成部分及基本功能进行简单介绍：

(1) 紧急报警按键。支持任意住户随意部署紧急报警按键，无论是在卧室、厨房、客厅、书房都可方便部署紧急按键，如果采用键盘类型的报警面板，则支持对紧急报警类型进行自定义，便于区分需求，比如抢劫、救护、漏水、火灾等。如果报警面板采用更先进的集成 IP 电话功能的智能面板，则可以作为对讲系统的一种应用，在报警、求助的同时实现免提双向对讲。报警按键设备支持标准的 SIP 协议和扩展的 SIP 语义，可在系统软件中自定义各种报警类型和详细信息。

(2) 可分区的布防与撤防。大户型住户可以对室内分区域进行报警设置，比如别墅或跃层房型，可以在底楼控制开放二楼的报警探头，又不影响业主在底楼的各种活动；晚间休息时可以对底楼进行单独设防，而不影响二楼的起居活动；外出时则可以将所有区域防区。由于设备采用了 IP 协议，使得接口灵活，任意扩充防区数量仅需要增加传感器和带 IP 接口的控制器即可实现，控制器采用 C 类地址时，单个家庭最大可支持 255 × 8 个防区。

(3) 胁迫撤防。胁迫撤防是上述两种报警与布防之外的一种特殊报警形式。如果被劫持或者遭遇随身入室，可以使用胁迫密码进行撤防，室内各设备均正常撤防，保安管理中心立即收到胁迫报警信号。

(4) 自动布防。业主通过设置软件可以将防区进行自动布防。比如每周一至周五上午 8:00 以后布防，下午 6:00 以后自动撤防，晚上 12:00 以后自动对大门布防，这样业主就不需要每天重复性的布防和撤防。也可以与门锁的电子钥匙联动进行自动布防撤防。使用 RFID 作为钥匙时，简单刷卡即布防或撤防。

2. “一卡通”与门禁管理系统

在 IP 网络支持下，“一卡通”不再简单地局限于门禁系统，可以与小区的其他增值服务进行捆绑。采用合适的 ID、IC 卡可以实现以下功能：

(1) 门禁控制。最基本的，也是最传统的功能之一。楼宇单元门口集成读卡头，通过 IP 控制器与摄像机、对讲机等集成在一起。

(2) 车辆出入控制。小区住户通过在大门出入口刷卡，可以在闸门机的显示屏上实时显示和卡片绑定的车牌号码，门卫对显示的车牌和实际的车辆号牌进行人工对比，可实现车卡出入管理。

(3) 小区内消费。因为可以通过小区网络实现数据共享，在小区内的公共图书馆、配套超市、自动售货机可以使用授权的卡片进行消费或接受服务。通过卡片类型和 ID 区分还可以进一步扩展 VIP 功能，比如，持有 VIP 会员卡片的贵宾，可以在小区会所内刷卡享用各种服务。

(4) 电梯控制。与门禁类似，对于高级住宅，单元楼内的电梯是不开放的，特别是那些“两梯两户”类型的住户，必须在电梯内的读卡器上刷授权过的卡片才能开启相应楼层的请求按钮，属于高级住宅的超级安全保障。

(5) 在线巡更。通过软件设置，保安巡更时间和路线都可以进入系统数据库，用于检查保安的尽职尽责情况。通过软件在数据库中检索可生成历史巡更路线。

(6) 钟点工管理。业主请钟点工、家庭病人护理时，业主可以通过网络随时随地按日、按月查询出工情况，不必进行人工计数。计时精度精确到秒，减少劳资纠纷。

当然，“一卡通”的作用远远不止上述这些，在网络支持前提下，可以利用云计算技术扩展更多的功能。

3. 物业管理系统

物业管理系统主要与小区的控制有关。如图 8-6 所示，主要包含以下几个方面：

(1) 供水系统监测。可实时监测楼层水箱、水池、机电井水位，物业中心可以实时显示各单元楼内水池、机电井水箱水位状态。同时，物业中心还可以实时获得单元楼水泵运行状态，便于维护保养，提高居民生活质量。

(2) 电梯运行状态监测，物业中心可以实时获得电梯运行状态，一旦电梯故障，中心立即报警，有效提高处理紧急事件效率，保障业主人身财产安全。

(3) 远程自动抄表。通过 IP 网络，支持水表、电表、煤气表(俗称“三表”)读数传输，减少人工抄表扰民、数据出错的可能性。

(4) 小区公共灯光控制。首先是楼道灯光控制与监测，通过可视对讲系统，业主或访客进入单元楼，大门到住户楼层照明灯光自动打开，电梯运行前后，底层和停止层的灯光按顺序点亮，电梯停止运行且人走过的通道灯光自动关闭，创造节约型社会的应用典范。小区灯光控制与监测，小区内部走道照明联动控制，在有人或车走过的路上可以提前亮起照明灯，在无人行走的地方开启基本照明灯。各处灯是否正常工作也可以在中心获得实时显示。夜间景观灯、照明灯在 24 h 以后自动保留基本照明灯，其他景观灯自动熄灭。楼顶航空障碍灯控制与监测，通过网络对高层楼宇外顶部及四周的航空障碍灯进行控制与工作状态检测，可以大大降低使用及维护成本。

(5) 停车场控制。结合视频监控系统、“一卡通”系统等实现对车场门禁控制和视频监控录像等功能。对外服务的停车场还可以显示实时剩余车位、按时计费等扩展功能。另外，地下车库向来是技防人防盲区，在地下车库设置呼叫求助按钮，可以使业主及时和中心取得联系，大大提高安全保障。

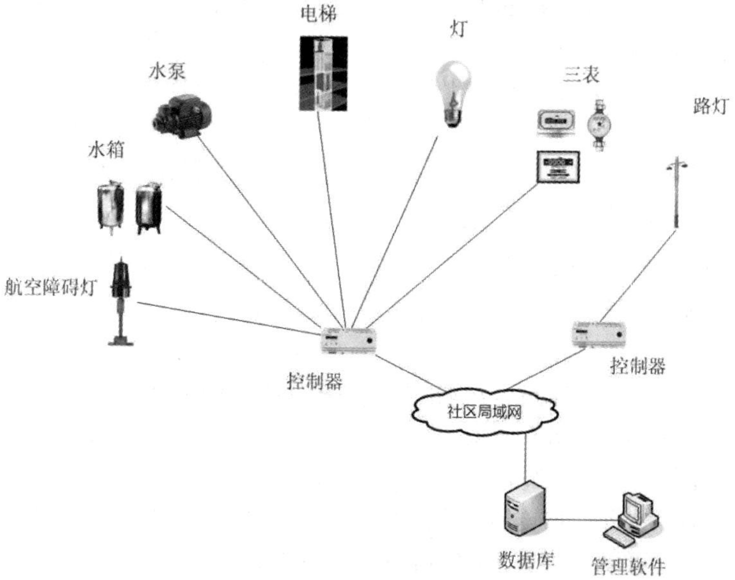

图 8-6　物业管理系统示意图

4. 社区信息服务系统

社区信息服务系统是体现智能化小区水平的一个重要部分，其信息服务内容大部分都与小区业主日常生活息息相关，包括电话通知、公告广告、背景广播、及时消息等。主要有以下功能：

(1) LED 动态显示。通过在楼道电梯口设立液晶显示屏，或在健身中心、游乐场、中心绿地等户外公共场所部署 LED 显示屏等方式，向业主滚动播报动态信息，实现小区公共区域信息发布。如停电通知、天气预报、宣传教育、公益广告等。

(2) 门禁对讲终端集成信息显示。门禁系统客户端采用安卓智能终端，可以实现各种信息接收。实现此功能只要在终端上增加一个软件并定义一个快捷键，大大降低系统使用成本。业主在室内可以主动查看各种物业通知、单元楼或小区全体广播信息。可以接收小区发送的个性化短信。中心可以发送诸如催交物业管理费、水电煤气费，单幢楼宇临时停水、停电等信息，彻底杜绝小纸条。

(3) 信息提示。当语音导航类信息推送到业主门禁智能终端时，如果无人接收，则终端 LED 发光二极管信息指示有未读信息。业主回家后发现留言 LED 灯点亮，可以及时按收听键自动提取 IVR 语音留言。因为借助 SIP 软交换系统的语音留言功能，使用成本几乎为零。

(4) 信件物流信息指示。智能终端具有信件指示灯，对于大型的小区，物业管理人员未必记得住所有业主的容貌特征，信件、快递、牛奶等由物业代为接收的物品可以通过发送专门的信件指示信息，在门禁智能终端实时显示。

(5) 门禁状态指示。无论楼道单元门还是住户的玄关门，只要有门未正常关闭，将自动判断并提示报警。住户的玄关门长时间未关闭，室内终端将声光提示，同时物业保安中心同步显示，大大提高住宅安全性。单元门长时间未关闭，则物业保安中心和值班保安终端将同步显示。

(6) 住户发送固定信息。业主通过智能终端上的快捷键，可以向物业管理中心发送固定信息，如水、电报修、叫车、送报或直接拨打物业服务电话等各种服务，通过简单的操作即可实现。物业管理可以按照自己提供的服务规划各种信息代码或电话号码。

(7) 业主间互相发送任意信息或拨打电话。门禁智能终端使用安卓系统，支持发送信息功能，可以向中心、其他住户(需开放权限)、发送字符信息或直接拨打电话。全部功能通过软件实现，不增加任何成本。

5. WEB Portal 接入认证系统

目前小区无线用户接入互联网等应用普遍采取了比较流行的 Web Portal 登录方式获取用户认证并接入无线网络。相比其他认证方式，WEB Portal 认证方式具有许多特点。它不需要安装认证客户端软件，减少客户端的维护工作量，便于运维管理，可以在 Portal 页面上开展广告、推送等增值业务，具有技术成熟、成本低廉等优点，被广泛应用于运营商、学校、社区等网络接入认证系统。面向社区用户或公共场合的无线网络，其 WiFi 热点本身是不加密的，但为了保证用户访问网络的合法性，在接入网络时会要求用户输入用户名和密码，认证成功后就可以上网了。WEB Portal 认证的特点显而易见，就是不需要安装特殊的客户端，有浏览器就可以进行认证，这样所有的智能手机与 PC 都可以方面的使用，满足大部分应用的需求。

如图 8-7 所示是 WEB Portal 服务器部署网络拓扑示意图。

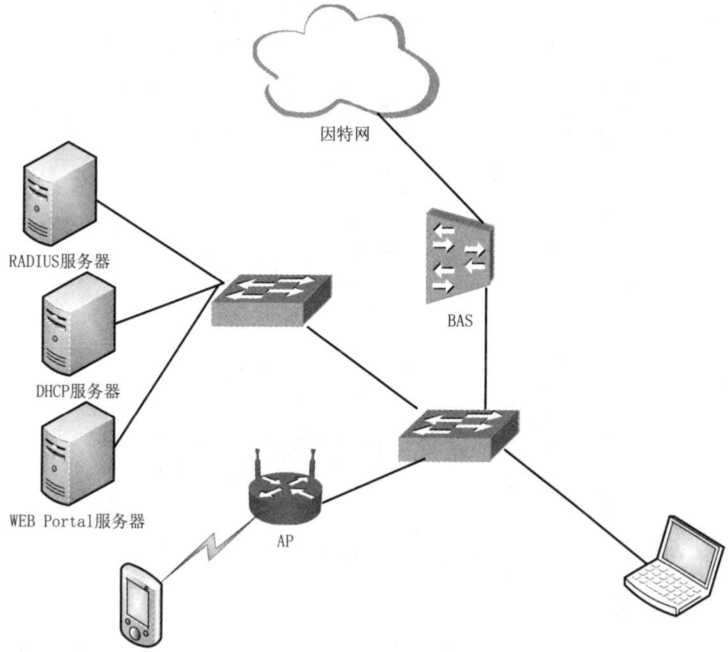

图 8-7　WEB Portal 服务器部署网络拓扑示意图

如图 8-8 所示，是一个标准的 WEB Portal 用户认证流程。用户认证过程如下：

(1) 用户连接到网络后，终端 DHCP 通过由 BAS 实现 DHCP-Relay，向 DHCP Server 申请 IP 地址(私网或公网)；也支持由 BAS 直接充当 DHCP Server。

(2) 用户获取 IP 地址后，可以通过浏览器访问网页，BAS 基于 IP 和端口号为该用户构造对应的信息表项，添加用户的 ACL 服务策略，以便让用户只能访问 Portal Server 和一些内部服务器，以及个别外部服务器如 DNS 等。同时，将用户访问的其他地址请求强制重定向到 Web 认证服务器进行登录访问。表现的结果就是用户连接上但不认证的情况下，只能访问指定的页面，浏览指定页面上的登录网页、广告、新闻等免费信息。

(3) Portal Server 向用户提供认证页面，在该页面中，用户输入登录需要的账号和口令，并进行登录。如果是基于 MAC 的 ACL 也可不输入由账号和口令，直接单击登录按钮进入后续认证过程。点击登录按钮会启动 Portal Server 上的 Java 程序，该程序将用户信息(如 IP 地址、账号和口令等)送给网络管理中心设备 BAS。

(4) BAS 利用 IP 地址得到用户的二层地址、物理端口号(如 VLAN ID 等)，利用这些信息，对用户的合法性进行检查。如果用户输入了账号，将使用用户输入的账号和口令到 Radius Server 对用户进行认证；如果用户未输入账号，则认为用户是固定用户，网络设备利用 MAC 或 VLAN ID 查用户表得到用户的账号和口令，将账号送到 RADIUS Server 进行认证。

(5) RADIUS Server 返回认证结果给 BAS。认证通过后，BAS 修改该用户的 ACL，用户可以访问外部因特网或特定的网络服务；并开启定时器，BAS 开始计费。

(6) 用户离开网络前，连接到 Portal Server 上，按“断开网络”键，退出认证，系统停止计费，删除用户的 ACL 和转发信息，限制用户不能访问外部网络。如果超出定时器时间未进行任何网络访问，系统将自动停止计费，并重启认证过程。

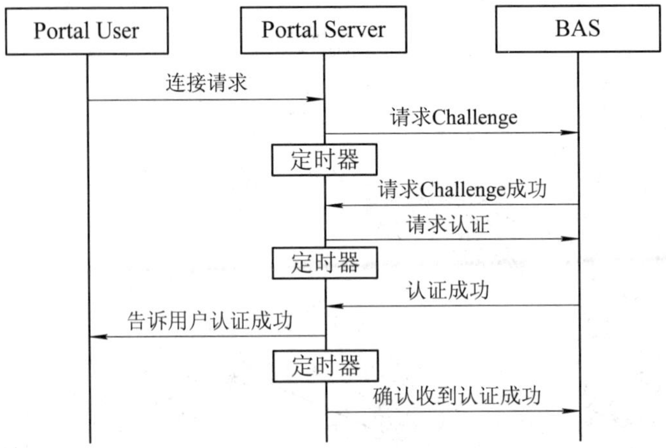

图 8-8　WEB Portal 用户认证流程

6. 网络组织方式与无线覆盖

对于较小社区户外全部采用无线网络进行覆盖，对于大于 2 km×2 km 的超大规模社区，可以采取有线无线混合模式进行网络覆盖。新建社区设计时可以考虑在楼宇间、地下室或小区地沟内提前部署光纤。已建成的小区进行智能小区改造，则需要充分利用取电方便的楼顶、路灯、绿化带地灯、广场灯箱等容易就近取电的位置。否则，需要另外架设太阳能或开挖地沟部署电源，将付出额外成本。另一方面，有交流电源的地方可以通过电源线进行电力线载波(PLC)延伸有线以太网，作为无线网络的补充，具有稳定可靠、高速宽带等优点。

无线覆盖采取 MESH + WiFi 混合组网模式。充分发挥 airMAX 多用户和远距离中继的优势，同时利用 WiFi 低成本、兼容性好、产品可选择替换性强等特点，在稳定性和成本之间取得最佳的平衡点。所有主干节点全部采用 airMAX 工作模式，专用设备接入也采用 airMAX 工作模式。一般客户终端采用 WiFi 模式接入。因此，智能小区采取的网络拓扑应该是一个光纤以太网、铜线以太网、电力线载波以太网、WiFi 无线以太网和 airMAX 无线网络的混合体。

7. 设备选型

为了便于网络管理和后期功能拓展，有线部分的网络交换机等核心设备尽可能采用二层以上交换产品，在成本允许前提下尽可能使用三层交换机产品，以便于实现 802.1x 认证、VLAN 和 QoS 等高级功能。关于光纤和有线以太网部分的设备选型在此不作过多介绍，在实际工程中根据以往经验来确定。

无线设备选型重点考虑占主要成本的末端 WiFi 和 MESH 中继骨干节点设备。为降低建设和管理成本，方便售后服务，减少运维库存，进一步简化设备选型工作，建议将设备分为 UBNT 设备和非 UBNT 设备两类。

考虑到小区一般距离都未超过 3 km，因此 UBNT 设备重点选择双极化的 Rocket M 系列作为 MAP，根据地形和需要配备相应的天线。CPE 端设备根据情况可选择双极化的 Nano Station M 系列，如图 8-9 所示，其配备的双网口非常适合网络摄像机、控制器等其他 IP 设备接入使用。同时，双极化的 MIMO 技术能有效提高网络传输速率，适合高数据率的多媒体应用。如果成本预算比较紧张，可以选择单极化的 Bullet M 和 airGrid M 来替代 Rocket M 和 Nano Station M。个别距离较远、要求抗干扰能力较强的点对点中继网桥，可以选择 Nano Beam M 系列。设备选型的整体思路有两个要求：一是要尽可能减少使用最少的 airMAX 产品型号，便于库存管理和替换维修；二是，采用相同的通道类型的产品，比如要使用双极化(双通道 MIMO)的 Rocket 就必须配双极化的 NanoStation 或其他双极化的型号，不能将单通道和双通道的产品混合使用。虽然设备在互联上没有任何问题，但是这种混用会大大降低系统的 AMQ 和 AMC 值，没有得到应有的效能。

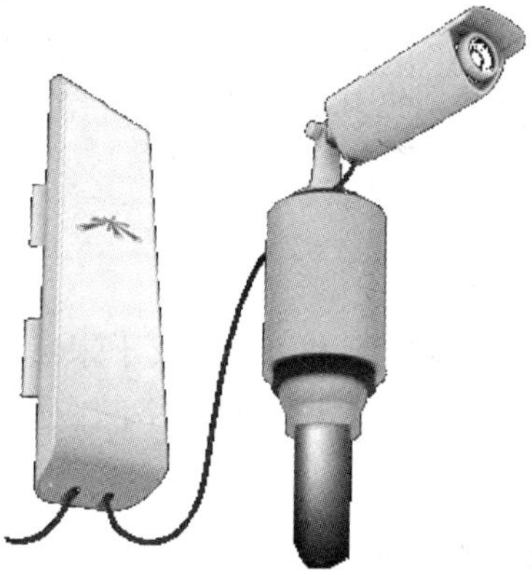

图 8-9 带有双网口的双极化(MIMO)NanoStation 设备

非 UBNT 设备主要是兼容 WiFi 的 AP 设备和 CPE 设备，这些设备不需要支持 airMAX 或 MESH，可以在市场采购成熟、稳定、性价比较高的产品。在户外使用的设备还需要满足一定的防水条件。在有电力线支持的中继节点之间可以使用带 WiFi 的电力线载波(PLC)传输设备，这样可以不用额外铺设网线，而更灵活地部署网络。比如借助电梯中的照明线将 WiFi 延伸到电梯中，不但可以实现轿箱内的网络覆盖，还可以将扩展的电梯监控系统一并接入。

其他 IP 设备尽可能选择标准协议或标准接口的产品。高清 IP 摄像机等视频监控设备，尽可能采用 H.264 编码、支持 ONVIF 2.0 以上标准的产品。如果可能，进入系统的所有设备尽可能支持 PoE 供电，这样在部署时，会最大限度地减少对电源的要求，并尽可能地节约电能，倡导绿色环保的理念。

8. 方案特点与优势

本方案从在网络拓扑、设备选型、业务承载等各个方面具有较大的弹性和多选择性，便于根据实际情况在不同的小区或社区进行部署。在成本控制和功能扩展方面也有较大的张弛度，可弹性选择的内容较多。总结其主要特点如下：

(1) 采取混合组网方式，增加网络部署的灵活性，便于成本控制。混合组网最大的好处是发挥了 airMAX 和 MESH 的优势，有无线结合应用最大限度地减少了频谱资源的占用，尤其在城市中，ISM 频段非常拥挤的条件下，显得尤为珍贵。另外，有无线互相取长补短，可以最大限度地降低成本。

(2) 统一传输网络、统一管理平台、统一技术标准的设计理念，使得系统建设更加规范，后期拓展更加方便。在兼容性、可替换性、可维护性等各个方面都有出色的表现。

(3) 采用 All Over IP 的设计理念，摆脱了传统局部总线产品的限制，未来可逐步向云计算、物联网方向发展。几乎所有基于网络的增值服务都可以在智能小区的网络平台上进一步拓展，使运维商从收取网络使用费盈利逐步转变为通过增值服务盈利。

8.3 airMAX 在水利部门的应用

水利部门是一个任务职能非常宽泛的特殊行业，既承担有国家政府部门的指导职能，又承担有水利工程建设与管理、防汛抗旱、水资源管理、给排水工程建设、河湖治理保护、水土资源保护等工程建设和资源防护等具体职能。水资源的范围涉及空中水、地表水、地下水等领域。该领域具有非常明显的行业特征。

8.3.1 行业特征及应用需求

水利部门日常主体工作就是“变灾为利”、“防灾于未然”。前者主要针对人工水利设施建设和管理，后者主要针对自然水资源管控。对网络的应用需求包括防汛抗旱、水库安全监测、水资源监测、排污监控等众多领域。

1. 主要职能业务对网络应用的需求

水利通信网络主要完成各省市的江河流域、湖泊、水库等区域的通信保障，目的是减少水旱灾害的损失，加强防汛抗旱指挥的科学性，提高信息采集、传输、处理和防汛调度决策的时效性与准确性。

各省水利厅与本省各地市水利局以及县一级水利(务)局已经建设有专网光纤链路或者租用运营商光纤链路实现了有线宽带通信。但县级水利局到水库、流域大坝等实际水利设施缺乏有效的通信解决方式，很多地方仅能依靠公网实现语音通信，大量的数据应用如水雨情信息监测、大坝安全检测等主要依靠公网 GPRS/CDMA 实现数据回传，但实际效果不理想，对于汛情等动态视频传输更是无能为力。由于河流、湖泊跨度较大，流经距离长，使得水利通信呈现以无线通信为主的网络结构。水利部门的应急通信主要采用卫星通信及应急通信车来解决。日常通信主要依靠自建网络来解决，常见的水利网络有以下几种。

1) 防汛抗旱指挥信息网络

主要涉及水情、雨情、工情、旱情、灾情和日常办公等信息处理，包括防汛抗旱信息的采集、传输、处理、服务与共享，是确保防汛抗旱信息畅通、指挥调度科学、抗洪救灾及时的重要保障，也是水利信息化中信息传输的重要基础设施之一。同时也是防汛抗旱视频会商、汛情监控等关键系统的通信保障基础。

2) 水库安全监测网

水库的安全稳定运行是关系到国计民生的大事，水库安全监测是保证水库安全、充分发挥工程效益的重要手段。我国现有 8 万多座水库，其中，中小型水库占水库总数的 99% 以上。由于整体数量较多，病险隐患基数大，中小型水库预警通信基础设施严重不足，成为水库安全运行的突出“瓶颈”。水库多位于山区较高位置，水域辽阔、人员稀少、电信资源较为稀缺，借助既有电信网络组建水库安全监测专网难度较大。

3) 水资源监测网

城市生活用水主要依靠江、河、湖等自然水资源，尤其是生活饮用水的质量关系到老百姓的日常生活。虽然国家对上述水资源进行了明确划分，并制定了水资源保护等级制度和相应措施，但工农业生产形成的废水排放经常会威胁到上述水资源的安全。水利部门希望建立水资源监测网，通过网络技术对保护区的水资源信息进行自动监控、采集和传输。

2. 面临的主要问题和对策

水利部门借助国家电信骨干网，基本实现了各地水利部门上联水利部、国家防总，下接各级河务局和沿河各基层单位的骨干通信网络。很多基层单位采取“靠山吃山、靠水吃水”的办法，通过铺设光缆自建了很多水利专网，但成本十分高昂。实体水资源区域对无线网络的需求非常旺盛，不但需要能传输数十千米的无线干(支)线链路以替代光纤，而且也非常急需一种能解决“最后一千米”的宽带无线网络来满足其相关业务需求。各地水利部门对各种无线接入网络都进行了尝试，包括微波、UHF 数传电台、3G 移动通信系统、短波、超短波以及卫星通信等。但在“最后几千米”的网络覆盖方面一直未能找到效费比较高的方法和手段。

目前水利部门网络建设面临的主要问题可以归结为“三不靠”。所谓“三不靠”现象，即“靠不上、靠不住、靠不起”。

(1) 靠不上。主要表现在很多区域电信公网没有覆盖。电信公网是面向大众的通信网络，在众多偏远地区，没有用户需求，电信部门没有建设动力。同时电信公网系统也无法按照水利系统防汛抗旱的需求提供集群通信、视频回传和数据采集等宽带业务。

(2) 靠不住。主要表现在使用电信 3G 公网建立的虚拟专网出现网络问题时，公网运营商的解决速度慢，很难满足水利防汛通信需求。出现汛情和突发灾害时，公网繁忙，无力保证防汛部门的通信需求，形成越危急越无法通信的恶性局面，严重影响指挥部门的指挥工作。

(3) 靠不起。主要表现为费用昂贵。公网需要水利部门缴纳各种网络使用费，而水利部门并不增加任何固定资产。这些费用包括光纤租赁费、数据语音业务费、3G 虚拟专网包年费等，长年累月缴纳，实际费用非常高。

airMAX 设备最大的优势就是远距离传输和价格低廉，只需花最少的金钱就可实现电信级的专业网络。因此，airMAX 无线网络应用于水利部门具有得天独厚的优势。顺水而下，利用 airMAX 设备组建链式 MESH 网可轻松实现数十甚至上百千米的网络传输。同时，可利用水域流经的高山或制高点进行中继，实现与县城水务局光纤骨干网的落地。一般沿江河都没有高大建筑物遮挡，开阔的视野有利于 LoS 通信。选择合适的 airMAX 产品可以轻松地实现超远距离无线中继。这些无线网络节点连接水文监测终端，终端连接水情监测点的传感器、视频监控器等设备，指挥部和分指挥中心就可以实时了解水文情况，做出有针对性的抗旱和抗洪的决策。

8.3.2 无线水利监测网解决方案

1. 网络拓扑结构

由于水利监测都是以河道或者水域岸线为基线形成管理关系，在一条基线上分布有若干监测点，可以将同一个监控方向的所有监控点组成一个链式MESH或点对多点MESH群。通过最优的 LoS 路径与中心站 MPP 桥接落地，实现无线与有线光缆的对接，最后经过县级水务局中心站 AC 与区市专网汇集后上联水利部、国家防总指挥中心。

由于大量采用 MESH 节点替代了传统光缆组建专网，使得施工周期和成本迅速下降，效果十分明显，在实际应用过程中能承载大多数多媒体宽带应用，性能不逊于 100M 单模光纤网络。如图 8-10 所示是一个典型的混合式 MESH 网拓扑。

图 8-10 MESH 无线网替代光缆实现水利监测专网

合理利用扇区定向天线、全向天线、栅格天线等的方向性特点，实现点对点、点对多点的 MESH 中继，对带宽裕度和网络延时要求不高时，MESH 平均跳数达到 6 跳以上，每跳平均实现 5～7 km 距离中继，可轻松实现 30～40 km 距离的网络覆盖。如果沿河道基线覆盖范围内的 CPE 全部开启 airMAX、超远距离 ACK 等参数，则可进一步扩大传输距离，并改善网络吞吐量等性能。

2. 设备选型

无线水利专网与油田生产专网十分类似，对并发用户数和最大带宽并不敏感，但对超远距离传输、建设周期、建设成本以及可靠性等较为敏感。因此，设备选型主要考虑单极化的 airMAX 系列产品。由于全部在室外部署，需要经受风吹雨淋，选用的天线类型也多为栅格或全向直立天线。优选 Bullet M2-HP 和 airGrid M2 两种成熟度较高的型号，这两种型号的产品能较好地胜任 MAP 和 MESH CPE 角色，并发挥优异的性能，而价格却只有其他产品的一半，具有较高的效费比。由于这两种设备的功耗都十分小，可以直接共用监控点其他设备的风光互补电源，对升级原有采用 GPRS 网络的系统十分有利。airGrid M2 因为自带栅格天线，安装起来更为简单，同时具有较好的抗风性能，在系统中主要充当 CPE 角色。

3. 方案特点与优势

本方案是实际应用中 MESH 链式中继的典范，属于超远距离网络中效费比最高的网络类型，其硬件成本只有光纤网络的百分之一，若考虑施工的人力成本，则只有光纤网络的千分之几，几乎可以忽略不计。本方案具有显著的高效费比、低风险特征，主要表现为：

(1) 极低的成本。在整个 airMAX 家族中，airGrid、Bullet 属于成熟度较高、性价比最好的产品，因此在选择 MESH 站址和 MESH 节点数量上几乎可以不作任何限制，实际施工相对于规划(计划)的数量增加不会带来额外的成本风险，使设计和施工可以变得十分弹性和随心所欲，给予施工方较大的自由度。这一点恰恰满足了沿水域基线施工的特点和要求。

(2) 功耗极低，满足野外太阳能供电要求。设备选型大部分选用了功耗较低单极化 M2 系列，平均功耗小于原有的 GPRS 系统，可以直接接入原有太阳能供电系统，非常适合旧网改造。

(3) 无盲区。利用 MESH 优势，实现了复杂地形非视距网络传输，可以完全替代光纤传输。充分利用水岸基线 LoS 特性和沿岸高地的优势实现了最大跳数的链式 MESH 网，水域范围内几乎完全没有盲区。

8.4 airMAX 在村村通的应用

“村村通”是国家的一个系统工程，包括公路村村通、电力村村通、生活用水村村通、电话村村通、电视村村通、互联网村村通等组成部分。2004 年 1 月，信息产业部(工信部)下发了《关于在部分省区开展村通工程试点工作的通知》，同时出台了《农村通信普遍服务——村村通工程实施方案》，作为一个过渡时期的解决方案，对电话村村通作了基本要求。近几年来，随着互联网的迅速发展，网络村村通也逐步提上议事日程。

8.4.1 网络村村通的基本需求

对网络村村通有需求的地域大多数是比较偏僻的村庄，是电信运营商不愿投资或单纯认为市场效费比不高的村落。通常由于运营商线路成本原因，或乡镇之间内部协调关系处理方面的问题，长期无法提供电信宽带接入服务。但随着信息技术的普及和发展，尤其是智能手机的平民化，广大村民有强烈的上网需求。从基本需求分析上看，这类村落是开展农村无线覆盖业务最佳的区域，主要解决接入互联网问题，考虑到山高路远，无线传输较光纤在成本和施工周期方面有绝对的优势，对于业务量不是特别大的村落，airMAX 的 TDMA 工作机制和超远距离传输性能正是解决这一难题的法宝。airMAX 销售业绩的 46% 都来自于非洲等比较偏僻的农村市场就是最好的证明。

互联网和现代信息技术手段的发展和应用，为农业的科学发展和可持续发展，建立和谐社会创造了良好条件。目前我国农村各地的“数字农业建设”、“农业信息服务网络”、“村村上网工程”以及“现代农民远程教育”等正蓬勃发展。由于农村地广人稀、地形复杂，各行政村距离乡镇、县城等少则几千米，多则几十千米，要想实现“家家通网络”的目标，如果仍采用传统有线网络建设方案，我国预计需要铺设本地环路的缆线长度将达上千万千米，一次性投入资金大、运行维护成本高，运营商收益增长缓慢，因此“村村通”建设推进缓慢。事实上，我国农村信息化建设的实践已经证明，在农村信息网络建设中，应用airMAX无线网络技术有着无可比拟的优势，其建网成本低、一次性投入资金少、运营管理方便、建网速度快、可靠性高。同时其高度灵活的可扩展性和专业的性能，也非常适应农村网络应用的各种需求。

1. 接入方式和存在的问题

在地理环境上，大多数村落都没有特别高大的建筑物，但到处都有十几米以上的高大树木。冬季落叶时树木对信号的遮挡影响较小，但一旦春夏季来临枝繁叶茂时，则对信号有较大的影响。解决信号遮挡的原则有两方面，对于远程中继可以架设高于树木的基站，并作点对点传输；对于村内近距离传输可以在较低的房顶和树干之间架设 airMAX 基站，然后使用灵敏度较高的 CPE 接收端解决信号问题。

大部分农村用户仍然习惯于固定电脑式的上网方式，类似于电信 PPoE 连接互联网的拨号方式，采取无线 CPE 入户是被普遍接受的方式。当经过 CPE 入户以后，用户可以自行接入家庭 WiFi 对信号进行扩展，便于 PAD 或智能手机等无线上网。

由于信号接收的需求，大量的 CPE 必须采取定向天线来接收，造成一个事实上的大范围农村宽带接入场景。其主要特征是用户端相距很远并使用定向天线，大量用户终端不能互相侦测，造成大量的隐藏终端。同时用户长期在线，且带宽需求较高，若此时仍采用传统 CSMA/CA 机制的 WiFi 无线 AP 就无法避免众多信号的冲突和系统内部的自干扰。直接的后果就是导致系统覆盖范围缩小、支撑的并发用户数量少、系统带宽利用率较低、延时抖动很大等诸多问题。尤其在用户数量增多后，系统总的带宽利用率将会急剧下降。因此，采用 airMAX 作为村村通的解决方案是一种最典型的应用方式，也是 airMAX 最能出彩的应用方式。

利用 airMAX 实现农村无线宽带接入系统，比较传统基于 WiFi 系统的 AP 解决方案的最大区别在于它的媒体访问机制采用的是时分多址技术(TDMA)。将所有关联到基站的 CPE(用户端设备)划分到不同网络时隙中进行数据通信，在优先级相同的情况下，所有 CPE 分到的时隙(或带宽)是基本相同的，为更远距离的“弱用户”提供了公平接入的机会，进一步了提高系统的带宽利用率。而且 airMAX 系统采用了动态时隙(带宽分配)技术，对没有数据请求的 CPE 能够不占用预分配给它的时隙(带宽)，进一步扩大了接入的用户数，而流量整形技术、客户端隔离技术等更多人性化的 QoS 设置，为村村通的应用场景提供了针对性的网管策略。

2. 业务需求

网络村村通主要满足广大村民接入互联网和拨打电话的需要。“电话 + 宽带”是早期村村通的标准模式。但目前这需求往往会通过政府行为或者第三方利益单位追加更多的增值服务。比如，政府部门希望在村村通的同时，能够利用 IP 网络进行有效的宣传教育，实现诸如 IP 广播等需求；而某些广告企业则希望构建一个无孔不入的广告体系，不断扩张基于网络的针对性定向广告等增值服务。

例如，某县级城市设有各级组织部门，下属十多个镇、一百多个自然村。计划设计一套联网广播系统，在镇委组织部、村委会可以接收县级指挥中心的广播信息，并与其双向对讲，同时也可以实现本地单独广播。广播内容涉及大三农的方方面面，如政府扶农政策、肥料信息、农业科普知识、外界新闻资讯等，采取政府补贴的方式由县委、村委和承建商三方联合投资建设，承建商享有政府补贴和广告运营权、有限增值服务的收费和运营权，以维持网络的建设、运行和维护。

8.4.2 标准覆盖模式

图 8-11 所示为一种典型的村村通覆盖方案，它可以作为一种标准的应用场景来使用。通常做如下假设：

(1) 在县城或乡镇中心地域具有一个可以连接互联网的光纤接口，带宽 100M。

(2) 中心地域到每个村落的距离都不超过 50 km，且中间没有建筑物遮挡。

(3) 单个中心地域连接的村落总数小于 50 个。

(4) 每个村落接入用户数(CPE 个数)不超过 150 户。

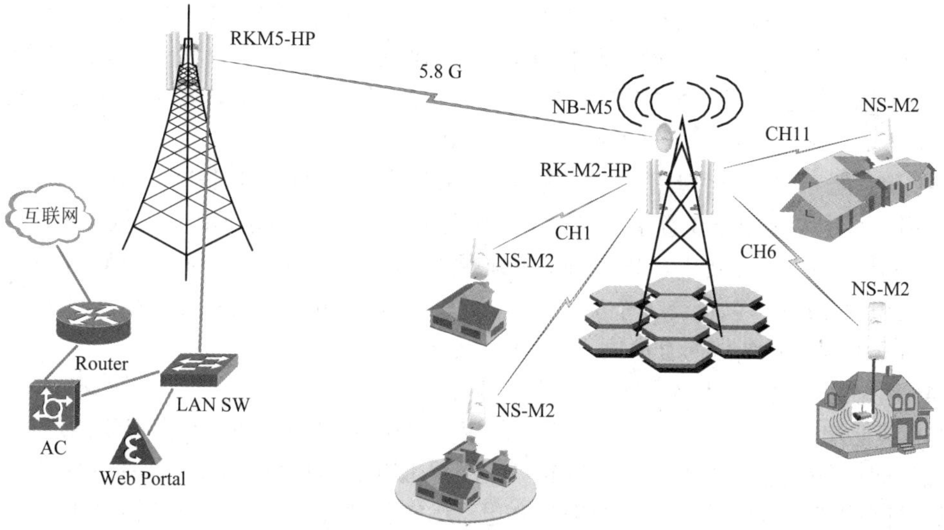

图 8-11 典型的村村通覆盖方案

建设内容通常分基站和用户端两部分。客户端使用支持标准 airMAX 协议的低成本设备和内置天线，个别特别偏远的可以采取 airGrid 等带栅格的高增益定向天线。主干分两段进行，包括“县(乡)主干基站—乡(镇)中心基站”、“乡(镇)中心基站—村落基站”两段。主干基站较少时，采取点对点桥接方式进行中继，否则采用点对多点 airMAX 方式；乡到村的中继多采用点对多点 airMAX 方式，在乡一级建立 airMAX WISP 级的 AP 节点，推荐使用具有 MINO 的 Rocket M5 系列，村一级采取 airMAX 终端形式接入。桥接设备一般采用双极化的 NanoBeam M5 系列等性价比较高的 airMAX 设备。中继(桥接)频率根据需要选用 5 G 频段和 2.3 G 频段，到村后根据经济承受能力和用户数量，视情采取 3 扇区覆盖的双极化或单极化 airMAX 产品，推荐使用 Bullet M2 系列或 MIMO 的 Rocket M2 系列，扇区天线使用水平方向角 120° 的高增益天线，根据覆盖范围配置一定的下倾角。入户 CPE 可以采取任意支持 airMAX 的 UBNT 产品，推荐使用 NanoStation M2 系列等内置定向天线的经济型产品。

通过 CPE 接入将网络信号入户以后，用户还可以进一步使用 NanoStation Loco M2 或更经济的普通 WiFi AP 对室内进行进一步覆盖，保障 PC、PAD、智能手机等设备无线接入。

8.4.3 拓展应用案例

在用户数较多，且多为移动用户时(非村村通无线固定接入)，另外一种 airMAX + MESH + WiFi 的混合组网解决方案可能更为合理。下面以某县城酒店、餐饮服务免费无线城域网为例加以说明。

(1) 应用场景基本描述：图 8-12 中，南山高度海拔 780 m，可以俯视全县城，在山顶建立一个简易的单管通信塔，采用 2 个 Rocket M5 配合 2 个 20 dB 90° 的 airMAX Sectors 扇区天线实现了全县城的大区覆盖。在 9 个密集的楼堂馆所(酒店、饭店、写字楼)楼顶采用 NanoBeam M5 远程接入山顶的基站，并开启 airMAX 协议。9 个区域建立 WiFi MESH 网，设备采用 Rocket M2 配合高效的 MIMO 全向天线(AMO-2G12)，实现了多跳中继覆盖。楼堂馆所内部利用 NanoStation M2 作为 CPE 引入室内后再通过普通 WiFi AP 实现覆盖。网络出口为双口 100M 光纤接入互联网，采用 Mikrotik ROS 实现接入认证和出口管理。无线落地端采用一个单独的 NanoBeam M5 作为 CPE 接入山顶的基站，开启 airMAX 并设置优先级为 4。

(2) 覆盖区域：两个 7.5 × 5 km 区域，约 70 km^2。

(3) 用户类型：分为付费用户和免费用户。其中付费用户首次认证时与 MAC 地址绑定，每次使用时采用 Web Portal 登录密码认证，付费用户可以无限制(不限时、限制最大突发带宽)包月使用互联网。免费用户只能访问本地网服务器网站和广告定向投放网站，定向广告点击次数积累 10 次可以获得 1 个奖励积分，每个奖励积分可以免费访问互联网 10 分钟，夜间等特殊时段可免费访问互联网。

(4) 网络运营收入：付费用户和定向广告收入。

(5) 其他增值服务：广告用户(商家、酒店、餐饮等)可免费获得有限容量的广告 WEB 页存储空间、免费的 IVR 语音广告和 IP 电话接入服务(如订餐电话)；同城任何用户均可免费申请社区虚拟电话号码，并通过网络 IP 电话(SIP 协议)相互免费呼叫(需要收听 10 s 广告铃声)；其他定向广告服务；物流信息服务；政府宣传教育；农业科技 IP 广播等。

(6) 网络容量：全网采用 2 个 Rocket M5 基站和 10 个 NanoBeam M5 网桥构成 airMAX PTMP 网桥中继；WiFi MESH 网使用 3 个频率 50 多个 Rocket M2 基站构成 9 个区域性的 MESH 网，CPE 最大容量 3000 个。

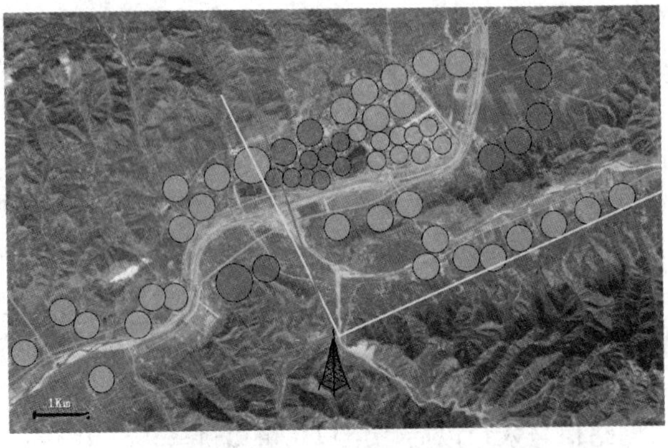

图 8-12 县级小型无线城域网覆盖应用

基于 airMAX TDMA 技术的村村通无线宽带接入系统，相较于传统的基于 802.11n/g 室外 AP 具有更强的抗干扰能力、更高的系统带宽和利用率，以及公平的带宽和均衡延时特性，并具备更大数量的用户接入能力，单基站单扇区最大可接入并发用户 60～100 个，在线用户 150 个。

采用 UBNT 设备具有较好的稳定性，适合我国农村远程无线网络接入需要，有极好的环境适应能力，冬季在大多数 –30℃的地区依然能够正常工作。采用 airMAX 独有的 TDMA 优势实现 PTMP 网桥接入，有效克服了远近效应带来的“弱终端”问题和“盲终端”问题。

灵活可拓展的频率选择范围可以有效避免干扰，降低背景噪声，从而获得较好的网络质量。采用大区远程中继和小区高密度覆盖的互补方式，在覆盖范围和用户容量二者之间取得了较好的平衡。

表 8-1 所示为网络质量在线测试结果。首先在基站设置流量整形，限制每个用户最大并发带宽为 2 Mb/s，在 60 个用户随机接入的情况下，对系统进行测试。从测试数据来看，大区制无线宽带接入系统能较好地满足广大农村固定宽带使用的需要。在网络延迟、丢包率、信号强度等主要参数方面都有令人满意的表现，特别是用户接入公平性方面，几乎没有用户有过投诉。用与电信 ADSL 有线宽带接入方式相比，在各项指标和用户体验方面没有明显的差异，户对带宽和网络应用普遍比较满意。由于安装便利、即装即通，在推广应用方面更具有竞争力。当用户数达到网络设计容量的三分之一时，全年使用费即可回收成本，因此具有较低的商业风险和较强的竞争力。

表 8-1 村村通 airMAX 无线网络质量测试结果对照表

测试距离	ping 基站		ping 百度		ping 新浪		下载速率 /KB • s^{-1}	无线信号场强 /dBm	视频播放
	丢包率	平均延时/ms	丢包率	平均延时/ms	丢包率	平均延时/ms			
200 m	0%	10	0%	32	0%	42	187	–56	流畅
400 m	0%	10	0%	33	0%	46	191	–60	流畅
800 m	0%	10	0%	32	0%	44	188	–64	流畅
1200 m	0%	16	0%	34	1%	46	201	–71	流畅
2000 m	0%	44	3%	47	4%	67	190	–73	流畅
5000 m	2%	53	5%	55	5%	70	189	–76	流畅

在实际应用中，每个无线基站一般规划开通 60 个用户，每用户提供最大 2M 的连接限速。从实际应用的结果来看，当一个基站接入的用户数在 60～80 之间时，用户能够获得与有线接入相同的感受，具备较好的系统可用度。考虑用户动态在线等情况，实际的单基站平均用户数可以达到 100 左右。airMAX 作为一种非常实用的、“平民化”的专业无线宽带技术，非常有利于电信部门和 ISP 运营商在广大乡镇和农村地区开展宽带业务。

附　　录

1. 代理商地址名录

Ubiquiti Networks 公司中国区的全部授权代理商(排名不分先后)及联系方式：

(1) 蓝波湾通讯设备有限公司
http://www.lanbowan.net.cn
地址：中国 广东省佛山市南海区罗村和贵路 5 号
电话：86-757-82253850
Email：jim@lanbowan.com

(2) 深圳捷联讯通科技有限公司(EDCwifi)
http://www.edcwifi.com.cn
地址：中国 深圳市福田区八卦三路 424 栋 6G
电话：86-755-82642493
Email：marketing@edcwifi.com

(3) 北京格网通信技术有限公司
http://www.bjmesh.com
地址：中国 北京市海淀区花园北路 14 号环星大厦 888 室(原北京计算机一厂院内)
电话：86-10-51551245　86-10-51551248
Email：xwg@bjmesh.com

(4) 北京莱桥通信技术有限公司
http://www.lethbr.com
地址：中国 北京市海淀区红联南村 44 号紫竹大厦 303 室
电话：8610 62220424
Email：sales@lethbr.com

(5) 北京亿佰盛科技有限公司
http://www.bbyst.cn
地址：中国 北京市昌平区北清路 2 号院园墅小区 1105
电话：86-10-59457871
Email：sales@bbyst.cn

2. airMAX 主要产品型录

AirGrid M2 HP(AGM2-HP)、AirGrid M5 HP(AGM5-HP)

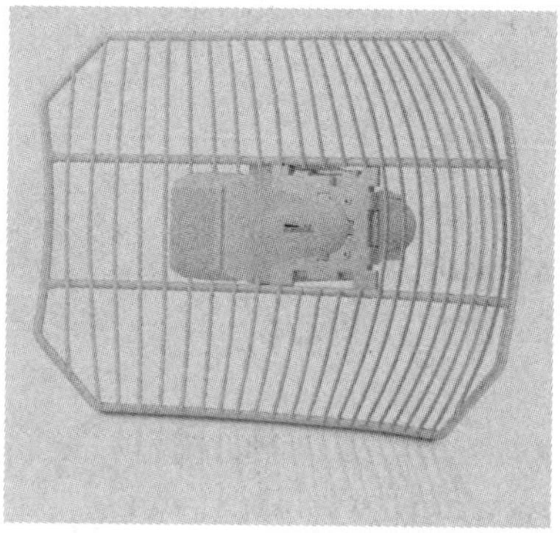

产品分类	AirGrid
主要型号	AG-2G16/AG-2G20/AG-5G23/AG-5G27
主要参数	
CPU	Atheros MIPS 24KC, 400 MHz
内存	32 MB SDRAM, 8 MB Flash
网络接口	1 × 10/100 BASE-TX 以太网 RJ45
天线接口	内置天线(增益 16～20 dB、23～27 dB)
天线通道数	单极化 1 × 1
输出功率	20 dBi
工作频段	2312～2622 MHz 或 5170～5875 MHz
传输范围	5～15 km
主要用途	对耗电敏感的户外 CPE 或网桥
外壳	防紫外线工程塑料，铝合金
典型功耗	3 W
工作温度	−30～75℃
工作湿度	5%～95%

产品描述：

采用下一代宽带 CPE 技术，具有超低功耗和较高的 EIRP 功率，是一种低成本高性能的户外 CPE 设备。其一体化的栅格天线易于安装与调试，非常适于低吞吐量的连接。适用于对距离、抗风性能比传输带宽等性能要求高，或价格十分敏感的应用。属于单极化天线、非 MIMO 类型的无线站点设备。经常用于中远距离(5～16 km)的桥接或 CPE。

续表一

Bullet M2-HP(BM2-HP)、Bullet M2-HP Ti、Bullet M5-HP		
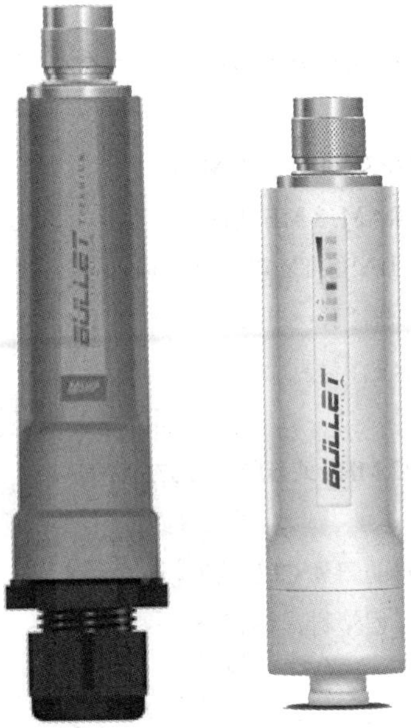	产品分类	Bullet
	主要型号	BM2-HP、Bullet M5、BM2-Ti
	主要参数	
	CPU	Atheros MIPS 24KC，400 MHz
	内存	32 MB SDRAM，8 MB Flash
	网络接口	1 × 10/100 BASE-TX 以太网 RJ45
	天线接口	N 型公头
	天线通道数	单极化 1 × 1
	输出功率	25 dB、28 dBi(HP)
	工作频段	2312～2622 MHz 或 5170～5875 MHz
	传输范围	对大 50 km 依赖与外接天线
	主要用途	多用途
	外壳	防紫外线工程塑料，钛镁合金(Ti)
	典型功耗	BM2(4W)BM5-HP(6W)、BM-Ti(7W)
	工作温度	-40～+80℃
	工作湿度	5%～95%
产品描述： 一种高性能、大功率的单极化多用途产品，具有适中的价格和较好的性能，性价比较高，用途广泛。其娇小的身材和预留的射频接口，允许设备直接与备选天线结合，更加方便安装与调试，配合不同类型的外置天线可以充当基站、CPE、桥接等多种角色。配合高增益天线时，极限传输距离超过 50 km。具有最大范围的环境适应性。		

续表二

<table>
<tr><td colspan="3">PicoStation M2-HP、PicoStation M5-HP</td></tr>
<tr><td rowspan="16">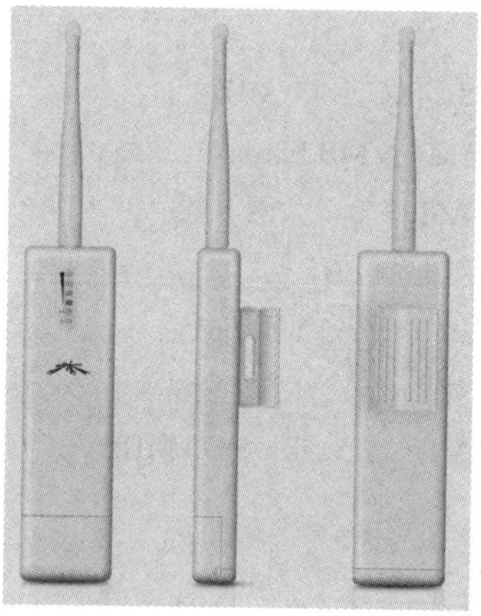</td><td>产品分类</td><td>NanoStation</td></tr>
<tr><td>主要型号</td><td>PS-M2、PS-M5</td></tr>
<tr><td>主要参数</td><td></td></tr>
<tr><td>CPU</td><td>Atheros MIPS 4KC，180 MHz</td></tr>
<tr><td>内存</td><td>32 MB SDRAM，8 MB Flash</td></tr>
<tr><td>网络接口</td><td>1 × 10/100 BASE-TX 以太网 RJ45</td></tr>
<tr><td>天线接口</td><td>内置单极化全向天线(6 dB)</td></tr>
<tr><td>天线通道数</td><td>单极化 1 × 1</td></tr>
<tr><td>输出功率</td><td>28 dB</td></tr>
<tr><td>工作频段</td><td>2312～2622 MHz 或 5170～5875 MHz</td></tr>
<tr><td>传输范围</td><td>200～500 m</td></tr>
<tr><td>主要用途</td><td>CPE 或 WiFi AP</td></tr>
<tr><td>外壳</td><td>防紫外线工程塑料</td></tr>
<tr><td>典型功耗</td><td>8 W</td></tr>
<tr><td>工作温度</td><td>-20～70℃</td></tr>
<tr><td>工作湿度</td><td>5%～95%</td></tr>
<tr><td colspan="3">产品描述:
一种最小型的 airMAX 产品，适合对价格敏感的短距离应用。其自带的全向天线极大地简化了安装，甚至可以直接双面胶带粘贴于墙体。可广泛用于室内外无线覆盖补点或作为 CPE 连接网络摄像机等应用。</td></tr>
</table>

续表三

NanoStation M2、NanoStation M5

产品分类	NanoStation
主要型号	NS-M2、NS-M5
主要参数	
CPU	Atheros MIPS 24KC，400 MHz
内存	32 MB SDRAM，8 MB Flash
网络接口	2 × 10/100 BASE-TX 以太网 RJ45
天线接口	内置双极化天线(11 dB)
天线通道数	双极化 2 × 2，水平 55° 垂直 55°
输出功率	28 dB
工作频段	2312～2622 MHz 或 5170～5875 MHz
传输范围	3～5 km
主要用途	CPE 或网桥
外壳	防紫外线工程塑料
典型功耗	8 W
工作温度	-30～75℃
工作湿度	5%～95%

产品描述:

一种应用非常灵活、低成本、高性能 MIMO 类型的产品，适合对价格敏感同时又要求较高应用。其内置的双极化天线极大地简化了安装，也可以通过预留的 SMA 射频接口外接 MIMO 类型的扇区天线。拥有双 RJ45 接口，允许连接 IP 摄像机等更多的其他网络设备，适合 3～5 km 范围内的无线桥接或 CPE 接入。

续表四

Rocket M2、Rocket M5、Rocket M2 Ti、Rocket M5Ti、Rocket M2 GPS

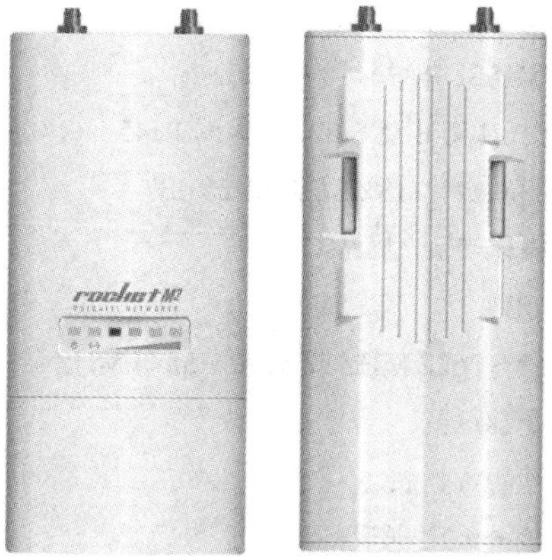

产品分类	Rocket
主要型号	RM2、RM5、RM2-Ti、RM5-Ti、RM2-GPS
主要参数	
CPU	Atheros MIPS 24KC，400 MHz
内存	32 MB SDRAM，8 MB Flash
网络接口	2 × 10/100 BASE-TX 以太网 RJ45
天线接口	2 × SMA
天线通道数	双极化 2 × 2 MIMO
输出功率	28 dB
工作频段	2312～2622 MHz 或 5170～5875 MHz
传输范围	大于 50 km(根据外置天线情况)
主要用途	高速率、多用途
外壳	防紫外线工程塑料
典型功耗	6.5 W
工作温度	-30～75℃
工作湿度	5%～95%

产品描述:

一种应用非常灵活、功能强大、高性能 MIMO 类型的产品，适合对性能要求较高应用。具备双极化天线接口可以灵活外接各种类型的 MIMO 天线。拥有双 RJ45 接口，允许连接更多的其他网络设备，适合充当高性能 WISP 基站或超远距离桥接。其中 GPS 类型的版本适合同址多站应用。

续表五

NanoBridge M2、NanoBridge M5		
	产品分类	NanoBridge
	主要型号	NB-2G18、NB-5G22、NB-5G25
	主要参数	
	CPU	Atheros MIPS 24KC，400 MHz
	内存	32 MB SDRAM，8 MB Flash
	网络接口	1 × 10/100 BASE-TX 以太网 RJ45
	天线接口	内置双极化(18 dB/22 dB/25 dB)
	天线通道数	双极化 2 × 2 MIMO
	输出功率	23 dB
	工作频段	2312～2622 MHz 或 5170～5875 MHz
	传输范围	大于 30 km
	主要用途	中远距离桥接
	外壳	防紫外线工程塑料
	典型功耗	5.5 W
	工作温度	-30～75℃
	工作湿度	5%～95%
产品描述: 一种低成本、高性能的 MIMO 网桥，适合对性能要求较高的中远距离桥接应用。内置双极化的高增益 MIMO 天线，提供更宽的网络带宽。一体化的结构有利于户外安装调试。		

3. airMAX 原厂天线系列产品

目前在售的 airMAX 原厂天线主要是 2×2 双极化 MIMO 类型的基站扇区天线和全向天线，扇区天线主要型号包括：AM-9M13，AM-2G15-120，AM-2G16-90，AM-3G18-120，AM-5G16-120，AM-5G17-90，AM-5G19-120，AM-5G20-90 等型号。其命名规则为 AM-××-××-××，其中 AM 表示 airMAX 系列，第一组××表示频率，第二组 XX 表示增益，第三组××表示天线的水平方向角。如 AM-2G15-120 表示 2 GHz 频段、增益 15 dB、方向角 120° 的扇区天线。全向天线主要包括：AMO-2G10，AMO-2G13，AMO-3G12，AMO-5G10，AMO-5G13 等型号。其命名规则为 AMO-XX-XX，其中 AMO 表示 airMAX 全向天线系列，第一组××表示频率，第二组××表示增益。

扇区天线主要型号外形

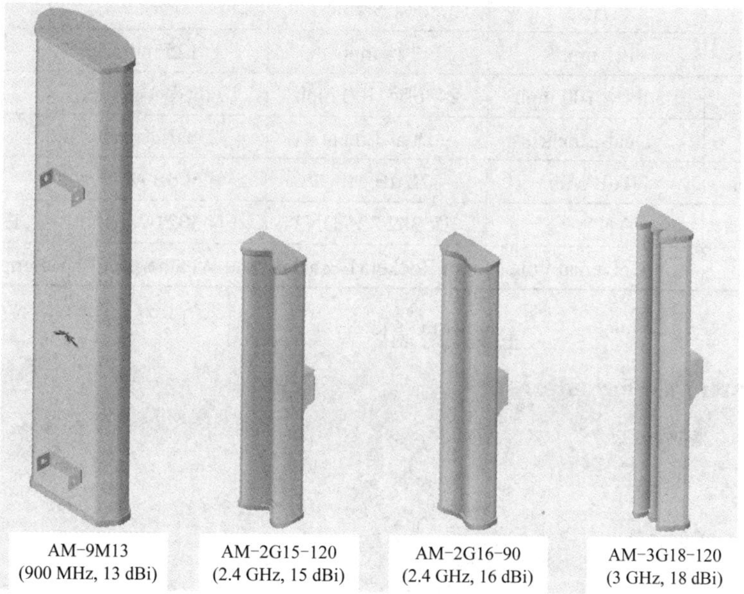

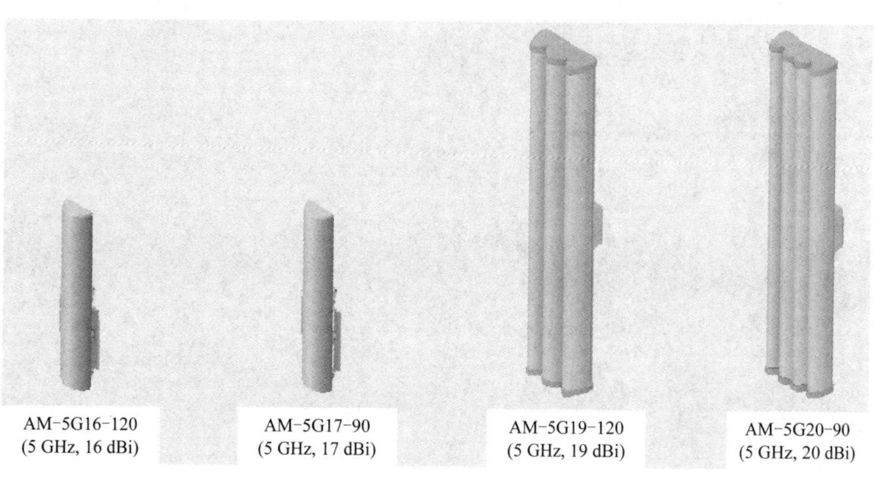

扇区天线主要参数

Antenna Characteristics				
Model	AM-9M13	AM-2G15-120	AM-2G16-90	AM-3G18-120
Dimensions*(mm)	1290 × 290 × 134	700 × 145 × 93	700 × 145 × 79	735 × 144 × 78
Weight**	12.5 kg	4.0 kg	3.9 kg	5.9 kg
Frequency Range	902～928 MHz	2.3～2.7 GHz	2.3～2．7 GHz	3.3～3.8 GHz
Gain	13.2～13.8 dBi	15.0～16.0 dBi	16.0～17.0 dBi	17.3～18.2 dBi
HPOL Beamwidth	109° (6 dB)	12.3° (6 dB)	91° (6 dB)	118° (6 dB)
VPOL Beamwidth	120° (6 dB)	118° (6 dB)	90° (6 dB)	121° (6 dB)
Electrical Beamwidth	15°	9°	9°	6°
Electrical Downtilt	N/A	4°	4°	3°
Max. VSWR	1.5:1	1.5:1	1.5:1	1.5:1
Wind Survivability	125 mph	125 mph	125 mph	125 mph
Wind Loading	95 lbf@ 100 mph	24 lbf@ 100 mph	19 lbf@ 100 mph	21 lbf@ 100 mph
Polarization	Dual-Linear	Dual-Linear	Dual-Linear	Dual-Linear
Cross-pollsolation	30 dB Min.	28 dB Min.	28 dB Min	28 dB Min.
ETSI Specification	N/A	EN 302 326 DN2	EN 302 326 DN2	EN 302 326 DN2
Mounting	Universal Pole Mount RocketM Bracket, and Weatherproof RF Jumpers Included			

主要型号扇区天线方向图

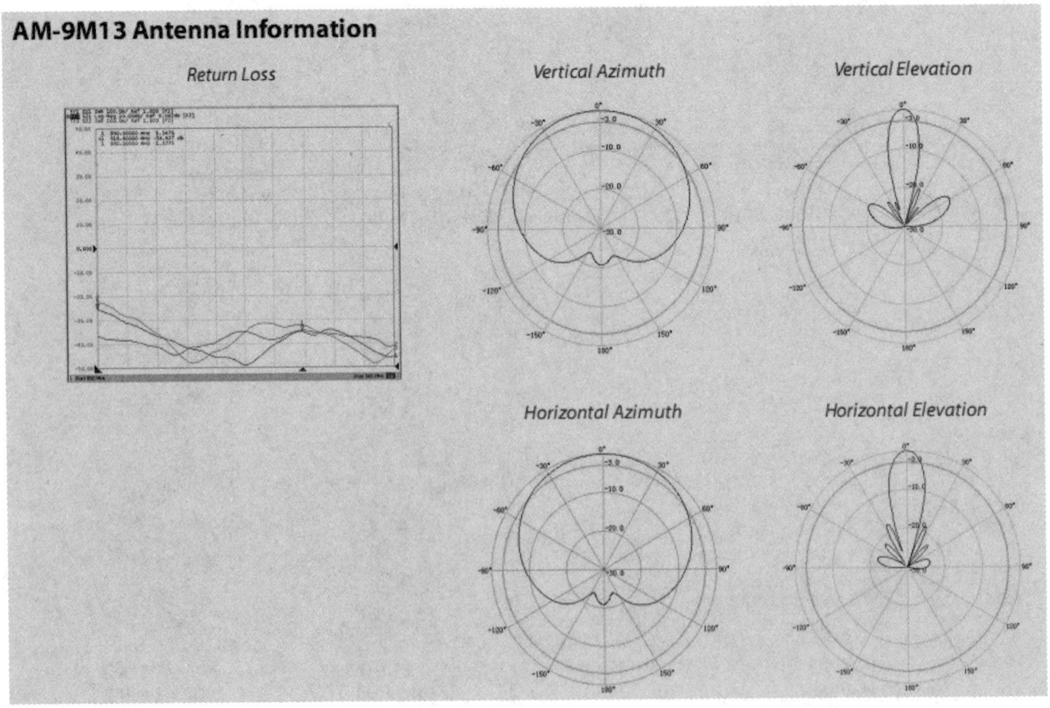

AM-2G15-120 Antenna Information

Return Loss

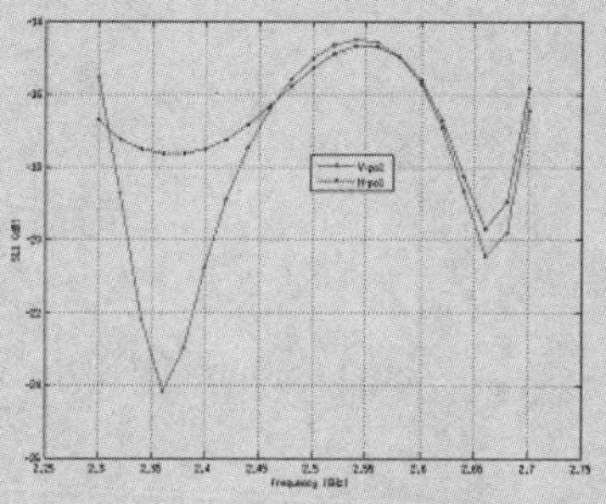

Vertical Azimuth

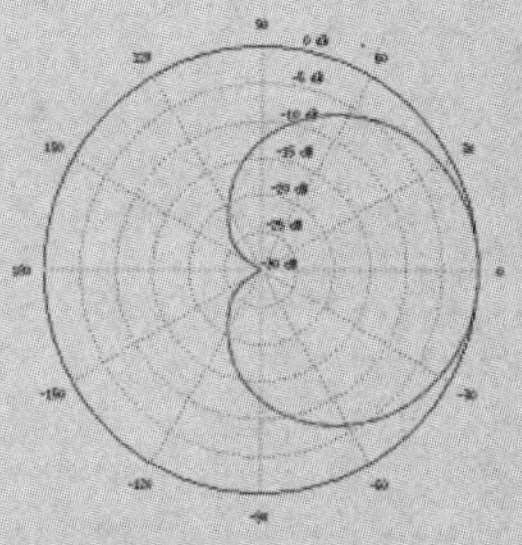

Vertical Elevation

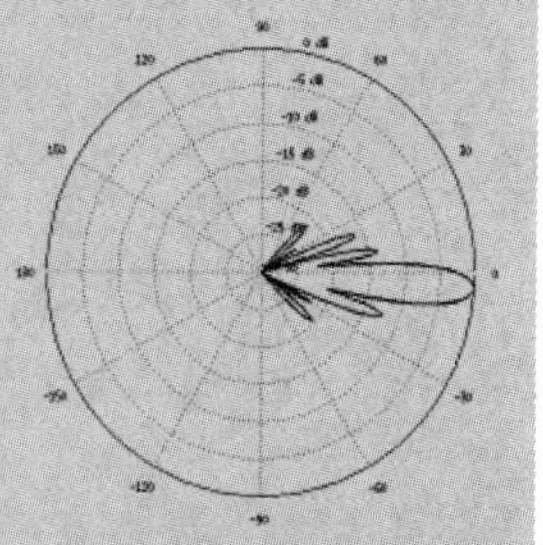

Horizontal Azimuth

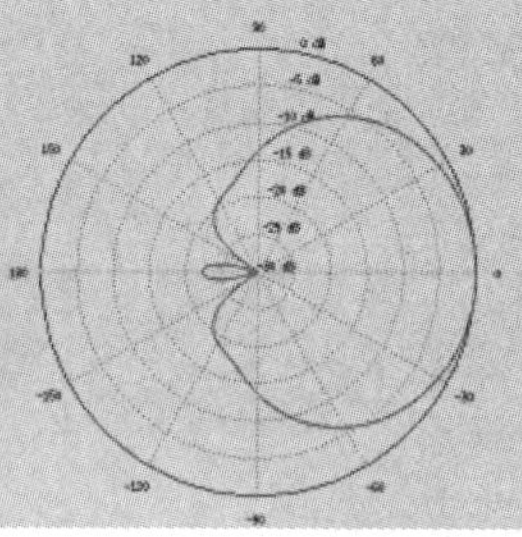

Horizontal Elevation

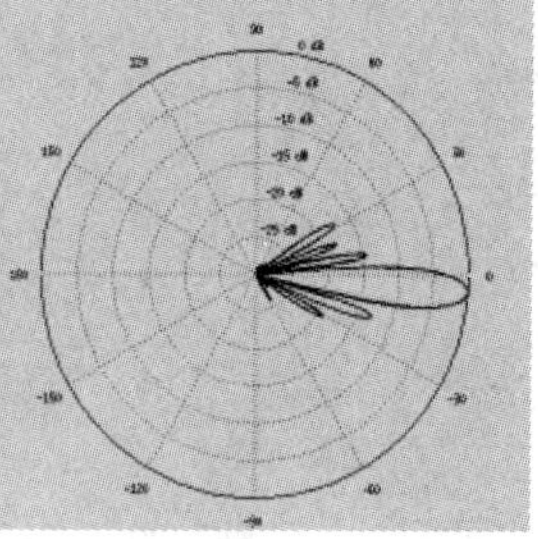

AM-2G16-90 Antenna Information

Return Loss

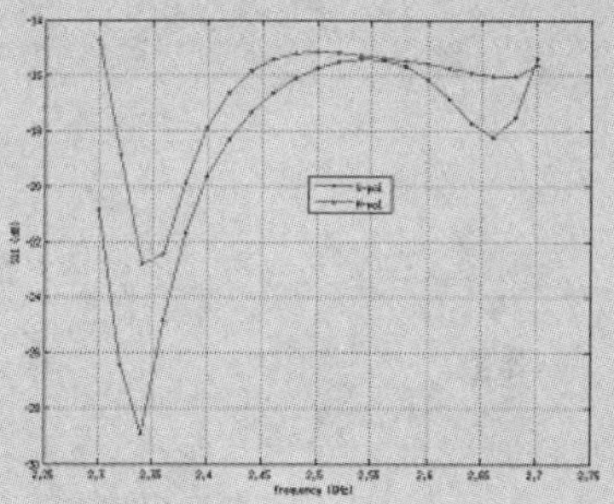

Vertical Azimuth

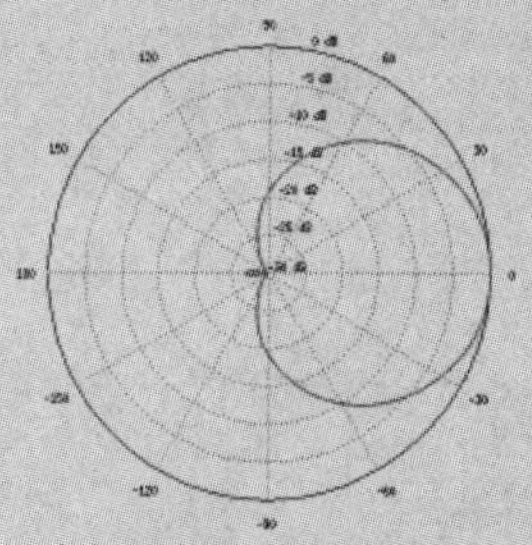

Vertical Elevation

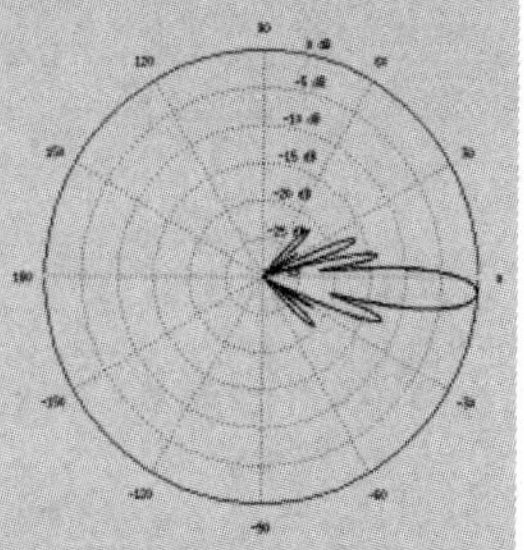

Horizontal Azimuth

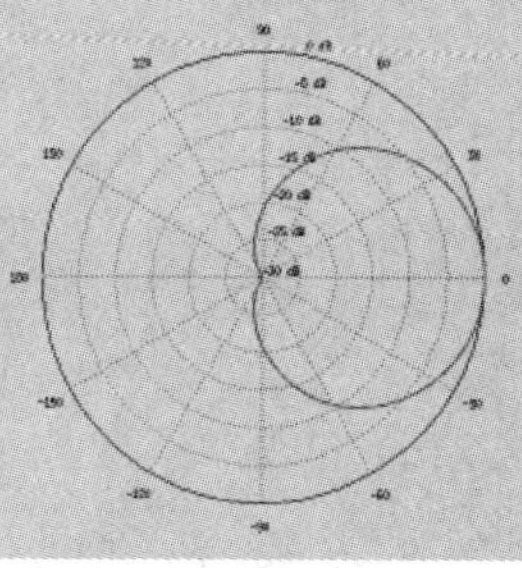

Horizontal Elevation

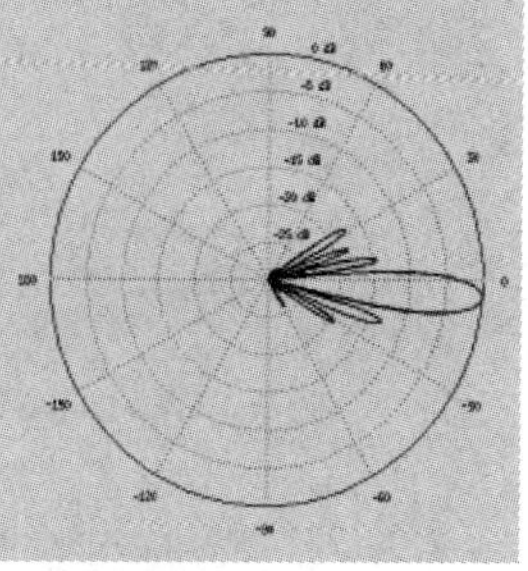

AM-3G18-120 Antenna Information

Return Loss

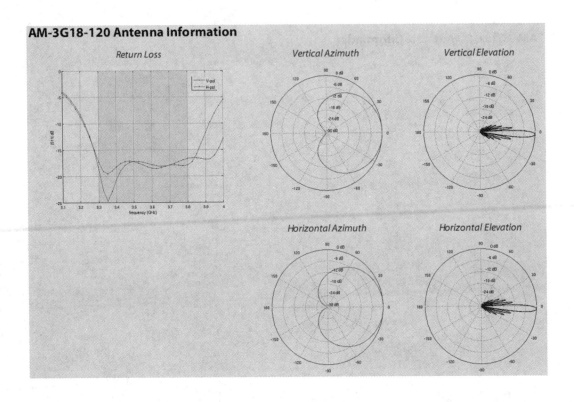

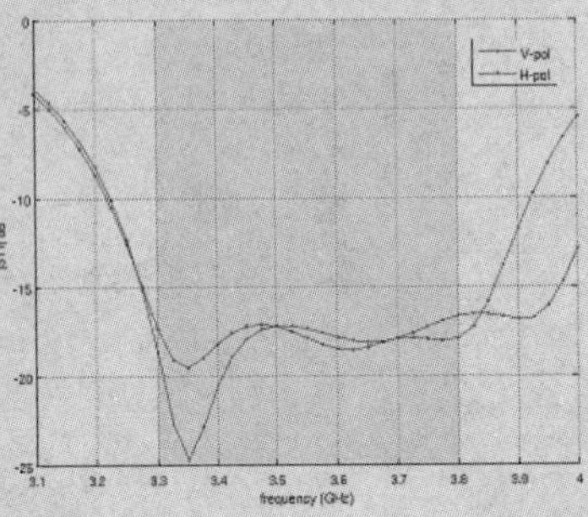

Vertical Azimuth

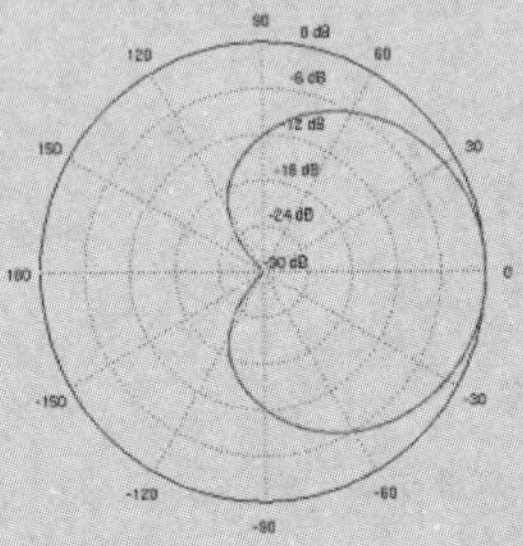

Vertical Elevation

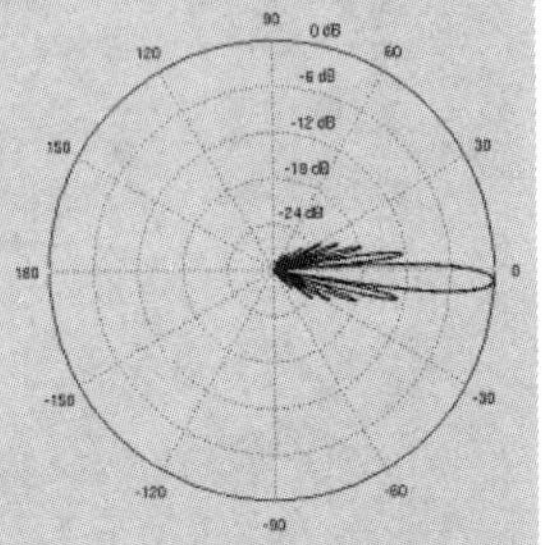

Horizontal Azimuth

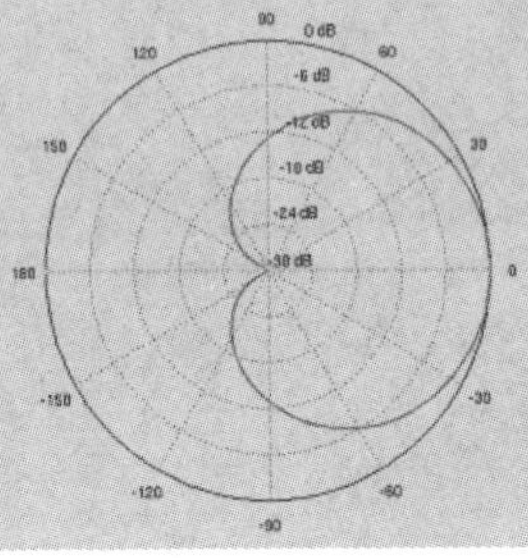

Horizontal Elevation

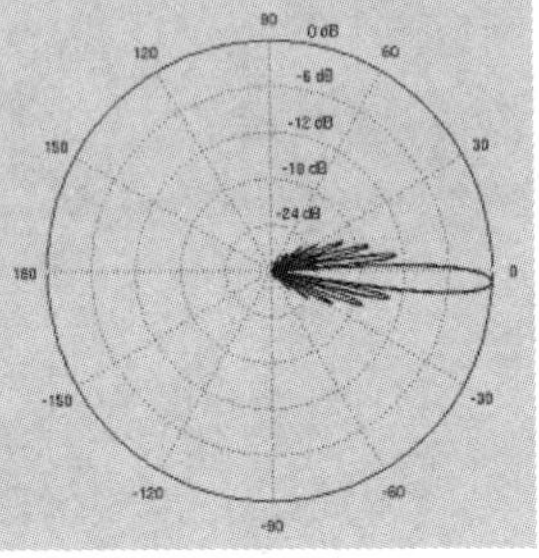

AM-5G16-120 Antenna Information

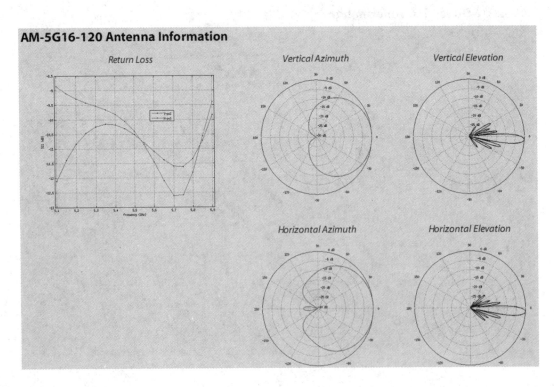

Return Loss

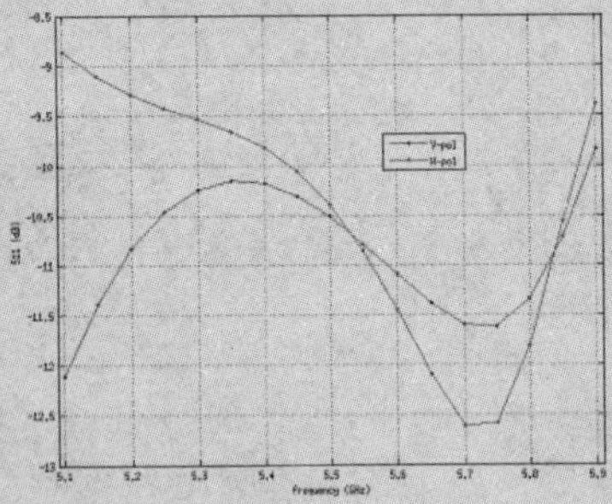

Vertical Azimuth

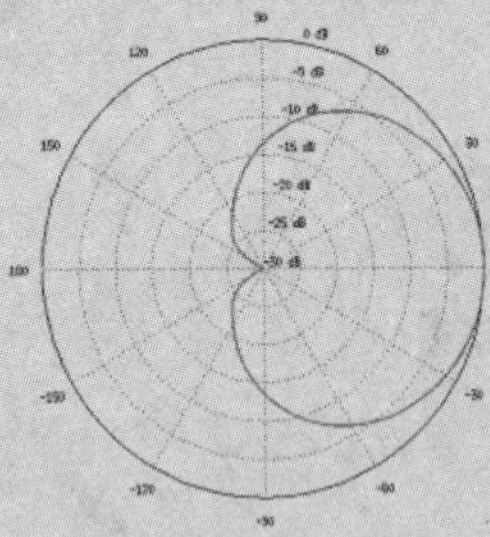

Vertical Elevation

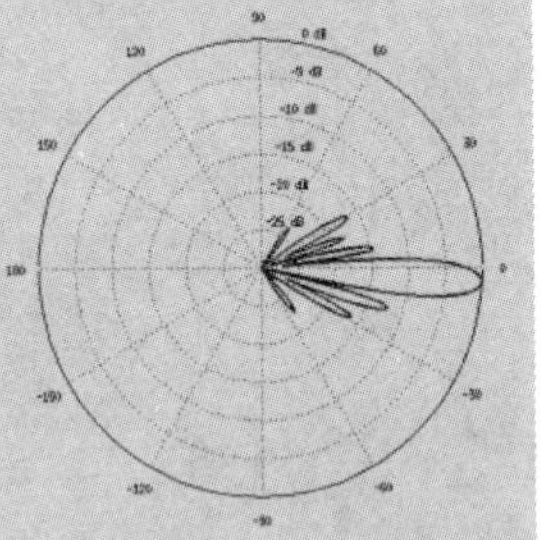

Horizontal Azimuth

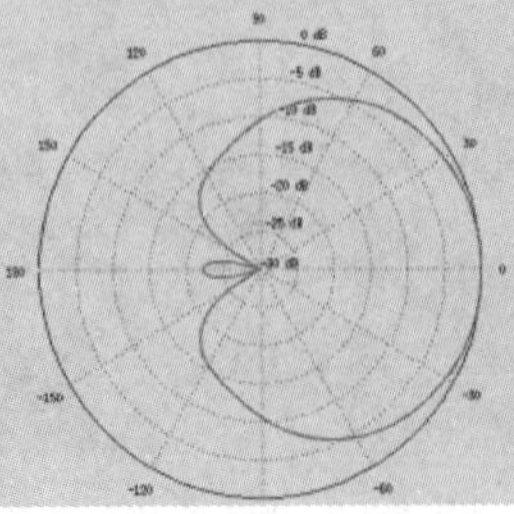

Horizontal Elevation

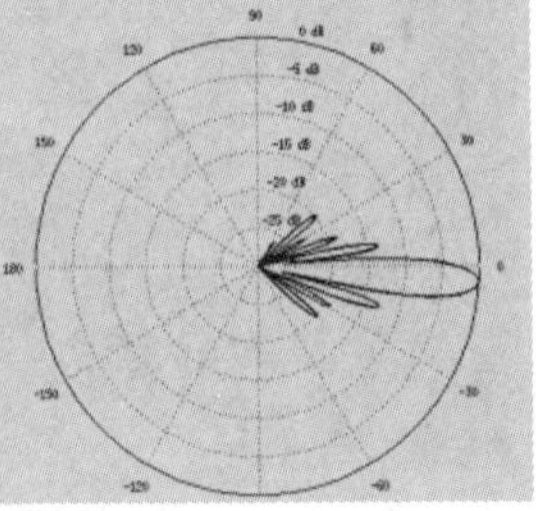

AM-5G17-90 Antenna Information

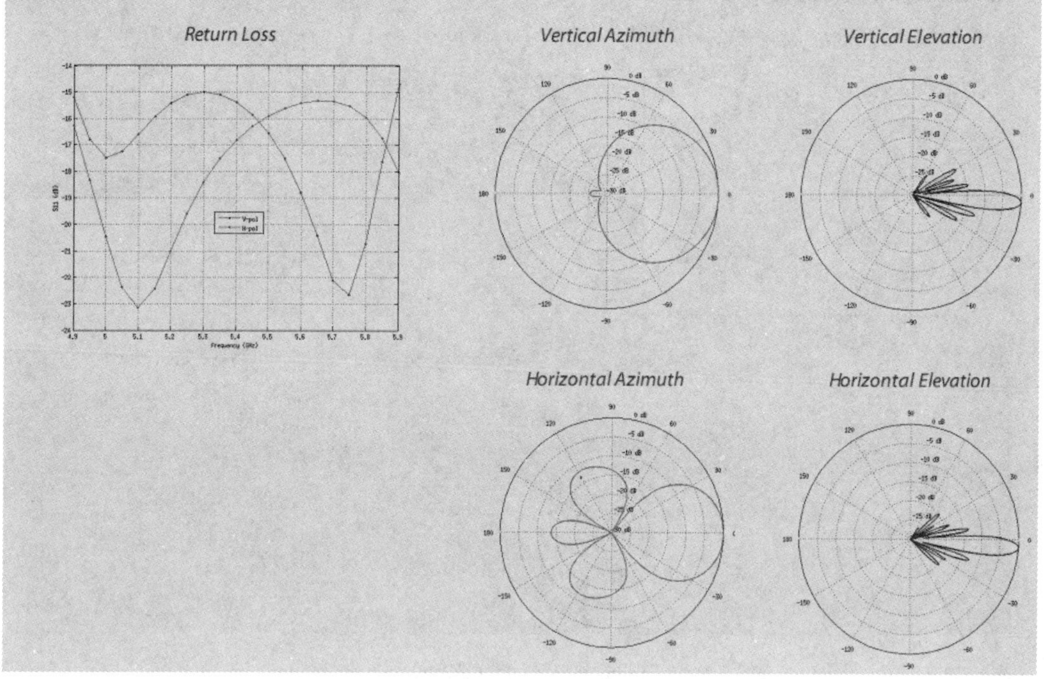

AM-5G19-120 Antenna Information

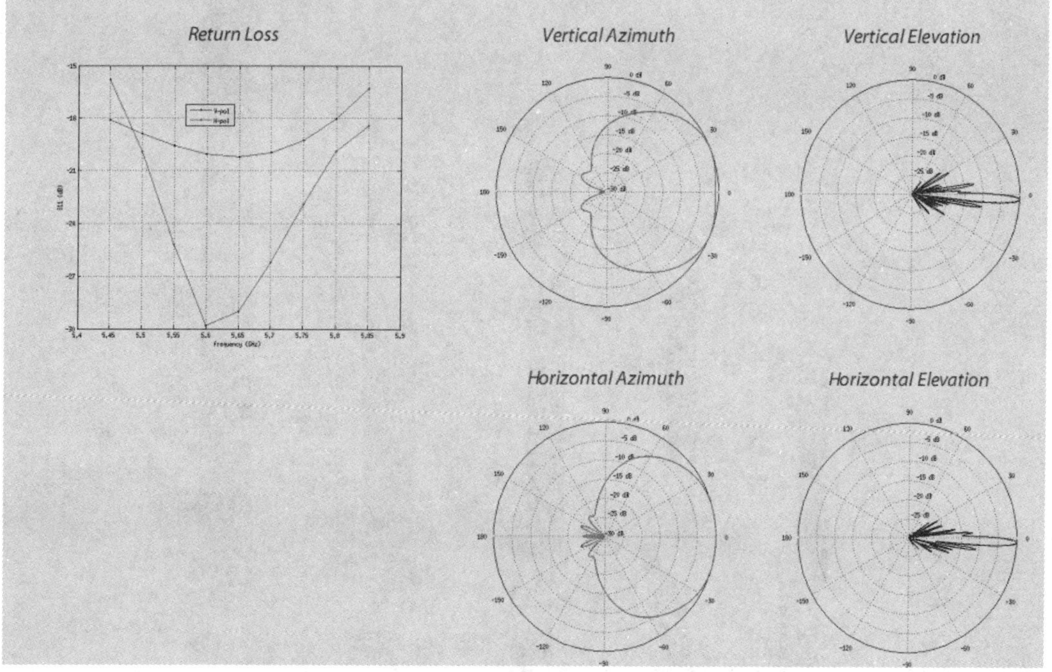

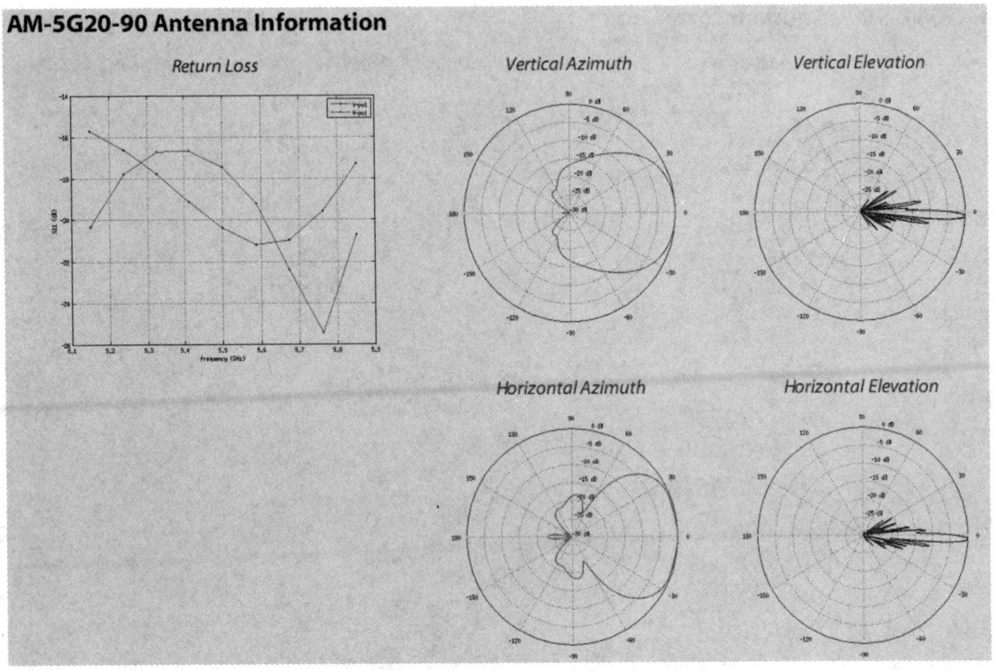

主要型号全向天线外形

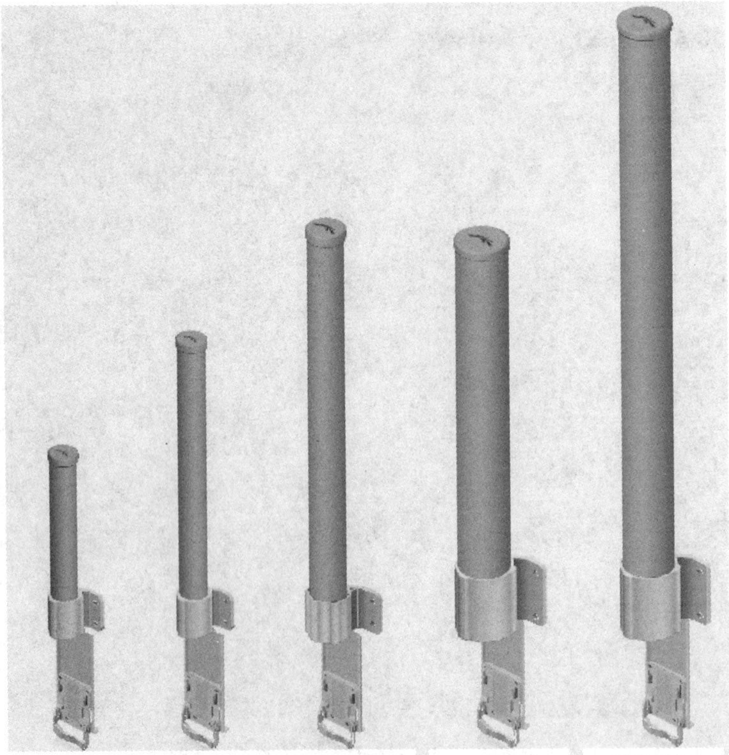

AMO-5G10 (5 GHz, 10 dBi)　AMO-5G13 (5 GHz, 13 dBi)　AMO-3G12 (3 GHz, 13 dBi)　AMO-2G10 (2.4 GHz, 10 dBi)　AMO-2G13 (2.4 GHz, 13 dBi)

全向天线主要参数

Antenna Characteristics					
Model	AMO-2G10	AMO-2G13	AMO-3G12	AMO-5G10	AMO-5G13
Dimensions*(mm)	1030 × 122 × 84	1390 × 122 × 105	1012 × 122 × 105	582 × 90 × 65	799 × 90 × 65
Weight*	2.1 kg	2.4 kg	2.05 kg	0.68 kg	0.82 kg
Frequency Range	2.35~2.55 GHz	2.35~2.55 GHz	3.4~3.7 GHz	5.45~5.85 GHz	5.45~5.85 GHz*
Gain	10 dBi	13 dBi	12 dBi	10 dBi	13 dBi
Elevation Beamwidth	12°	7°	8°	12°	7°
Max VSWR	1.7:1	1.7:1	1.6:1	1.6:1	1.5:1
Downtilt	4°	2°	4°	4°	2°
Wind Survivability	125 mph	125 mph	125 mph	125 mph	125 mph
Wind Loading	14 lb. 100 mph	16 lb. 100 mph	16 lb. 100 mph	10 lb. 100 mph	12 lb. 100 mph
Polarization	Dual-Linear	Dual-Linear	Dual-Linear	Dual-Linear	Dual-Linear
Cross-pollsolation	25 dB min.	25 dB min.	25 dB min.	25 dB min.	25 dB min.
ETSI Specification	EN 302 326 DN2	EN 302 326 DN2	EN 302 326 DN2	EN 302 326 DN2	EN 302 326 DN2
Mounting	Universal Pole Mount, RocketM Bracket, and Weatherproof RF Jumpers Included				

4. airMAX 主要型号发射功率

PRODUCT	Band, GHz	802.11	MIMO	Air OS vers	mount type	rf connector	rf out [a/b/g], max dBm	rf out ['N'] max.dBm	rcvr. Sens['a'] max.dBm	rcvr. Sens['b'] max.dBm	rcvr. Sens['g'] max.dBm	rcvr. Sens['N'] max.dBm	int.H ant. Gain/Beam dBi/deg.	int.V ant. Gain/Beam dBi/deg.
AirGrid M5-23	5	a,N	1×1	5.2	pole	-	20	20	-97	-	-	-96	23/8	23/8
AirGrid M5-27	5	a,N	1×1	5.2	pole	-	20	20	-97	-	-	-96	27/7	27/6
Bullet M2 HP	2.4	b,g,N	1×1	5.2	rf conn.	1-N[M]	28	28	-	-83	-83	-96	-	-
Bullet M5 HP	5	a,N	1×1	5.2	rf conn.	1-N[M]	25	25	-83	-	-	-96	-	-
NanoBridge M5	5	a,N	2×2	5.2	pole	-	-	23	n/s	-	-	-96	22/8	22/8
NanoStation M2	2.4	b,g,N	2×2	5.2	pole	-	28	28	-	-97	-97	-96	10/55	11/53
NanoStation M2 Loco	2.4	b,g,N	2×2	5.2	pole	-	23	23	-	-83	-83	-96	8/60	8/60
NanoStation M5	5	a,N	2×2	5.2	pole	-	27	27	-94	-	-	-96	15/43	15/41
NanoStation M5 Loco	5	a,N	2×2	5.2	pole	-	23	23	-83	-	-	-96	13/45	13/45
PowerBridge M5	5.8	a,N	2×2	5.2	pole	-	27	27	-83	-	-	-96	25/6	25/6
Rocket M2	2.4	b,g,N	2×2	5.2	pole	2-RP-SMA[F]	27	27	-94	-	-	-96	-	-
Rocket M5	5	a,N	2×2	5.2	pole	2-RP-SMA[F]	27	27	-94	-	-	-96	-	-
Bullet 2	2.4	b,g	-	3.5	rf conn.	1-N[M]	20	-	-	-95	-92	-	-	-
Bullet 2 HP	2.4	b,g	-	3.5	rf conn.	1-N[M]	29/28	-	-	-97	-94	-	-	-
Bullet 5	5	A	-	3.5	Rf conn.	1-N[M]	22	-	-94	-	-	-	-	-
NanoStation 2	2.4	b,g	-	3.5	pole	1-RP-SMA[F]	26	-	-	-97	-94	-	10/60	10/30
NanoStation 3	3	a	-	3.5	pole	1-RP-SMA[F]	24	-	-92	-	-	-	13/55	13/18
NanoStation 5	5	a	-	3.5	pole	1-RP-SMA[F]	24	-	-94	-	-	-	14/55	14/18
NanoStation 2 Loco	2.4	b,g	-	3.5	pole	-	20	-	-	-95	-92	-	8/60	8/60
NanoStation 5 Loco	5	a	-	3.5	pole	-	22	-	-93	-	-	-	13/45	13/45
PicoStation 2	2.4	b,g	-	3.5	pole	1-RP-SMA[F]	20	-	-	-95	-92	-	-	6/360
PicoStation 2 HP	2.4	b,g	-	3.5	pole	1-RP-SMA[F]	29/28	-	-	-97	-94	-	-	6/360
PicoStation 5	5	a	-	3.5	pole	1-RF-SAM[F]	22	-	-94	-	-	-	-	7/360
PowerStation 2-17D	2.4	b,g	-	3.5	pole	-	26	-	-	-97	-94	-	17/18	17/18
PowerStation 2-18V	2.4	b,g	-	3.5	pole	-	26	-	-	-97	-94	-	-	30/20
PowerStation 2-EXT	2.4	b,g	-	3.5	pole	2-N[F]	26	-	-	-97	-94	-	-	-
PowerStation 5-22V	5	a	-	3.5	pole		26	-	-94	-	-	-	-	22/6
PowerStation 5-EXT	5	a	-	3.5	pole	2-N[F]	26	-	-94	-	-	-	-	-

参考文献

[1] http://business.sohu.com/20120720/n348617922.shtml
[2] http://finance.sina.com.cn/leadership/mroll/20120719/142912613961.shtml
[3] http://baike.baidu.com/view/4447535.htm
[4] http://baike.baidu.com/view/8883457.htm
[5] Wireless network communication system and method, United States Patent (US8,400,997), 2013，3(19) url:http://pdfpiw.uspto.gov/.piw?PageNum=0&docid=08400997
[6] http://baike.baidu.com/view/1534408.htm
[7] AR2316 Data Sheet，Atheros Communications, Inc.，2005.3
[8] Linux Fusion User's Guide，Atheros Communications, Inc.，2009.2
[9] AR9331 Data Sheet，Atheros Communications, Inc.，2010.12
[10] Fusion Linux User's Manual，Atheros Communications, Inc.，2009.2
[11] http://baike.baidu.com/view/204170.htm
[12] http://baike.baidu.com/view/848.htm
[13] airOS Operating System for Ubiquiti M Series Products User Guide Release Version: 5.5，http://www.ubnt.com/downloads/guides/airOS/airOS_UG.pdf
[14] airSync Design Guide，Ubiquiti Networks, Inc.，http://www.ubnt.com/downloads/datasheets/airsync/airSync_Design_Guide_2-1-12.pdf
[15] http://community.ubnt.com/t5/tkb/communitypage
[16] Rocket M GPS Datasheet，Ubiquiti Networks, Inc.，http://www.ubnt.com/downloads/datasheets/rocketmgps/Rocket_M_GPS_Datasheet.pdf
[17] NanoStation M Quick Start Guide，Ubiquiti Networks, Inc.，http://www.ubnt.com/downloads/guides/NanoStation_M/NanoStation_M_Loco_M_QSG.pdf
[18] airGrid M HP Datasheet，Ubiquiti Networks, Inc.，http://www.ubnt.com/downloads/datasheets/airgridm/airGrid_HP.pdf
[19] http://community.ubnt.com/t5/airMAX-Frequently-Asked/airMAX-How-to-use-airView-to -find-the-best-channel/ta-p/456879
[20] http://community.ubnt.com/t5/airMAX-Getting-Started/airMAX-How-to-update-your -firmware/ta-p/528267
[21] http://www.ubnt.com/downloads/airControl/airControl-api-alpha.pdf
[22] http://www.ubnt.com/downloads/airControl/airControl-remote-networks.pdf
[23] http://wiki.ubnt.com/index.php?title=AirControl
[24] http://baike.baidu.com/view/3503290.htm
[25] http://stock.finance.sina.com.cn/usstock/quotes/UBNT.html
[26] http://baike.baidu.com/view/1970840.htm
[27] http://wiki.ubnt.com/Getting_Started_with_airMAX
[28] http://wiki.ubnt.com/AirOS_and_AirMax_-_FAQ